LA HISTORIA MUNDIAL PARA UNA EDAD UNIVERSAL

De la PREHISTORIA a la REVOLUCIÓN INDUSTRIAL

JACK ABRAMOWITZ

GLOBE FEARON
EDUCATIONAL PUBLISHER
PARAMUS, NEW JERSEY

Paramount Publishing

Jack Abramowitz, Ph.D.

Dr. Abramowitz has had a distinguished career as a teacher of social studies. His work includes over twenty years of classroom experience at a variety of levels, and curriculum development and consulting for school districts in Oregon, Ohio, New York, Texas, California, Indiana, Georgia, and New Hampshire. Dr. Abramowitz is the author of numerous texts and journal articles in the social sciences, and speaks frequently to teachers and other professional groups. He was a Visiting Professor at the University of London's Goldsmith's College.

Consultants:

Donald Schwartz, Ph.D.

Dr. Schwartz is Assistant Principal of Social Studies, Sheepshead Bay High School, Brooklyn, New York.

Sara Moore, M.A.

Ms. Moore is a teacher of History and English, Palo Duro High School, Amarillo, Texas.

Acknowledgments begin on page 282.

Maps by: General Cartography, Mel Erikson

ISBN: 0–835–90806–2

PRINTED IN THE UNITED STATES OF AMERICA

1 2 3 4 5 6 7 8 9 10   99 98 97 96 95 94

GLOBE FEARON
EDUCATIONAL PUBLISHER
PARAMUS, NEW JERSEY

Paramount Publishing

Contenido

Mapas, tablas y gráficas

Mapas, tablas y gráficas

continuación

Enriquecimientos

Unidad 1

¿Qué factores influyen en el desarrollo de la civilización?

Para el siglo XIX, los primeros países industriales del mundo eran Gran Bretaña, los Estados Unidos, Alemania, Francia e Italia. Necesitaban materias primas para sus fábricas. Además necesitaban lugares para vender sus productos. Las materias primas y los mercados para los productos se hallaban en África, el Oriente Medio, Asia e Hispanoamérica. Con el tiempo, los países industriales se apoderaban de estas partes del mundo. Este dominio se llama imperialismo.

En la Unidad 1, leerás sobre las causas y consecuencias del imperialismo. Aprenderás cómo Gran Bretaña se apoderó de la India y la convirtió en colonia. También aprenderás cómo los países europeos extendieron su influencia en China. Al principio, establecieron allí factorías, o sea, centros de intercambio comercial. Una de éstas se ve en la ilustración de la página anterior. A principios del siglo XX, Japón había llegado a ser un país industrial. Empezó a buscar colonias también. Los países imperialistas pudieron extender su dominio hasta África y el sudeste de Asia. Por último, aprenderás qué pensaban las personas de las colonias acerca de ser gobernadas.

En la Unidad 1, leerás los siguientes capítulos:

1. **El imperialismo y el racismo**
2. **La India: Del Imperio Maurya hasta el reino de los mogoles**
3. **El imperialismo llega a la India**
4. **China: De la dinastía Hia hasta las dinastías Tang y Song**
5. **China: De la dinastía de los mongoles hasta la dinastía Manchú**
6. **El imperialismo en China**
7. **Emperadores, shogunes e imperialistas en el Japón**
8. **Influencias chinas, indias y europeas en el sudeste de Asia**
9. **Los primeros reinos del África negra**
10. **El imperialismo en África**
11. **El imperialismo y las Américas**
12. **El imperialismo y el nacionalismo**

Capítulo 1

La vida en una comunidad mundial

Para comprender la historia mundial

Piensa en lo siguiente al leer este capítulo.

1 Nuestra perspectiva del mundo cambia a medida que envejecemos.

2 Los sucesos en una parte del mundo han influido en los desarrollos en otras partes del mundo.

3 Las naciones del mundo dependen económicamente unas de otras.

4 Los problemas del medio ambiente afectan a personas que viven a millas de distancia.

La comunidad mundial está compuesta por muchos pueblos y muchas naciones. Tienen muchos intereses en común. Estas personas asisten a los juegos olímpicos.

Para aprender nuevos términos y palabras

En este capítulo se usan las siguientes palabras. Piensa en el significado de cada una.

dependiente: que necesita de algo o alguien

interdependiente: en cuanto al mundo, la idea de que las naciones se vinculan unas con otras

hambruna: una época en que las personas no tienen lo suficiente para comer

economía o sistema económico: el sistema de una nación para producir, distribuir y utilizar los productos o bienes

medio ambiente físico: nuestros alrededores, tales como ríos, lagos, árboles, aire y suelo

Piénsalo mientras lees

1. ¿Qué es la comunidad mundial?
2. ¿Cómo consigue los Estados Unidos los productos que necesita?
3. ¿Qué puede ocasionar la contaminación?

1 Nuestra perspectiva del mundo cambia a medida que envejecemos.

De niños, nuestro mundo consiste en nuestro hogar, nuestra escuela y nuestros amigos. Pero a medida que crecemos, nuestro mundo se amplía. De adultos, nuestro mundo abarca no sólo a nuestra familia y a nuestros amigos, sino también la ciudad, el estado y la nación en que vivimos. En efecto, abarca todas las naciones del mundo. Trata de empezar a ver nuestro mundo como una comunidad mundial.

La comunidad mundial está compuesta por millones de familias, miles de vecindarios y ciudades y más de 166 países distintos. Más de 5.000 millones (5.333.000.000) de personas viven y trabajan en nuestra comunidad mundial. Parece una cantidad enorme de personas. Pero el número siempre está en aumento. Para el año 2000, habrá más de 6.000 millones de personas en la comunidad mundial.

El aumento de la población del mundo no es nada nuevo. Ha estado aumentando durante centenares de años. Sin embargo, la proporción del aumento ha subido mucho últimamente. En 1650, había casi 500 millones de personas en la Tierra. En 200 años ese número se duplicó llegando a mil millones de personas. Pero durante los 130 años siguientes, ¡la población aumentó más de tres veces! Los expertos dicen que este rápido aumento de la población probablemente continuará en los próximos años.

Satisfacer la salud, la seguridad y el bienestar de estos miles de millones de personas exige mucha planificación y trabajo. Además de interesarnos en nuestras familias, ciudades y nación, también debemos ocuparnos del mundo entero. Somos **dependientes** de otras personas en muchas cosas. Y ellos son dependientes de nosotros. Estos vínculos hacen que los países del mundo sean **interdependientes.**

Para que nuestro mundo prospere, debemos tratar de comprender a las personas y los lugares que constituyen la comunidad mundial.

2 Los sucesos en una parte del mundo influyen en las otras partes del mundo.

Como ya sabes, el mundo consiste en muchas naciones. Como vivimos en una comunidad mundial, lo que sucede en una nación a menudo afecta a las personas en muchas otras naciones. Considera el siguiente ejemplo.

TIEMPO: década de 1840 LUGAR: Irlanda

Una mala cosecha de papas en Irlanda, durante la década de 1840, causó la **hambruna.** Centenares de miles de irlandeses sufrieron hambre. Enfrentados con la muerte por la falta de alimentos, muchos abandonaron sus hogares en busca de una nueva vida. Con el tiempo, su decisión de salir de Irlanda influyó en la vida en los Estados Unidos. Mira la siguiente tabla.

Irlandeses que se trasladan a los Estados Unidos

Año	Número
1846	51.000
1847	105.000
1848	112.000
1849	159.000
1850	164.000
1851	221.000

Irlanda queda a unas 3.000 millas (4.800 kilómetros) de los Estados Unidos. Pero la hambruna irlandesa produjo un efecto duradero en la vida estadounidense. La tabla indica que miles de irlandeses emigraron, o salieron, de su país para venir a los Estados Unidos durante la década de 1840. La inmigración de los irlandeses a los Estados Unidos sigue hasta la fecha. Sin embargo, el deseo por una vida mejor ha reemplazado a la hambruna como la razón principal de la emigración irlandesa. A partir de 1846, los irlandeses que han venido a los Estados Unidos han aportado a la vida cultural, religiosa, política y económica de todos los estadounidenses.

3 Las naciones del mundo dependen económicamente unas de otras.

Considera el siguiente ejemplo.

TIEMPO: la década de 1990
LUGAR: los Estados Unidos

Los Estados Unidos es la nación más rica y más poderosa del mundo. Su **economía** es la más compleja de todas las naciones. No obstante, los Estados Unidos depende de otras naciones para algunos productos que necesita. Mira la siguiente tabla. En ésta figuran muchos de los productos que los Estados Unidos importó, o compró a otras naciones en un año. También muestra la cantidad de dinero gastado en cada importación durante ese año.

Importaciones de EE.UU.

Productos importados	Valor de las importaciones
Máquinas	US$113.000 millones
Petróleo crudo	US$75.000 millones
Carros y piezas	US$74.000 millones
Metales y manufacturas	US$26.600 millones
Madera	US$3.600 millones
Gas natural	US$3.500 millones
Granos de café	US$2.300 millones
Granos de cacao	US$400 millones

Durante ese mismo año, los Estados Unidos exportó, o vendió, varios productos a otras naciones. Mira la tabla que sigue. Aquí se ven algunos de los productos que los Estados Unidos vendió y el dinero ganado en cada exportación.

Exportaciones de EE.UU.

Productos exportados	Valor de las exportaciones
Máquinas	$88.400 millones
Sustancias químicas	$32.300 millones
Bienes elaborados	$22.800 millones
Granos	$12.300 millones

Como puedes ver, los Estados Unidos hace negocios de miles de millones de dólares con las naciones del mundo. A la vez que compra petróleo bruto, carros y café, vende máquinas, sustancias químicas y granos. Nuestro comercio llega a regiones de todo el mundo.

4 Los problemas del medio ambiente afectan a gente que vive a millas de distancia.

Las personas de la comunidad mundial comparten el aire y el agua de la Tierra. No nos sorprende que las cenizas y el hollín emitidos por las fábricas de una nación sean arrastrados por el viento a otras naciones. O que las sustancias químicas tóxicas vertidas cerca de las costas de Europa o los Estados Unidos sean llevadas a todas partes del mundo por las corrientes oceánicas. La contaminación en el océano hace daño a los peces, las aves y los animales que viven a miles de millas de distancia.

Todas las naciones del mundo se ven afectadas por lo que sucede en el **medio ambiente físico.** Como habitantes de la comunidad mundial, tenemos que trabajar en conjunto para controlar la contaminación y conservar la pureza del aire, el agua y el suelo.

Los Estados Unidos es un productor principal de trigo. Este granjero está recogiendo su cosecha de trigo.

Ejercicios

A. Busca las ideas principales:

Pon una marca al lado de las oraciones que expresan las ideas principales de lo que acabas de leer.

_______ **1.** Los sucesos en una parte del mundo pueden afectar a personas en muchos otros lugares.

_______ **2.** Irlanda sufrió una hambruna en la década de 1840.

_______ **3.** Las naciones dependen económicamente unas de otras.

_______ **4.** Los problemas del medio ambiente influyen principalmente en el área local.

_______ **5.** Los problemas del medio ambiente pueden afectar a personas que viven a grandes distancias.

_______ **6.** La contaminación del aire es un problema grave.

B. Comprueba los detalles:

Lee cada afirmación. Escribe C en el espacio en blanco si la afirmación es cierta. Escribe F en el espacio si es falsa. Si la afirmación es falsa, escríbela de nuevo de manera que sea cierta.

_______ **1.** La población del mundo sigue aumentando.

____

_______ **2.** Irlanda se encuentra a unas 6.000 millas (9.600 kilómetros) de los Estados Unidos.

____

_______ **3.** En 1981, los Estados Unidos exportó $21.000 millones de sustancias químicas.

____

_______ **4.** Los Estados Unidos es la nación más rica y más poderosa del mundo.

____

_______ **5.** La población del mundo se duplicó durante los cien años siguientes a 1650.

____

C. Para recordar lo que leíste:

Usa las siguientes palabras para completar las siguientes oraciones.
mundial dependientes medio ambiente físico hambruna

1. Somos _______________ de otros en muchas formas.

2. Una mala cosecha de papas causó la _______________ en Irlanda en la década de 1840.

3. El daño al _______________ puede afectar a las personas de todo el mundo.

4. La comunidad _______________ consiste en millones de familias.

D. Los significados de palabras:

Encuentra para cada palabra de la columna A el significado correcto en la columna B. Escribe la letra de cada respuesta en el espacio en blanco.

	Columna A	Columna B
______	**1.** exportar	**a.** comprar los productos a otra nación
______	**2.** medio ambiente físico	**b.** período en que no hay suficiente para comer
______	**3.** dependiente	**c.** el aire, el agua o el suelo sucio
______	**4.** importar	**d.** nuestros alrededores
______	**5.** contaminado	**e.** vender productos a otra nación
______	**6.** hambruna	**f.** que necesita mucho de algo o alguien

E. Para comprender las gráficas:

Un pictograma emplea un dibujo, como ♟, para indicar ciertos datos. El dibujo puede representar un número o una cantidad. Prepara un pictograma que muestre la inmigración irlandesa a los Estados Unidos. Puedes hallar los números en la tabla de la página 3. El primero ya está hecho.

Irlandeses que se trasladan a los Estados Unidos	
	Número de personas
Año	♟ = 20.000 personas
1846	♟ ♟ ♟
1848	
1850	
1851	

F. Piénsalo de nuevo:

Contesta las siguientes preguntas con una o dos oraciones.

1. ¿Qué sucede con la población del mundo?

____

____

____

2. Somos dependientes de otras naciones en muchas cosas. ¿Cuáles son algunas de ellas?

____

____

____

Enriquecimiento:

Globos terráqueos y mapas

UN GLOBO TERRÁQUEO

Al leer sobre nuestra comunidad mundial, necesitarás tener una imagen exacta, o precisa, de la Tierra. Hay varios instrumentos que te muestran esta imagen. Un globo terráqueo es un instrumento que te ayuda a observar el mundo entero. Los globos terráqueos muestran la forma verdadera del planeta, el cual es redondo como una esfera. Son muy exactos porque tienen la misma forma que la Tierra.

Los globos terráqueos son exactos, pero no son tan útiles como los mapas. Los mapas muestran cómo se vería el mundo, o parte de éste, si el globo terráqueo estuviera aplanado. Son instrumentos útiles porque nos permiten ver el mundo entero de un vistazo. Son más fáciles de transportar que los globos terráqueos. Los mapas se usan más que los globos terráqueos, aunque no son tan precisos.

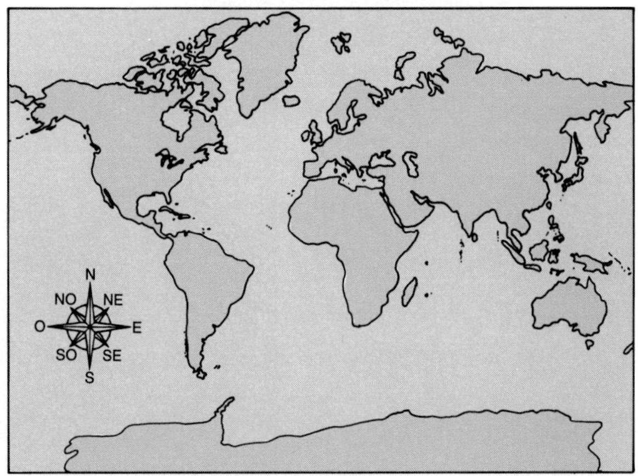

UN MAPA

Los globos terráqueos y los mapas muestran la ubicación de los lugares en la Tierra. También indican las distancias. Un mapa tiene una clave de distancia, o una escala. Una clave de distancia indica lo que representan las distancias del mapa en cuanto a las distancias en la Tierra. Por ejemplo, una pulgada en el mapa puede representar 100 millas (160 km) en la Tierra. En otro mapa, puede indicar 500 millas (800 km).

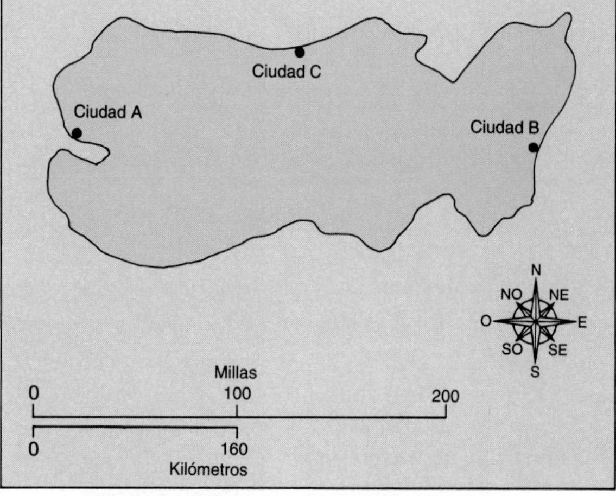

UN MAPA CON UNA CLAVE DE DISTANCIA

Las claves de distancia se pueden expresar en centímetros en vez de pulgadas. Un centímetro en una clave de distancia puede representar 160 kilómetros, o puede representar 800 kilómetros.

Las claves de distancia nos ayudan a averiguar la distancia entre lugares. También, ayuda a los mapas a darnos una representación más exacta de la Tierra.

Capítulo 2

El medio ambiente y la comunidad mundial

Para comprender la historia mundial

Piensa en lo siguiente al leer este capítulo.

1. Nuestra comunidad, la naturaleza que nos rodea y la cultura constituyen la totalidad del medio ambiente.
2. Las necesidades básicas se ven afectadas por nuestro medio ambiente y nuestra cultura.
3. El medio ambiente físico puede influir en el contacto entre personas.
4. La gente usa el medio ambiente para lograr metas económicas.

Los beduinos viven en el ambiente del desierto. El tocado de este hombre lo protege del calor del sol y del polvo del desierto.

Para aprender nuevos términos y palabras

En este capítulo se usan las siguientes palabras. Piensa en el significado de cada una.

recursos naturales: materiales útiles que nos proporciona la naturaleza
tradiciones: creencias y costumbres transmitidas de generación en generación
nómade: que se traslada de un lugar a otro en busca de alimentos y agua
accidentes geográficos: rasgos de la superficie de la Tierra, tales como las montañas, las colinas y las llanuras

Piénsalo mientras lees

1. ¿Cuál es la diferencia entre el medio ambiente rural y el urbano?
2. ¿Quiénes son los beduinos? ¿Dónde viven?
3. ¿Por qué se desarrollaron las ciudades estado en Grecia antigua?
4. ¿Cuáles son algunos ejemplos de recursos naturales? ¿Por qué son importantes?
5. ¿Cuáles son algunas características del medio ambiente de México?

1 Nuestra comunidad, la naturaleza que nos rodea y la cultura constituyen la totalidad del medio ambiente.

Existen varias cosas que influyen en cómo las personas viven y trabajan. Una de las influencias más importantes es el medio ambiente. Como recuerdas, el medio ambiente se refiere al mundo que nos rodea. Es el aire, el agua y el suelo de los que dependemos. También incluye el clima, los **recursos naturales** y la vegetación de un área. Pero el medio ambiente abarca más que nuestros alrededores físicos. Es la comunidad en que vivimos y trabajamos. Es nuestro arte, literatura, lengua, música y **tradiciones.** Es nuestra cultura.

La comunidad mundial consiste en muchos tipos diferentes de medio ambiente. Existe el medio ambiente rural. Tiene pocos habitantes y pocos edificios. La gente que vive en zonas rurales puede trabajar en las granjas o los ranchos. En cambio, las zonas urbanas tienen muchos habitantes y muchos edificios. La gente de ciudad puede trabajar en las fábricas, las oficinas o las tiendas.

2 Las necesidades básicas se ven afectadas por nuestro medio ambiente y nuestra cultura.

Los alimentos, la ropa y la vivienda son necesidades humanas básicas. Influyen en la forma en que vivimos. A la vez, los alimentos que comemos, la ropa que nos ponemos y las casas en que vivimos reciben la influencia de nuestro medio ambiente físico y nuestra cultura.

Los siguientes ejemplos te ayudarán a comprender el papel que desempeña el medio ambiente en nuestro modo de vida.

TIEMPO: la década de 1990
LUGAR: Arabia Saudita

Los beduinos son un grupo de personas que viven en los desiertos de Arabia Saudita y la región del Sáhara del África. El medio ambiente del desierto tiene mucha influencia en sus necesidades básicas humanas.

La falta de un buen suelo y la escasez de agua obligan a los beduinos a llevar una vida **nómade.** Usan los camellos para trasladarse de un oasis, o una charca, al otro. Los beduinos usan el agua para lavarse, para beber y para alimentar a sus camellos, ovejas y cabras. Estos animales les proporcionan lana para la ropa y leche y carne para alimentos. Una parte de la lana, la carne y las pieles de los animales se cambia por harina, aceite para cocinar y otros productos que se venden en los mercados de los pueblos de los oasis.

La ropa de los beduinos consiste en camisas sueltas de lana o de algodón, pantalones y túnicas. Estas ropas protegen a los beduinos del sol penetrante. Sus hogares son tiendas que se llevan de un lugar a otro. Se usan alfombras para tapar las paredes y el suelo de las tiendas. Todo en la vida beduina demuestra cómo han aprendido a vivir en el medio ambiente del desierto.

Últimamente, muchas familias beduinas han abandonado su vida nómade del desierto. Se han trasladado a las ciudades para buscar trabajo. Este cambio de medio ambiente también ha cambiado su modo de vivir. Ya no son nómades que viven en tiendas. Ya no necesitan camellos, cabras y ovejas. Muchos beduinos ahora se visten con ropa de estilo occidental y compran sus alimentos en los supermercados. Hasta se han liberalizado algunas de las costumbres y tradiciones viejas. Fuera del medio ambiente del desierto, estos beduinos se han transformado.

3 El medio ambiente físico puede afectar el contacto entre personas.

Has leído que el medio ambiente influye en cómo viven las personas. Pero también tiene influencia con respecto a los lugares adonde puedan ir. Imagínate que alguien haya construido un muro que pasa por el centro de tu pueblo o ciudad. Es probable que pases más tiempo con las personas que viven del mismo lado que tú. En realidad, quizás nunca verías a las personas que viven al otro lado. De una forma parecida, los **accidentes geográficos** separan a las naciones o a los pueblos de una nación. Considera el siguiente ejemplo de la época antigua.

TIEMPO: 600 a.C.
LUGAR: Grecia antigua

En la Grecia antigua, las montañas escarpadas recubrían casi tres cuartos del territorio. Y los bosques densos recubrían la mayor parte de las laderas de las montañas. Como resultado, las personas que vivían en distintas partes de Grecia no tenían comunicaciones con otras. Aunque tenían una lengua y una cultura en común, su tierra estaba dividida en muchas partes pequeñas, que se llamaban ciudades estado. Las diferentes ciudades estado peleaban en vez de unirse. Cada una cobraba sus propios impuestos y tenía su moneda y calendario propios. Imagínate cómo podría haberse desarrollado Grecia si estuviera recubierta de tierras de pastoreo planas en vez de montañas escarpadas.

4 La gente usa el medio ambiente para lograr metas económicas.

Como ya sabes, el medio ambiente juega un papel importante en su influencia sobre el modo de vida de la gente y sus trabajos. Considera el siguiente ejemplo.

TIEMPO: la década de 1990
LUGAR: los Estados Unidos y México

Piensa en los Estados Unidos y su vecino, México. Has leído que los Estados Unidos es una de las naciones más ricas del mundo. En cambio, México es una de las naciones más pobres. ¿Cómo se explica esta diferencia? Una razón es el medio ambiente. Los Estados Unidos tiene regiones grandes de suelos fértiles. Tiene mucha agua, bosques grandes y muchísimos animales. Además, tiene amplios abastecimientos de minerales. Estos recursos naturales, en combinación con un clima templado, han ayudado a hacer de los Estados Unidos un país rico.

México, por otro lado, es principalmente montañoso. Recibe poca precipitación, o lluvia. Como resultado, hay grandes extensiones de tierra que no son aptas para el cultivo. A pesar de esto, casi el 26 por ciento de los mexicanos trabajan como granjeros. Pueden realizar sólo algunos cultivos y ganan poco dinero.

Últimamente, México ha empezado a utilizar más las enormes reservas de petróleo que tienen debajo de la superficie. Los mexicanos han empezado a ampliar el uso de su propio medio ambiente.

Los primeros griegos construyeron este templo en una región montañosa y pedregosa de Grecia.

Ejercicios

A. Busca las ideas principales:

Pon una marca al lado de las oraciones que expresan las ideas principales de lo que acabas de leer.

_______ **1.** Los alimentos, la ropa y la vivienda son necesidades básicas humanas.

_______ **2.** Los beduinos llevan una vida nómade.

_______ **3.** El medio ambiente físico puede afectar la interacción entre personas.

_______ **4.** Las personas utilizan el medio ambiente para lograr sus metas económicas.

_______ **5.** La Grecia antigua jamás fue un país unido.

B. Comprueba los detalles:

Lee cada oración. Escribe H en el espacio en blanco si la oración es un hecho. Escribe O en el espacio si es una opinión. Recuerda que los hechos se pueden comprobar, pero las opiniones, no.

_______ **1.** El clima es una parte del medio ambiente.

_______ **2.** Dentro de poco, la vida en México llegará a ser más fácil que la vida en los Estados Unidos.

_______ **3.** Muchas personas en México trabajan de granjeros.

_______ **4.** El medio ambiente del desierto ha influido en los beduinos.

_______ **5.** Los beduinos están más contentos en el desierto que en las ciudades.

_______ **6.** La comida mexicana es más sabrosa que la comida estadounidense.

_______ **7.** Los beduinos crían camellos, ovejas y cabras.

_______ **8.** Las personas de la Grecia antigua compartían una cultura común.

_______ **9.** Las colinas de México son las más bellas del mundo.

_______ **10.** Un amplio abastecimiento de agua es un recurso natural.

_______ **11.** La vida rural es mejor que la vida en las ciudades.

_______ **12.** Trasladarse de un oasis a otro es parte de la vida nómade de los beduinos.

C. ¿Qué significa?

Escoge el mejor significado para cada una de las palabras en letras mayúsculas.

______ **1.** URBANA
- **a.** una zona rica
- **b.** la zona de una ciudad
- **c.** la zona del campo

______ **2.** CULTURA
- **a.** las artes, la lengua y las tradiciones de una región
- **b.** el clima
- **c.** los habitantes de una región

______ **3.** NÓMADE
- **a.** religioso
- **b.** que se traslada de lugar en lugar
- **c.** pobre

______ **4.** ACCIDENTES GEOGRÁFICOS
- **a.** relacionado con la superficie de la Tierra
- **b.** muy alejados
- **c.** la escasez de algo

D. Para comprender las gráficas:

La siguiente gráfica es una gráfica de barras. Las gráficas de barras hacen más fácil la comparación de cantidades o de números. Aquí, las líneas diagonales representan las zonas rurales. Las líneas rectas o verticales, representan las zonas urbanas. Utiliza los datos sobre las personas que viven en zonas rurales y urbanas para terminar la gráfica de barras. Ya se han dibujado las primeras dos barras.

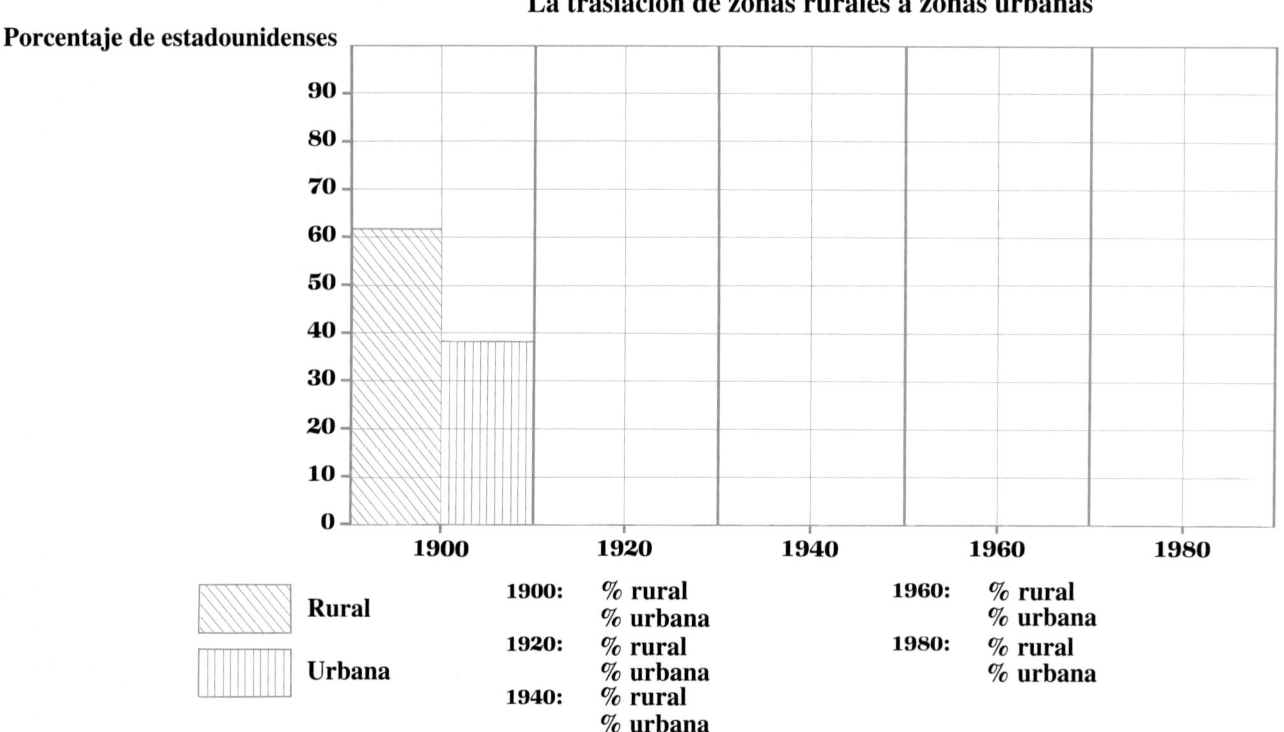

Enriquecimiento:

Hemisferios, continentes y océanos

Antes se creía que la Tierra era redonda y de forma esférica. Ahora sabemos que la forma de la Tierra no es perfectamente redonda. Sin embargo, seguimos hablando de la Tierra como si tuviera una forma redonda y esférica. Cada mitad de la Tierra se llama hemisferio porque "hemi" significa mitad.

El ecuador es una línea imaginaria de este a oeste, que divide a la Tierra por la mitad. Las dos mitades son el hemisferio norte (o boreal) y el hemisferio sur (o austral). Otra línea imaginaria, el primer meridiano, divide la Tierra de norte a sur. El hemisferio occidental queda al oeste del primer meridiano. El hemisferio oriental queda al este del primer meridiano.

La Tierra consiste en tierra y agua. Las siete masas terrestres principales se llaman continentes. Los continentes son: América del Norte, América del Sur, Europa, África, Asia, Australia y Antártida.

Las principales extensiones de agua se llaman océanos. Son el océano Atlántico, el océano Pacífico, el océano Índico y el océano Ártico.

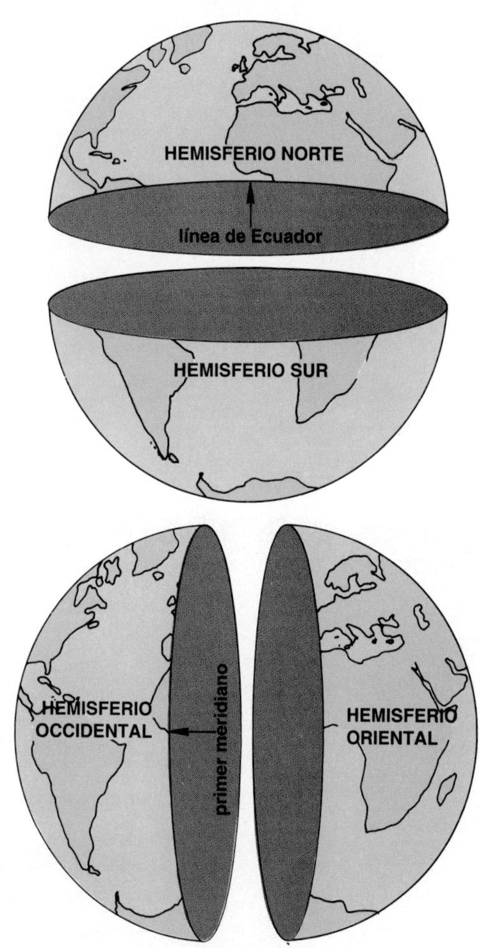

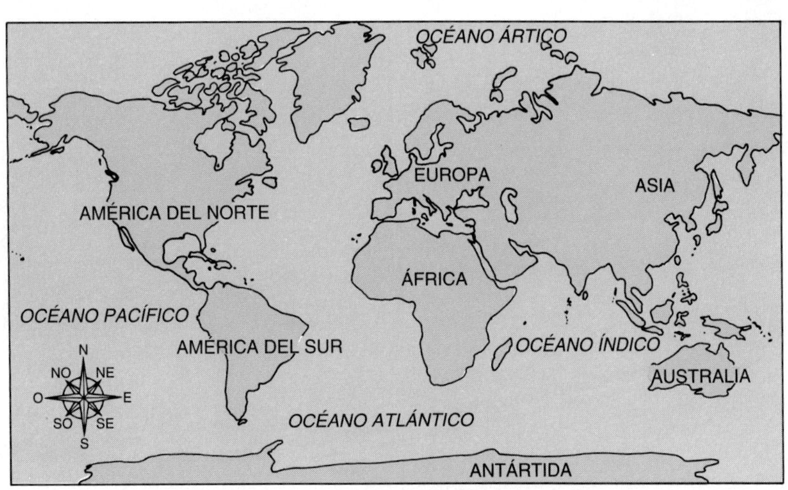

Capítulo 3

Usar las ciencias sociales para estudiar pueblos y lugares

Para comprender la historia mundial

Piensa en lo siguiente al leer este capítulo

1. Las ciencias sociales estudian a la gente y a las sociedades.
2. Los instrumentos del científico social son tan variados como las ramas de conocimiento que constituyen las ciencias sociales.
3. Cada una de las ciencias sociales se concentra en distintas partes del medio ambiente total.

Los primeros egipcios enterraban a sus soberanos en sepulcros trabajados. Estos sepulcros fueron descubiertos por arqueólogos.

Para aprender nuevos términos y palabras

En este capítulo se usan las siguientes palabras. Piensa en el significado de cada una.

disciplinas: áreas de conocimiento o instrucción

instituciones: organismos con un propósito específico, tales como las escuelas

fuente primaria: documentos originales, artículos y relatos de testigos de un acontecimiento escritos por personas que participaron en el acontecimiento

fuente secundaria: algo escrito por personas que no participaron en el acontecimiento sobre el cual escriben

artefactos: objetos hechos por la labor humana, tales como herramientas y armas

descifrado: transformado en algo comprensible

Piénsalo mientras lees

1. ¿Por qué tenemos que saber lo que sucedió en tiempos antiguos?
2. ¿Cómo descubrieron los científicos sociales hechos de la vida en el Egipto antiguo?

Aprender sobre nuestra comunidad mundial requiere el uso de muchos instrumentos. Estos instrumentos nos ayudan a comprender los distintos pueblos y tipos de medio ambiente que existen en el mundo. A medida que leas, verás que nuestros estudios abarcan el pasado, el presente y el futuro. Se ha dicho que "no puede existir un futuro donde no ha existido un pasado". Tenemos que saber lo que sucedió en tiempos anteriores para poder comprender nuestro propio mundo y el mundo del futuro. Aquí es donde entran en juego las ciencias sociales.

1 Las ciencias sociales estudian a las personas y sociedades.

Cada una de las siguientes **disciplinas** forma parte de las ciencias sociales.

- La geografía es el estudio de la Tierra, sus continentes y océanos, sus climas y sus recursos. Tiene que ver con las plantas, los animales y las personas de la Tierra.
- La historia es el estudio de las personas, sus **instituciones** y sus actividades. Proporciona registros orales y escritos del pasado.
- La sociología es el estudio de las personas y la forma en que se relacionan unas con otras. En otras palabras, es el estudio de la sociedad.
- La economía es el estudio de la producción, la distribución y el uso de bienes y servicios. Tiene que ver con el desarrollo económico de un grupo.
- La arqueología es el estudio de objetos muy antiguos. Los arqueólogos desentierran antiguos huesos, armas y herramientas para poder aprender más sobre la vida de los pueblos primitivos.
- La antropología es el estudio de culturas humanas. Al observar detalladamente y al reunir datos e información, los antropólogos aprenden cómo viven y trabajan distintos grupos de personas.
- Las ciencias políticas estudian la política, las leyes y el gobierno. Es una de las ciencias sociales más viejas.
- La sicología es el estudio del cerebro humano: de cómo funciona y cómo influye en el comportamiento de las personas.

Como puedes ver, las ciencias sociales tratan una gran variedad de temas. Algunos te pueden resultar conocidos mientras otros te resultarán desconocidos. ¿Cómo crees que se estudia cada una de estas disciplinas?

2 Los instrumentos del científico social son tan variados como las ramas de conocimiento que constituyen las ciencias sociales.

Estos instrumentos son las **fuentes primarias** y **secundarias,** los **artefactos,** las entrevistas, los mapas, las tablas y las gráficas. Considera este ejemplo.

TIEMPO: hace 5.000 años hasta el presente
LUGAR: Egipto

Las civilizaciones egipcias ya existían en África hace más de 5.000 años. Luego, fueron conquistadas por muchos extranjeros. Algunos fueron los asirios, los persas, los macedonios, los romanos, los árabes y los turcos otomanos. Para fines del siglo XVIII d.C., sólo quedaban las ruinas de lo que había sido la extraordinaria civilización egipcia de África. Las enormes pirámides y la Esfinge gigante yacían ante los ojos de todos como grandes enigmas. Por todas partes, en las paredes, las estatuas y las ruinas de edificios antiguos que quedaron bajo tierra se encontraban dibujos elaborados cuyos significados se habían olvidado hace mucho tiempo.

Los jeroglíficos son la escritura por medio de dibujos de los primeros egipcios.

La vida de los primeros egipcios fue un misterio hasta hace aproximadamente 200 años. El trabajo realizado por los científicos sociales ayudó a resolverlo. Primero, unos estudiantes de arqueología descubrieron fuentes primarias escritas sobre Egipto. Las fuentes primarias son documentos, artículos y relatos de testigos sobre las personas que vivían en esa época. Eran obras de egipcios que vivieron hace 5.000 años. Estas fuentes primarias escritas eran jeroglíficos (escritura con dibujos), descubiertos en ruinas de pueblos y ciudades egipcios. Por centenares de años, nadie comprendió el significado de los jeroglíficos. Pero cuando fueron **descifrados** en el siglo XIX, finalmente se pudo contar la historia del Egipto antiguo.

Además de los jeroglíficos, se encontraron miles de armas, herramientas y otros artefactos enterrados entre las ruinas. Los científicos sociales empezaron a publicar estos hallazgos. Sus relatos se llaman fuentes secundarias. Las escribían las personas que no habían participado en la vida del Egipto antiguo. Gracias al trabajo de los científicos sociales, ahora sabemos cómo era la vida en Egipto hace 5.000 años.

3 Cada una de las ciencias sociales se concentra en distintas partes del medio ambiente total.

Considera el siguiente ejemplo.

TIEMPO: hace 5.000 años
LUGAR: Egipto

Regresemos a Egipto antiguo. La geografía ha establecido el ambiente físico de la civilización egipcia. Mira el mapa de Egipto de esta página. La mayor parte de la tierra en el centro del país es árida y yerma. La geografía también nos enseña las influencias del clima. Más adelante, leerás sobre cómo el desborde del río Nilo, que ocurría todos los años, influía en el desarrollo de la civilización en Egipto.

Has leído sobre los descubrimientos en el campo de la arqueología. Los arqueólogos no sólo descubrieron la escritura de los antiguos egipcios, sino que también descubrieron restos de cuerpos. Estudiaron los huesos de los primeros egipcios. Con esta información, los arqueólogos pudieron averiguar la estatura y el peso de las personas, los alimentos que comían y las enfermedades que sufrían. También, aprendieron mucho sobre las costumbres funerarias de los antiguos egipcios.

Los estudiosos de las ciencias políticas también aprovecharon los jeroglíficos egipcios. Entre estas escrituras antiguas había descripciones de cómo los egipcios se gobernaban y cómo eran las distintas clases de personas en la sociedad. También contaban sobre los distintos soberanos egipcios.

Por último, los historiadores reunieron los resultados de la arqueología, la antropología, las ciencias políticas y las otras ramas de las ciencias sociales. Al reunir, juntar e interpretar estos hallazgos, encajaron las piezas de la historia de Egipto hace 5.000 años. Leerás sobre esta historia en la Unidad 2.

Ejercicios

A. Busca las ideas principales:

Pon una marca al lado de las oraciones que expresan las ideas principales de lo que acabas de leer.

______ 1. Cada una de las ciencias sociales se concentra en una parte diferente del medio ambiente total.

______ 2. El pasado es muy importante.

______ 3. Las ciencias sociales abarcan muchas ramas de estudio.

______ 4. El pasado egipcio es bastante conocido en la actualidad.

______ 5. Entre los instrumentos del científico social hay muchas fuentes de información.

______ 6. Las ciencias sociales se estudian en las escuelas.

B. Comprueba los detalles:

Lee cada afirmación. Escribe C en el espacio en blanco si la afirmación es cierta. Escribe F en el espacio si es falsa. Si la afirmación es falsa, escríbela de nuevo de manera que sea cierta.

______ 1. La escritura con dibujos del antiguo Egipto se llama jeroglíficos.

____

______ 2. Las ciencias políticas tienen que ver con las guerras del pasado.

____

______ 3. En la historia mundial se necesitan pocos instrumentos para estudiar el pasado.

____

______ 4. El científico social usa solamente fuentes primarias.

____

______ 5. La civilización egipcia ya existía hace más de 5.000 años.

____

______ 6. La sicología es una de las ciencias sociales.

____

______ 7. Los jeroglíficos sirven como una fuente primaria que nos informa sobre la vida egipcia.

____

______ 8. Los artefactos contribuyen a nuestra comprensión de una civilización.

____

C. Los significados de palabras:

Encuentra para cada palabra de la columna A el significado correcto en la columna B. Escribe la letra de cada respuesta en el espacio en blanco.

	Columna A	Columna B
______	**1.** disciplinas	**a.** algo escrito por personas que no participaron en el acontecimiento sobre el cual escriben
______	**2.** artefactos	**b.** hacer que sea comprensible
______	**3.** fuente secundaria	**c.** relatos de testigos
______	**4.** fuente primaria	**d.** objetos hechos por la labor humana
______	**5.** descifrar	**e.** áreas de conocimiento

D. Correspondencias:

Encuentra para cada descripción de la columna B el término correspondiente en la columna A. Escribe la letra de cada respuesta en el espacio en blanco.

	Columna A	Columna B
______	**1.** geografía	**a.** el estudio de la culturas humanas
______	**2.** historia	**b.** el estudio de las personas y sus relaciones entre sí
______	**3.** economía	**c.** el estudio de la producción, la distribución y el uso de bienes y servicios
______	**4.** arqueología	**d.** el estudio de la política y el gobierno
______	**5.** sociología	**e.** el estudio del comportamiento humano y animal
______	**6.** antropología	**f.** el estudio de la Tierra: sus continentes y océanos, sus climas, sus plantas y animales, sus recursos naturales y sus habitantes
______	**7.** ciencias políticas	**g.** el estudio de objetos antiguos
______	**8.** sicología	**h.** el estudio de las personas, sus instituciones y sus actividades del pasado hasta el presente

E. Piénsalo de nuevo:

Contesta cada una de las siguientes preguntas con dos oraciones.

1. ¿Por qué es la historia del antiguo Egipto accesible a los eruditos de hoy?

____

____

____

2. Describe la forma en que *una* de las ciencias sociales podría ser utilizada para ampliar nuestros conocimientos de una civilización.

____

____

____

Enriquecimiento:

Direcciones en la Tierra

Las cuatro direcciones principales de la Tierra son norte, sur, este y oeste. El norte es la clave para hallar las otras direcciones. Nunca se debe pensar en el norte como "hacia arriba" ni "hacia abajo". A menudo un mapa muestra el norte en la parte de arriba del mapa, pero se hace sólo para que el mapa sea más fácil de leer. "Arriba" es la dirección que se aleja del centro de la Tierra. "Abajo" es la dirección en la que nos acercamos al centro de la Tierra. Ni "arriba" ni "abajo" tienen nada en común con la dirección norte.

El norte es la dirección hacia el Polo Norte. El sur es la dirección hacia el Polo Sur. Cuando miramos hacia el norte, el este está a la derecha y el oeste, a la izquierda. El sur está detrás de nosotros cuando miramos hacia el norte.

El norte, el sur, el este y el oeste son las direcciones principales. También hay puntos intermedios. Son nordeste (NE) y noroeste (NO) y sudeste (SE) y sudoeste (SO). Son los puntos intermedios.

La brújula, o guía de direcciones, de un mapa indica las direcciones principales y los puntos intermedios.

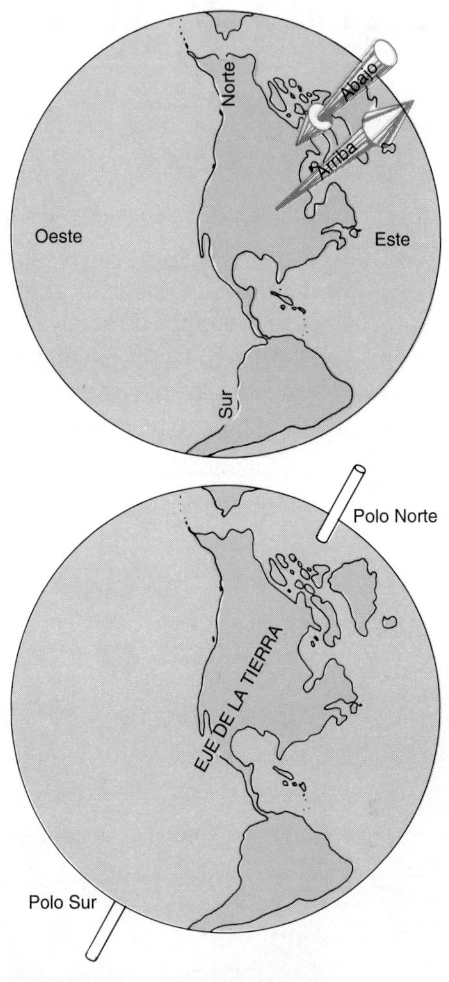

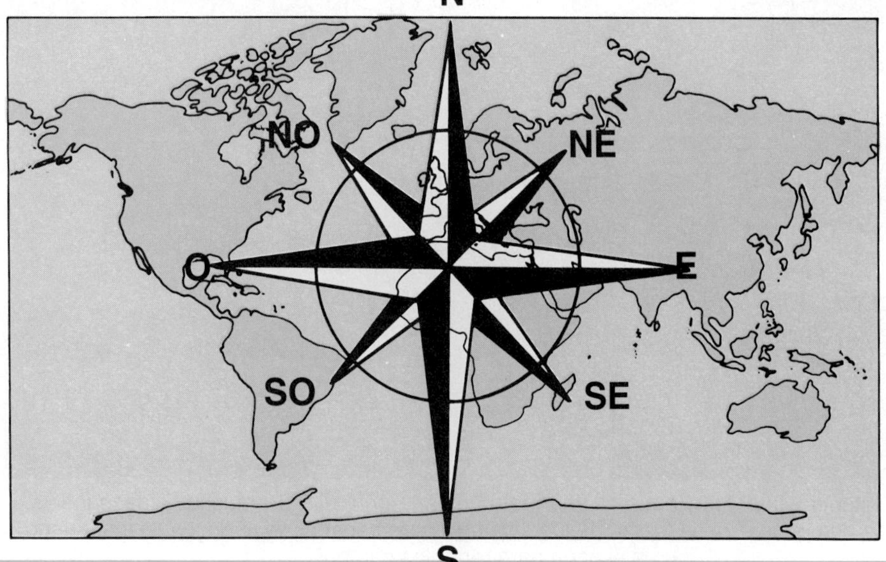

Características comunes entre culturas y sociedades

Para comprender la historia mundial

Piensa en lo siguiente al leer este capítulo.

1. Nuestra cultura influye en nuestra perspectiva de otras personas.
2. Las personas deben aprender a comprender y a apreciar las culturas que son diferentes de la suya.
3. Satisfacer las necesidades del individuo y del grupo es una meta universal de todos los pueblos y las culturas.
4. La cultura del presente nace en el pasado.
5. La interacción entre personas conduce a cambios culturales.
6. La ubicación, la topografía y los recursos influyen en la interacción.

Obtener alimentos y agua es una meta humana primaria. En muchas aldeas indias, los granjeros usan la fuerza de los animales para sacar el agua de los pozos. Luego se el agua para regar los campos.

Para aprender nuevos términos y palabras

En este capítulo se usan las siguientes palabras. Piensa en el significado de cada una.

étnico: generalmente, lo que tiene que ver con las diferentes razas dentro de un país

anglosajón: una persona blanca de nacionalidad o ascendencia inglesa

hispano: una persona de origen de habla española

topografía: la palabra que usan los geógrafos para hablar de los rasgos de la superficie de la Tierra

Piénsalo mientras lees

1. ¿Qué grupo de pobladores fundaron las trece colonias originales que llegaron a ser los Estados Unidos?
2. ¿Durante qué período gobernaba España a México?
3. ¿Qué grupos invadieron Inglaterra desde el 700 a.C. al 1066 d.C. aproximadamente?

La comunidad mundial está compuesta de más de 5 mil millones (5.333.000.000) de personas que viven en muchos lugares diferentes y hablan centenares de lenguas distintas. También practican distintas religiones, costumbres y tradiciones. En consecuencia, podría parecer que nuestra comunidad mundial está dividida en muchas partes separadas. Sin embargo, si la miras más de cerca, encontrarás que estas distintas culturas y sociedades comparten muchas características. Los siguientes ejemplos te ayudarán a comprender mejor cómo es que las culturas se asemejan y se diferencian.

1 Nuestra cultura influye en nuestra perspectiva de otras personas.

Considera el siguiente ejemplo.

TIEMPO: el presente

LUGAR: los Estados Unidos y México

Has leído que los Estados Unidos y México son vecinos. Comparten una frontera geográfica común. Pero, a pesar de estar tan cerca, hay diferencias importantes entre las dos naciones. Estas diferencias a menudo influyen en la perspectiva que los estadounidenses y los mexicanos tienen unos de otros.

En los Estados Unidos, hay muchos grupos **étnicos.** Pero su perspectiva está fundada principalmente en una cultura **anglosajona,** protestante, del norte de Europa. Recuerda que en historia de los Estados Unidos estudiaste que las trece colonias originales fueron fundadas por pobladores ingleses. Entonces es lógico que la ley británica forme la base de la ley estadounidense, y que el inglés sea la lengua nacional de los Estados Unidos. Además, la gran mayoría de los estadounidenses practica la religión protestante.

La perspectiva cultural de muchos estadounidenses influye en la manera en que consideran a los mexicanos. La población mexicana es principalmente **hispana.** El 30 por ciento de la población es indígena o de culturas nativas. La lengua y cultura españolas se introdujeron en México entre 1521 y 1810, o sea, los años en que España gobernó México. Durante este período, los españoles trataron de convertir a los mexicanos al catolicismo. Como resultado, muchos mexicanos de hoy pertenecen a la iglesia católica romana.

Las diferencias de lengua, religión y cultura a veces han perjudicado las relaciones entre México y los Estados Unidos. Las personas de ambas naciones generalmente no se comprenden. Y frecuentemente se meten en conflictos sobre diferencias de poca importancia. Sin embargo, si tratan de desarrollar mejores relaciones, es probable que la situación mejore en los años venideros.

2 Las personas deben aprender a comprender y a apreciar las culturas que son diferentes de la suya.

Quizás hayas escuchado un discurso o hayas visto una película sobre gente de otro país. O tal vez hayas escrito cartas a alguien que vivía del otro lado del mundo. ¿Te dieron estas actividades una perspectiva de la vida en otro país?

Para que las personas de la comunidad mundial convivan en paz, es importante que se comprendan y se aprecien unas a otras. Los programas de intercambio cultural son una forma de que las personas aprendan sobre sociedades distintas de la suya. Las películas filmadas en otras tierras también ayudan a que aprendamos sobre diferentes modos de vida.

Tal vez nunca llegues a conocer a una persona de la India. Pero si lees sobre la gente y ves películas sobre sus aldeas y pueblos, tendrás más posibilidades de comprender a un grupo de personas que forman parte de nuestra comunidad mundial.

¿Crees que los norteamericanos tienen características en común con las personas de otras tierras? Las personas de la India se visten con ropa de estilos diferentes y comen diferentes tipos de comida que los norteamericanos. No obstante, tienen ciertos objetivos comunes. ¿Puedes nombrar algunos?

3 Satisfacer las necesidades del individuo y del grupo es una meta universal de todos los pueblos y las culturas.

Todas las sociedades tratan de suministrar la suficiente cantidad de alimentos y agua para satisfacer las necesidades de su pueblo. También tratan de ocuparse de la salud, el bienestar y la seguridad de varios grupos e individuos. En algunos países, se proporciona ayuda especial a los necesitados. En los Estados Unidos, por ejemplo, los pueblos y las ciudades tienen organismos que ayudan a los pobres y a los enfermos. Además se da atención especial a los ancianos y a los discapacitados. Este objetivo de ayudar a las personas vincula a todas las naciones de nuestra comunidad mundial.

4 La cultura del presente nace en el pasado.

Las características actuales de un país dependen mucho de la historia de su pasado. Considera lo siguiente.

TIEMPO: del 700 a.C. al presente

LUGAR: Inglaterra

Durante los primeros años de la historia inglesa, Gran Bretaña fue invadida por muchos grupos diferentes. Entre los primeros figuraban los celtas, después del 700 a.C. Estas personas trajeron sus idiomas, incluso el gaélico. Una nueva lengua, el latín, fue introducida en Inglaterra por los invasores romanos en el 43 d.C. Durante los siguientes 400 años, el latín se desarrolló a la par de las lenguas célticas.

Durante el siglo V d.C., Roma retiró a sus soldados de Inglaterra, algo que condujo a otras invasiones. Los jutos, los anglos y los sajones, provenientes de tierras germánicas, invadieron Inglaterra. Otros invasores vinieron de Dinamarca. Cada vez, iban añadiendo sus lenguas a las lenguas céltica y latina que ya existían. De esta mezcla surgió la lengua que generalmente llamamos anglosajona.

Después del 1066 d.C. hubo otra contribución a la lengua de Inglaterra. En aquel año, los líderes sajones fueron derrotados por los invasores de Normandía y el norte de Francia. Al poco tiempo, los normandos introdujeron elementos de su lengua. La lengua inglesa que surgió era una rica mezcla de muchas lenguas y muchas culturas. Casi la mitad de

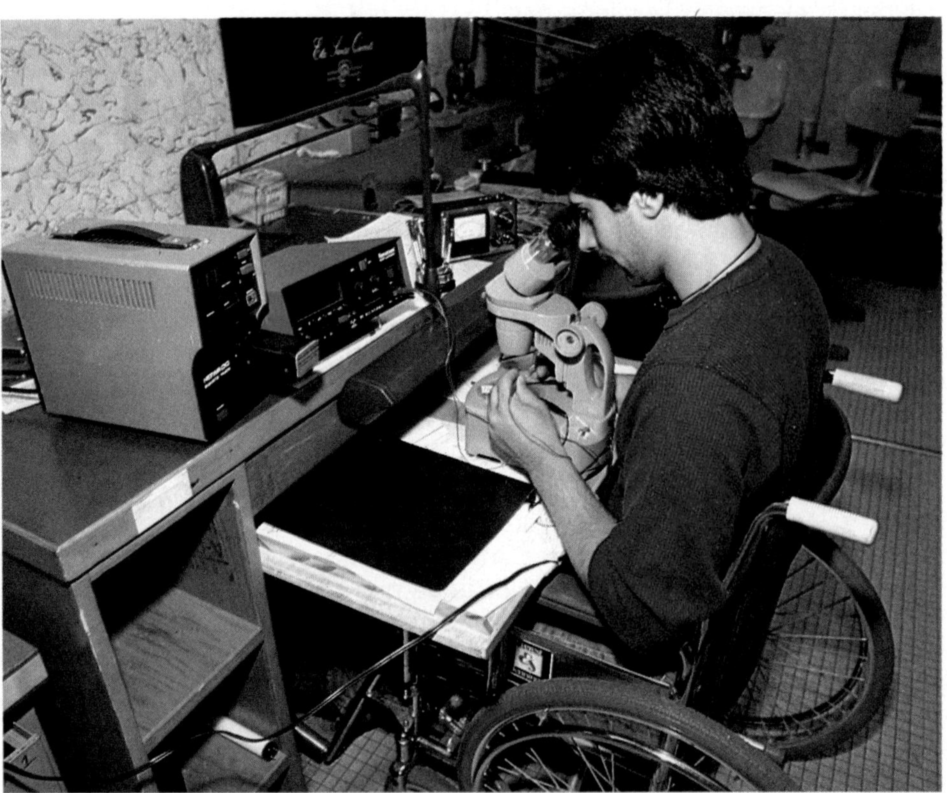

En muchas sociedades, los trabajadores discapacitados pueden tener puestos importantes.

Esta fotografía muestra una de las cumbres más altas de la cordillera del Himalaya. Esta cordillera abarca Paquistán, norte de la India, Tibet, China y Nepal.

las palabras de la lengua inglesa son de origen germánico. Estas palabras provienen de los anglosajones. Entre el 30 y el 40% son de origen latino, que indica la influencia de los romanos y los normando-franceses. Las demás provienen del griego, árabe y otras fuentes. Como puedes ver, la lengua inglesa de hoy refleja la historia del pueblo inglés.

5 La interacción, o el contacto, entre personas conduce a cambios culturales.

Has leído que el pasado de una nación influye mucho en su cultura. Parte de este pasado incluye aprender de otros pueblos y adoptar sus modos de vida. Considera este ejemplo.

TIEMPO: de la década de 1930 al presente
LUGAR: el Oriente Medio

Durante los últimos 50 años, se han encontrado ricos yacimientos de petróleo en muchas partes del Oriente Medio. El pueblo islámico de la región y los obreros no islámicos de Europa, los Estados Unidos y Asia se han juntado para trabajar allí. (El islamismo es la religión de la mayoría de las personas del Oriente Medio. Los musulmanes son los seguidores del islamismo.) Como resultado de esta interacción, los pueblos musulmanes han empezado a adoptar algunos modos de vida extranjeros. Por ejemplo, manejan coches y llevan ropa al estilo occidental. También tienen alimentos y bebidas que están prohibidos por el islamismo.

A muchos musulmanes les preocupa el hecho de que sus costumbres y tradiciones estén desapareciendo como resultado de esta interacción. En realidad, la necesidad y el valor de estos cambios culturales separan a los musulmanes en muchos países.

6 La ubicación, la **topografía** y los recursos influyen en la interacción.

En este capítulo, has leído sobre la forma en que se parecen las culturas y la forma en que difieren. También has visto cómo los grupos se ven afectados por las personas que conocen. A veces, este intercambio de ideas y tradiciones es amistoso. Otras veces, las culturas se mezclan porque un grupo se ha apoderado del otro. Por último, hay casos en que las naciones se desarrollan solas, como en el siguiente ejemplo.

Hoy en día, el Tíbet (también conocido como Xizang) forma parte de China. Comparte fronteras con la India, Bután y Nepal. Sin embargo, las montañas y mesetas altas y frías del Tíbet lo tienen aislado sin interacciones con el exterior. Una gran parte del Tíbet no ha cambiado ni ha tenido interacción con otras culturas.

Ejercicios

A. Busca las ideas principales:

Pon una marca al lado de las oraciones que expresan las ideas principales de lo que acabas de leer.

_______ **1.** Satisfacer las necesidades de las personas es una meta común de todas las culturas.

_______ **2.** La cultura en que vivimos influye en nuestras opiniones del mundo exterior.

_______ **3.** Las necesidades de las personas no siempre se satisfacen.

_______ **4.** Las personas deben aprender a comprender las culturas que son diferentes de la suya.

_______ **5.** Las culturas de hoy son como las culturas del pasado.

_______ **6.** El pasado ha dado forma a las culturas del presente.

B. ¿Qué leíste?

Escoge la respuesta que mejor complete cada oración. Escribe la letra de tu respuesta en el espacio en blanco.

_______ **1.** Las trece colonias originales fueron pobladas por

a. los ingleses.

b. los españoles.

c. los mexicanos.

_______ **2.** En los Estados Unidos

a. no hay ningún grupo étnico.

b. hay pocos grupos étnicos.

c. hay muchos grupos étnicos.

_______ **3.** Los líderes sajones de Inglaterra fueron derrotados por los

a. romanos.

b. celtas.

c. normandos.

______ **4.** Hay montañas y mesetas altas y frías en

a. Inglaterra.

b. el Tíbet.

c. el Oriente Medio.

______ **5.** Los mexicanos aprendieron todo lo siguiente de los españoles, *menos*

a. la cultura hispánica.

b. el catolicismo romano.

c. la ley anglosajona.

C. Para recordar lo que leíste:

Usa las siguientes palabras para completar cada una de las siguientes oraciones.

católica	inglés	latín
celtas	anglosajona	la India
islámicas	hispana	

1. La perspectiva de los Estados Unidos se basa principalmente en la cultura _________ .

2. El _______________ es la lengua nacional de los Estados Unidos.

3. La religión _______________ de México es una señal de que la nación estuvo alguna vez gobernada por España.

4. La población mexicana es principalmente _______________ .

5. El gaélico fue una de las lenguas traídas a Inglaterra por los invasores _______________ .

6. El _______________ fue la lengua de los invasores romanos en Inglaterra.

7. Los campos de petróleo del Oriente Medio han dado lugar a la interacción entre las personas _______________ de la región y otros.

8. El Tíbet comparte fronteras con Nepal y _______________ .

D. Los significados de palabras:

Busca las siguientes palabras en el glosario. Escribe el significado debajo de cada palabra.

Topografía

____

____

Étnico

____

____

____

E. ¿Quiénes son?

Nombra el pueblo o el grupo que se describe en cada oración. Escribe la respuesta en el espacio en blanco.

__________ **1.** Esta nación gobernó México por casi 300 años.

__________ **2.** El sistema de leyes de esta nación sirve como base al sistema de leyes en los Estados Unidos.

__________ **3.** Este grupo constituye el 30% de la población de México.

__________ **4.** Fueron los primeros invasores de Inglaterra.

__________ **5.** Ésta es la religión del Oriente Medio.

F. Las diferencias culturales en las noticias:

Lee el siguiente artículo periodístico y contesta las preguntas de la página 27.

Jefes japoneses confundidos sobre obreros de EE.UU.

Cuando los obreros de la Sanyo Manufacturing Corporation de Forrest City, Arkansas, se declararon en huelga, Tanemichi Sohma, el vice presidente de la administración, se vio en apuros por diferencias culturales.

Sus jefes de Japón no estaban acostumbrados a las huelgas. Las pocas que habían visto sólo duraron uno o dos días... Así que, cuando la huelga de Arkansas entró en su tercera semana, los dirigentes de Sanyo en Japón creían que algo andaba muy mal. El Sr. Sohma debía de haber ofendido a los obreros, —así opinaban los dirigentes. Le dijeron al Sr. Sohma que se humillara ante los jefes del sindicato. El Sr. Sohma les dijo que esto no era aconsejable y entonces fue reprobado [regañado].

"Ellos creían que yo estaba demasiado americanizado —dijo el Sr. Sohma de sus superiores— "Ya no me tenían confianza. Enviaron a expertos a observar la huelga". Lo que descubrieron estos empresarios japoneses fue que "América es un país diferente".

Fuente: *The New York Times,* 7 de noviembre de 1982.

1. ¿Por qué se encontró el gerente japonés de la sucursal estadounidense de la compañía en apuros por "diferencias transculturales"?

2. ¿Cuáles fueron los consejos que los jefes japoneses le dieron al gerente japonés de la sucursal estadounidense? ¿Por qué crees que él los consideró malos?

3. ¿Cómo señala esta historia las diferencias culturales entre los Estados Unidos y Japón?

4. ¿Cómo podría este tipo de sucesos ayudar a las personas a comprender las culturas que son diferentes de la suya? ¿De que manera podrían las interacciones o comunicaciones influir en los cambios culturales?

Enriquecimiento:

La latitud y la longitud

Las líneas imaginarias nos ayudan a ubicar los lugares en los mapas. Las líneas que van de este a oeste en un mapa se llaman líneas de latitud. Al ponerles números a las líneas se hace más fácil ubicar los lugares en el mapa. A los números se les llama "grados" y se identifican con este símbolo: °.

El ecuador es la línea de cero grado (0°) que va de este a oeste en el mapa. Todas las otras líneas que van de este a oeste se numeran de 0° a 90° al norte del ecuador y de 0° a 90° al sur del ecuador. Las líneas de latitud muestran a qué distancia hacia el norte o el sur del ecuador se encuentra un lugar.

Las líneas que van de norte a sur en el mapa se llaman líneas de longitud. Se señala al primer meridiano como la línea de longitud de cero grado (0°).

Las líneas de longitud se numeran de 0° a 180° al este del primer meridiano. Las líneas de longitud también se numeran de 0° a 180° al oeste del primer meridiano. Las líneas de longitud muestran a qué distancia hacia el este o el oeste del primer meridiano se ubica un lugar.

A menudo los mapas indican las líneas de latitud y de longitud como una cuadrícula. La cuadrícula, o líneas que se cruzan, hacen que sea más fácil ubicar lugares.

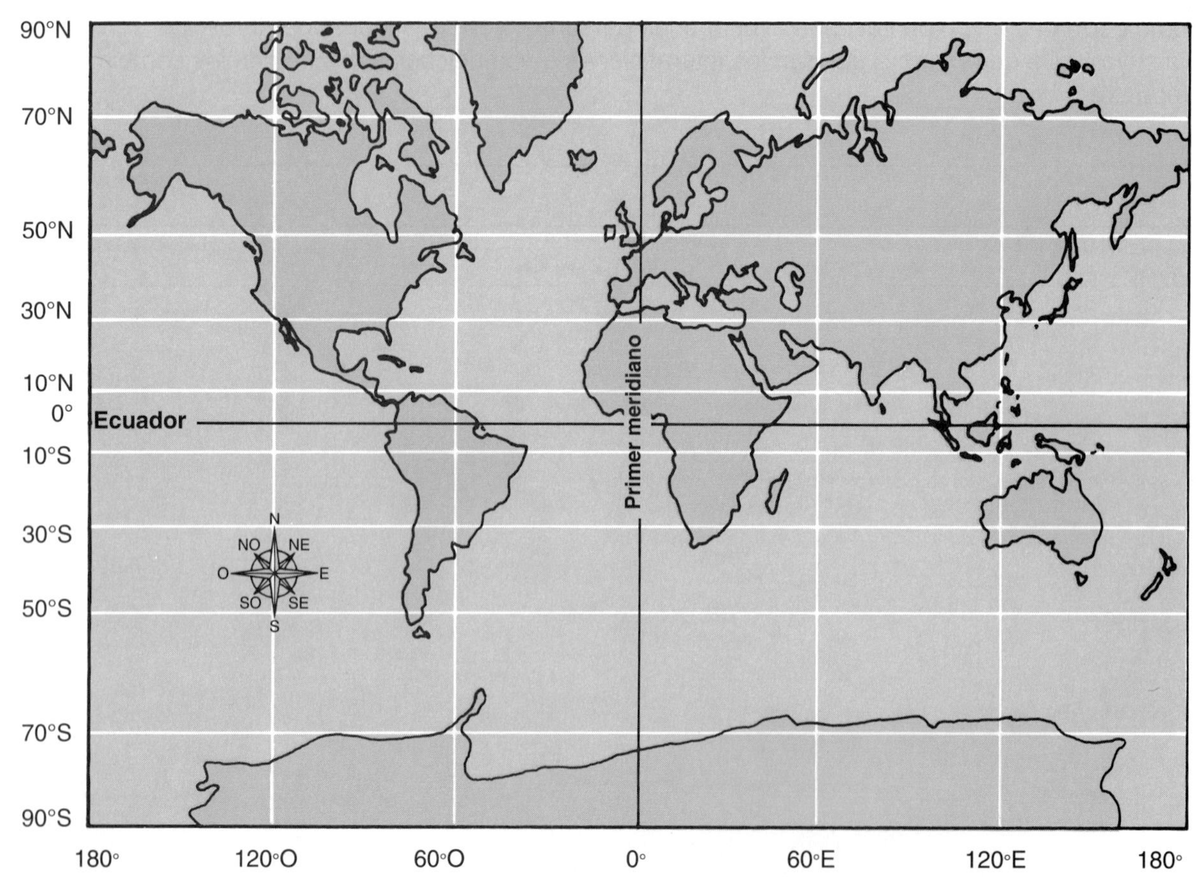

Enriquecimiento:

La cronología y las líneas cronológicas

La cronología nos ayuda a colocar los sucesos y las fechas en el orden correcto. Puede ser útil cuando medimos el tiempo del pasado.

En diferentes partes del mundo se usan muchas formas de medir el tiempo histórico. Generalmente, se mide el tiempo en relación con un gran suceso de la historia. Este acontecimiento es la base del sistema que mide el tiempo del pasado al presente.

Nuestro sistema para medir el tiempo utiliza las fechas acompañadas de las letras a.C. o d.C. Estas letras se refieren a un acontecimiento: el nacimiento de Jesucristo. Las letras a.C. y d.C. nos ayudan a comprender cuándo y en qué orden sucedieron los acontecimientos.

Se coloca el período más largo bajo a.C. (antes de Cristo). Los acontecimientos que sucedieron antes del nacimiento de Cristo se cuentan hacia atrás a partir de esa fecha. Por ejemplo, 500 a.C. significa 500 años antes del nacimiento de Cristo. Para hablar de los años después del nacimiento de Cristo se usa d.C. (después de Cristo).

Dividir el tiempo en los períodos a.C. y d.C. puede ayudarnos a medir el tiempo en la historia. Las letras son especialmente útiles cuando se usan en una línea cronológica. Una línea cronológica ayuda a indicar cuándo sucedieron los acontecimientos y el orden en que sucedieron. Es una forma visual de cronología. Una línea cronológica sencilla sería así:

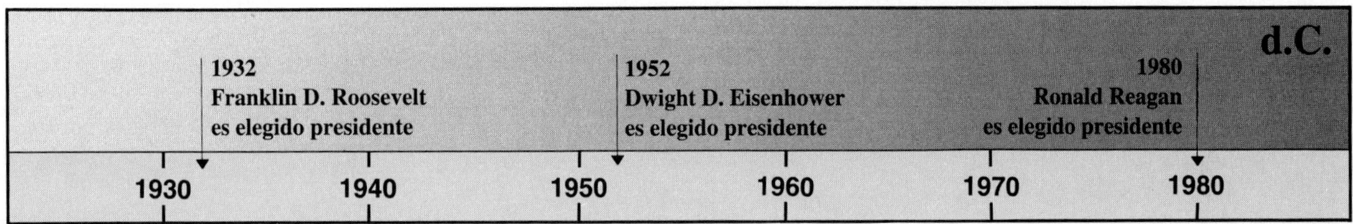

Si vamos más hacia atrás en la historia, la línea cronológica puede indicar tanto los años del período a.C. como los del período d.C. Por ejemplo,

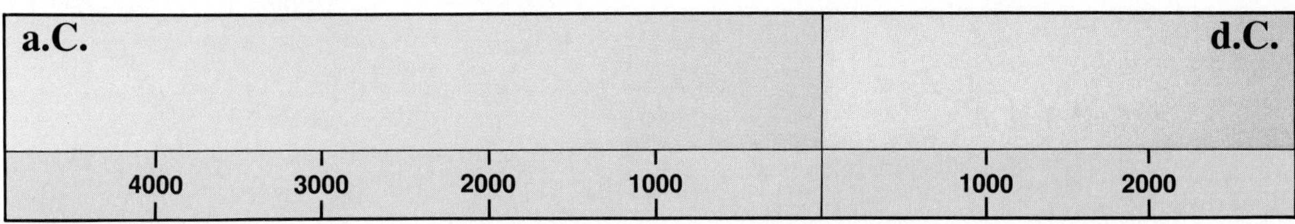

En las líneas cronológicas, las fechas del período a.C. bajan a medida que se acercan al comienzo del período d.C. Luego suben en el período d.C. Los acontecimientos y las épocas generales se pueden mostrar en la línea cronológica con las fechas indicadas. Por ejemplo,

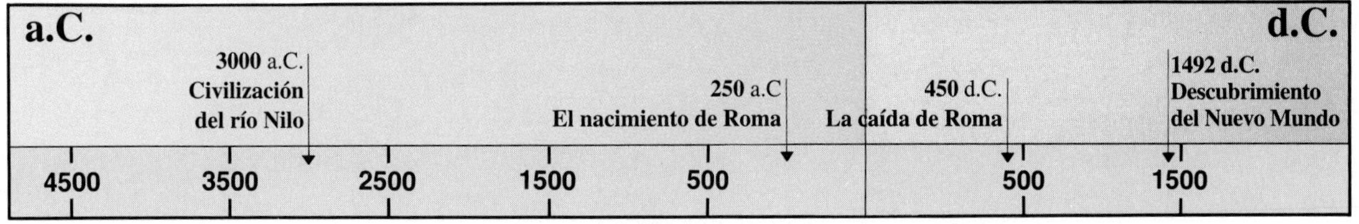

Capítulo 5

Los pueblos y las naciones vistos a través de la historia mundial

Para comprender la historia mundial

Piensa en lo siguiente al leer este capítulo.

1 La interacción entre pueblos puede conducir a la difusión cultural.

2 Los países adoptan y adaptan ideas e instituciones desarrolladas en otros países.

3 Las naciones escogen lo que adoptan y adaptan de otras naciones.

4 Los sucesos en una parte del mundo han influido en los desarrollos en otras partes del mundo.

5 A veces las naciones dependen de otras naciones para sobrevivir económica y políticamente.

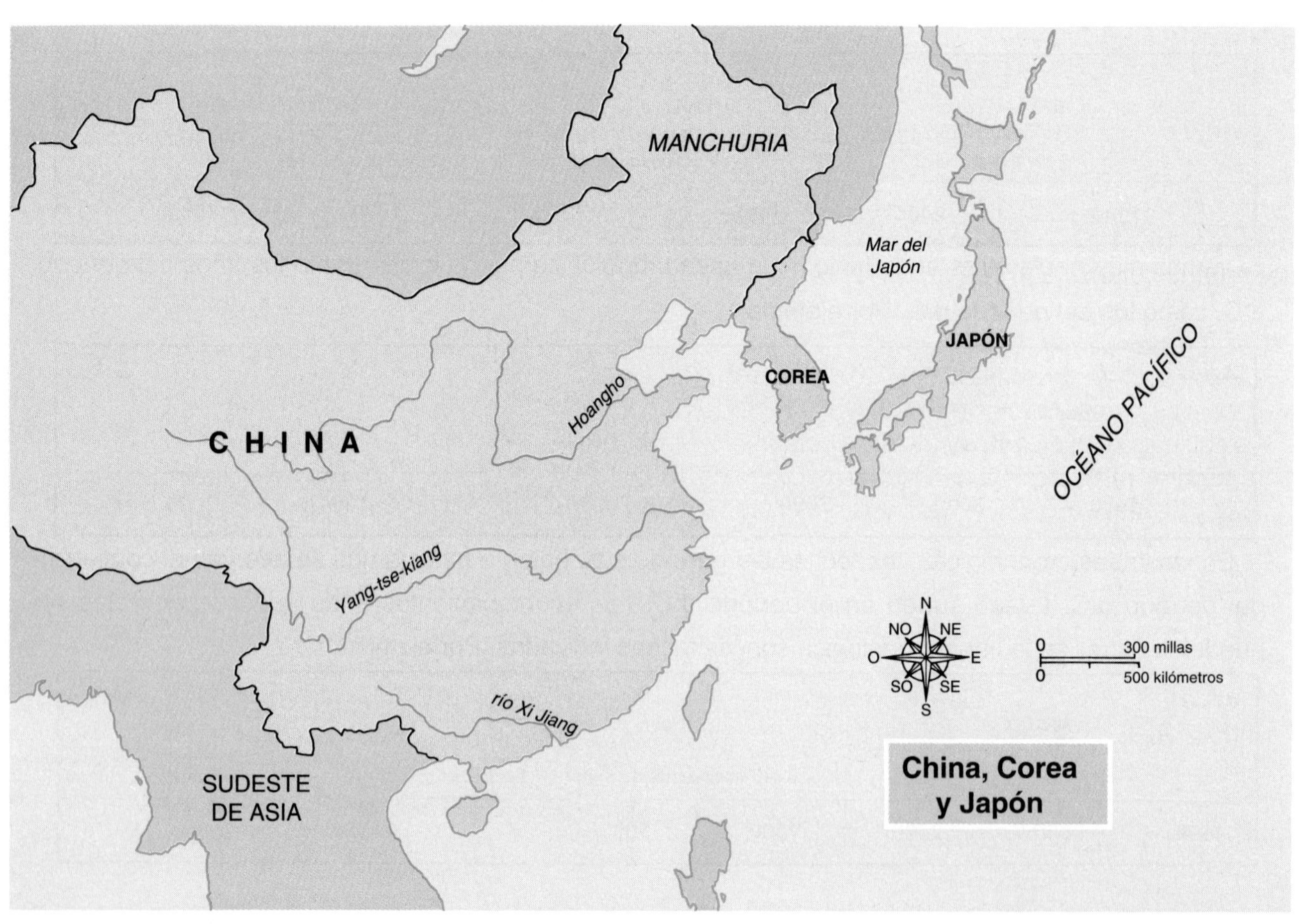

Para aprender nuevos términos y palabras

En este capítulo se usan las siguientes palabras. Piensa en el significado de cada una.

difusión cultural: la diseminación de las ideas y las costumbres de una cultura en otras culturas

adaptar: cambiar algo para satisfacer tus propias necesidades

parlamento: un organismo político que promulga las leyes para una nación

primer ministro: el funcionario principal en un sistema parlamentario

mayoría: más de la mitad de cualquier número

Piénsalo mientras lees

1. ¿Cómo influyó la geografía en los principios de la historia de Japón?
2. ¿Cómo funciona un sistema de gobierno parlamentario ?
3. ¿Qué significa "control de calidad"?
4. Qué les sucedió a las naciones que importaban petróleo cuando el precio del petróleo subió entre 1970 y 1980? ¿Qué les sucedió a las naciones productoras de petróleo cuando el precio del petróleo bajó a principios de la década del 1980?
5. ¿Cómo pudo Europa reconstruirse después de la Segunda Guerra Mundial?

La historia mundial ofrece la oportunidad de ver a los diferentes pueblos y naciones en el marco de la comunidad mundial. Como resultado, la historia llega a ser más que el mero estudio de continentes, regiones y países.

La historia mundial examina el mundo de una forma especial. Muestra la forma en que las personas y los lugares se vinculan unos con otros. Por esa razón, tiene que ver con las artes, la música y la literatura de todas las partes del mundo. Leerás, por ejemplo, que hay semejanzas entre la pintura y escultura de China y las de Japón. La historia mundial también tiene en cuenta las lenguas, las ideas, las religiones, los alimentos y las costumbres del mundo entero. En pocas palabras, la historia mundial abarca todos los pueblos del pasado, del presente y del futuro.

Tu estudio de la historia mundial será diferente del de las otras clases de historia que hayas cursado. Los siguientes ejemplos te ayudarán a comprender la perspectiva mundial en cuanto al estudio de la historia y el desarrollo de las naciones del mundo.

1 La interacción entre pueblos puede conducir a la difusión cultural.

El siguiente ejemplo de China y Japón ayudará a explicar la **difusión cultural.** Es otra manera de describir la diseminación de culturas.

TIEMPO: desde antes del 1100 a.C. al presente

LUGAR: China y Japón

El historiador Edwin O. Reischauer ha dicho que "Culturalmente, Japón es hijo de la civilización china...". Con esto, quiere decir que la cultura japonesa le debe mucho a su contacto con los chinos.

China y Japón están separados por 500 millas (800 kilómetros) de océano. Este hecho hizo que los japoneses vivieran aislados por miles de años. Durante ese período, tenían pocas comunicaciones con el territorio continental de Asia. Sólo después del 1000 a.C., Japón fue influido por otros pueblos y otras culturas.

Los invasores de China, Manchuria, Malasia, Indonesia y Corea fueron los primeros extranjeros en influir en Japón. Obligaron al pueblo ainu nativo a trasladarse a lugares muy lejanos del país. En realidad, estos invasores, poco a poco llegaron a ser el pueblo que actualmente llamamos el pueblo japonés.

Durante el periodo que se extendió desde, aproximadamente, el 1028 a.C. hasta el 250 d.C., Japón tuvo comunicaciones estrechas con los pueblos de China y Corea. Igual que Japón, Corea recibió mucha influencia de la cultura china. Como resultado, las dos naciones empezaron a seguir muchas de las prácticas del pueblo chino. Considera el ejemplo del cultivo de arroz. La siembra y el cultivo del arroz probablemente comenzó hace miles de años en el sudeste de Asia (ver el mapa de la página 30). La interacción entre esa región y China resultaron en el cultivo de arroz en China y Corea. Más tarde, fue introducido en Japón por los mercaderes y comerciantes chinos.

También se difundieron en Japón otros aspectos de la cultura china. La escritura china llegó a Japón, a través de Corea, alrededor del 405 d.C. Se convirtió en el modo de escribir japonés. Otra influencia fue la religión del budismo. Los chinos sabían del budismo por la gente de la India. Luego, alrededor del 550 d.C., un monje budista llevó el budismo a Japón.

Los ainu fueron las primeras personas en llegar a Japón. Hoy en día, muchos de los ainu viven en Hokkaido, la isla de Japón que queda más al norte.

Aunque a la primera estatua de Buda enviada a Japón se la consideraba sin valor, poco a poco la religión llegó a formar parte de la vida japonesa.

2 Los países adoptan y adaptan ideas e instituciones desarrolladas en otros países.

La historia de Japón es sólo un ejemplo de un grupo que aprende de la gente que conoce. Al continuar tu estudio de la historia mundial, encontrarás otros ejemplos. Por ejemplo, muchas naciones han tomado prestado y **adaptado** el sistema de gobierno británico. En Inglaterra, el organismo principal del gobierno se llama **parlamento.** El parlamento está dividido en dos cámaras o ramas. Cada cámara está constituida por miembros de varios partidos políticos. Se escoge al **primer ministro** del partido que tiene la **mayoría** de los miembros. El primer ministro se convierte en el jefe del gobierno. Él o ella, a su vez, escoge a su gabinete. Este grupo de hombres y mujeres ayuda al primer ministro a dirigir el parlamento.

Las antiguas colonias británicas, incluyendo Canadá, Australia, la India y Jamaica, han adoptado el sistema de gobierno británico. Otras antiguas colonias británicas han adoptado el sistema pero lo han adaptado, o cambiado, para satisfacer sus propias necesidades. Uno de los cambios es el reemplazo de un sistema político multipartidario por un sistema de un solo partido. Este cambio a menudo le ha quitado al gobierno parlamentario su base democrática.

3 Las naciones escogen lo que adoptan y adaptan de otras naciones.

Esto es cierto tanto en la religión y el gobierno como en el comercio y la economía. Por ejemplo, regresemos a Japón. A principios del siglo XX, los japoneses adoptaron muchas ideas sobre la fabricación en serie de las otras naciones industriales. La fabricación en serie es el sistema de fabricar grandes cantidades de objetos, todos exactamente iguales. Las naciones industriales, como los Estados Unidos, usaban la fabricación en serie para construir una economía fuerte y variada. Los líderes comerciales japoneses se interesaron mucho en la idea estadounidense del control de calidad de producción. El control de la calidad significa que los objetos fabricados en serie (la ropa, los coches, los televisores y las radios, por ejemplo) se someten a pruebas de calidad antes de ser vendidos. Los japoneses no sólo adoptaron la idea del control de calidad sino que también la mejoraron. El resultado fue que las industrias japonesas llegaron a ser los líderes en los mercados mundiales. Se les conocía por fabricar productos buenos y a bajos costos.

Actualmente, muchas naciones industriales están estudiando los métodos de producción japoneses. Los Estados Unidos y otros están adoptando y adaptando los métodos que los japoneses habían adoptado y adaptado de otros.

4 Los sucesos en una parte del mundo han influido en los desarrollos en otras partes del mundo.

Ya has empezado a comprender el número de vínculos que enlaza una nación con otra. Estos vínculos son aún más fuertes hoy de lo que eran hace centenares de años. Debido a los métodos de comunicaciones modernos, las naciones no sólo influyen en los países cercanos, sino también en las personas que viven al otro lado del mundo. Considera este ejemplo.

TIEMPO: las décadas de 1970 y 1980

LUGAR: el Oriente Medio

Piensa en los últimos sucesos en el Oriente Medio. Los acontecimientos en esa región han influido en los desarrollos en todas las otras partes del mundo. Además, las decisiones tomadas en otras partes del mundo han influido en los desarrollos en el Oriente Medio. ¿Cómo ha sucedido esto?

Entre 1970 y 1980, las naciones productoras de petróleo del Oriente Medio y sus aliados o amigos subieron el precio del petróleo. Subió de menos de US$4 por tonel a casi US$40 por tonel. Las naciones importadoras de petróleo, incluyendo a los Estados Unidos, sufrían las consecuencias mientras el precio del petróleo subía rápidamente. La escasez de gasolina llegó a ser un hecho común en los Estados Unidos. Los norteamericanos se dieron cuenta de que su economía se vinculaba estrechamente con las decisiones tomadas al otro lado del mundo.

Unos años más tarde, los sucesos en los Estados Unidos y en otros países influyeron en las naciones productoras de petróleo. Se descubrieron ricos yacimientos de petróleo en Canadá y en el Mar del Norte. Al mismo tiempo, los norteamericanos comenzaron a conservar la energía de todas las formas posibles. Algunas industrias dejaron de usar petróleo, y utilizaron carbón y otros combustibles. El debilitamiento de la economía mundial rebajó aún más la demanda de petróleo. Estos sucesos mundiales ocasionaron una baja de los precios del petróleo. Las naciones productoras de petróleo empezaron a perder dinero. Aun las naciones del Oriente Medio sufrieron una pérdida de ingresos.

5 A veces las naciones dependen de otras naciones para sobrevivir económica y políticamente.

Japón es uno de los primeros productores de equipo electrónico del mundo. Estos obreros están armando grabadoras.

Piensa en cómo las naciones se ayudan unas a otras. La ayuda, de cualquier forma que sea, crea un vínculo entre las personas, como en este ejemplo.

TIEMPO: después de la Segunda Guerra Mundial

LUGAR: Europa occidental

Al terminar la Segunda Guerra Mundial (1939—1945), Europa había sufrido mucho daño. No había alimentos. Ciudades enteras quedaron en ruinas. Como resultado, los Estados Unidos formuló un plan para ayudar a las naciones de Europa. Se enviaron miles de millones de dólares en alimentos y otros bienes. Este plan ayudó a salvar las economías, casi arruinadas, y a los gobiernos europeos. En unos años, las fábricas europeas volvieron a fabricar productos. La gente empezó a confiar de nuevo en sus líderes políticos a medida que la vida mejoraba.

Ejercicios

A. Busca las ideas principales:

Pon una marca al lado de las oraciones que expresan las ideas principales de lo que acabas de leer.

______ **1.** Los acontecimientos que suceden en una parte del mundo han influido en los desarrollos en otras partes del mundo.

______ **2.** Las guerras han hecho mucho daño a muchas naciones.

______ **3.** Las comunicaciones entre personas pueden conducir a una difusión de culturas.

______ **4.** Las naciones adoptan y adaptan las ideas e instituciones desarrolladas en otras naciones.

______ **5.** Muchas naciones utilizan el sistema de gobierno parlamentario.

______ **6.** A veces las naciones dependen de otras naciones para sobrevivir económica y políticamente.

______ **7.** Las naciones escogen lo que adoptan y adaptan de otras naciones.

B. Comprueba los detalles:

Lee cada afirmación. Escribe C en el espacio en blanco si la afirmación es cierta. Escribe F en el espacio si es falsa. Escribe N si no puedes averiguar en la lectura si es cierta o falsa.

______ **1.** La historia mundial muestra la forma en que se enlazan las personas y los lugares.

______ **2.** Japón siempre tuvo vínculos estrechos con el territorio continental de Asia.

______ **3.** En tiempos antiguos, Corea se vio muy influida por la cultura japonesa.

______ **4.** El cultivo de arroz probablemente se inició en el sudeste de Asia.

______ **5.** El budismo llegó a China desde Japón.

______ **6.** El sistema de gobierno parlamentario británico es más democrático que el sistema de gobierno de los Estados Unidos.

______ **7.** El primer ministro es elegido entre los miembros del partido mayoritario del parlamento.

______ **8.** Una subida del precio del petróleo del Oriente Medio no tuvo ningún efecto en los Estados Unidos.

______ **9.** La ayuda estadounidense a Europa después de 1945 ayudó a Europa occidental a sobrevivir económica y políticamente.

______ **10.** El pueblo británico está a favor de una monarquía para su nación.

C. ¿Qué significa?

Escoge el mejor significado para cada una de las palabras en letras mayúsculas.

_______ **1.** MAYORÍA
- **a.** la mitad de todas las personas
- **b.** las personas más importantes
- **c.** más de la mitad del total

_______ **2.** ADAPTARSE
- **a.** apoderarse de algo para su uso personal
- **b.** cambiar o ajustarse a necesidades especiales
- **c.** reparar algo que está roto

_______ **3.** PARLAMENTO
- **a.** un organismo político
- **b.** el líder de un partido político
- **c.** el soberano de una nación

D. Detrás de los titulares:

Detrás de cada titular hay una historia. Escribe dos oraciones que respalden o cuenten sobre cada uno de los siguientes titulares.

LOS PRECIOS DEL PETRÓLEO SUBEN EN LOS ESTADOS UNIDOS

____

____

____

____

UNA NUEVA RELIGIÓN LLEGA A JAPÓN DESDE CHINA

____

____

____

____

LOS ESTADOS UNIDOS PROMETE AYUDA PARA SALVAR A EUROPA

____

____

____

____

E. Para comprender la historia mundial:

En la página 30 leíste sobre cinco factores de la historia mundial. ¿Cuál de estos factores se aplica a cada afirmación de abajo? Busca el factor correcto en la página 30 y escríbelo en el espacio en blanco.

1. Los gerentes industriales estadounidenses estudian cómo los japoneses utilizan los robots en la producción.

____

____

____

2. La Unión Soviética crea cadenas de supermercados, pero prohíbe la propiedad privada.

____

____

____

3. El descubrimiento de nuevos campos de petróleo en Canadá obliga a los productores de petróleo del Medio Oriente a rebajar sus precios.

____

____

____

4. Las oportunidades comerciales con las naciones del Oriente Medio dan como resultado un mayor interés en los estudios árabes por parte de las universidades estadounidenses.

____

____

____

5. México, Polonia y otras naciones que piden prestado dinero se enfrentan con la quiebra si no reciben préstamos de las naciones más ricas.

____

____

____

Enriquecimiento:

La inmigración y la mezcla de culturas

Todos nacemos en una cultura que influye en nuestras ideas y nuestras actitudes. Hasta nos afecta cuando nos trasladamos a otras áreas u otros países. Esto puede resultar en un "choque cultural" para la gente que se traslada de un país a otro. A veces los inmigrantes tratan de conservar el modo de vida con el que se criaron. Al mismo tiempo están ansiosos por incorporar las costumbres, las tradiciones y la lengua del país que adoptaron. De algún modo, viven en dos mundos con dos culturas.

La pareja de la fotografía de la derecha es un ejemplo de la mezcla de dos culturas. La pareja inmigrante vino a los Estados Unidos de un pueblo pequeño de Rusia a principios del siglo XX. Se les tomó la foto un poco después de su boda en los Estados Unidos. En Rusia, estos dos jóvenes se habían criado en una zona judía que existía dentro de una cultura no judía más grande. Allí, tenían un nivel social limitado y más bajo. Se imponían límites sobre su educación, su trabajo, y sus derechos civiles y religiosos. A pesar de estos límites, ellos absorbieron partes de la cultura rusa. Mezclaron la cultura rusa con las costumbres, la religión y la lengua de la comunidad judía.

Luego, la pareja se trasladó a los Estados Unidos. Los dos se hicieron ciudadanos estadounidenses, votaron en las elecciones y participaron en asuntos locales. En breve, adoptaron al menos parte de la cultura estadounidense. Sin embargo, el hombre y la mujer aún recordaban su vida anterior en Rusia, y continuaron practicando algunas de sus viejas tradiciones.

Con los años, los hijos y los nietos de la pareja pudieron tener cierto sentido de sus vínculos culturales. Sus padres y parientes inmigrantes les describían su modo de vida en Rusia.

Las viejas fotografías, cartas y tarjetas también les ayudaron a comprender el pasado. Además, las novelas, las biografías y los libros históricos —muchos escritos por los hijos de inmigrantes— ayudaron a resucitar el modo de vida en Rusia. De esta forma, la cultura extranjera de los inmigrantes se mezcló con la cultura estadounidense de sus hijos y nietos. Esa cultura estadounidense, de por sí, es una mezcla de muchas culturas diferentes de las personas que han venido a los Estados Unidos desde todas las partes del mundo.

Unidad 2

Las primeras civilizaciones del mundo

La civilización es el producto de los seres humanos y el medio ambiente en que viven. Los primeros seres humanos vivían bajo las condiciones más difíciles. Luchaban por conseguir alimentos y refugio. Sus vidas eran cortas. Sin embargo, los primeros hombres y mujeres aprendieron cómo cambiar la vida. Cultivaron las tierras. Construyeron estructuras más grandes. Una de éstas es Stonehenge, en la fotografía de la página 38. Es un círculo de piedras paradas, que fue construido por los primeros pueblos de Inglaterra. Stonehenge se construyó cerca del 1800 a.C. Los historiadores todavía se preguntan sobre el propósito de Stonehenge.

A medida que la lucha por sobrevivir se hacía menos difícil, las personas empezaron a pensar en otros tipos de trabajo. Continuaron con el cultivo de la tierra. También construyeron pueblos y ciudades. Las personas empezaron a utilizar las lenguas escritas. También formaron creencias religiosas. Formularon ideas sobre el gobierno. Estos desarrollos señalaron el comienzo de la civilización.

Las primeras civilizaciones se ubicaron en los valles de los ríos. En esta unidad leerás sobre estas civilizaciones de los valles de los ríos y sobre otras culturas.

En la Unidad 2, leerás los siguientes capítulos:

Capítulo 1

El mundo primitivo y su gente

Para comprender la historia mundial

En la Unidad 1, leíste sobre muchos factores que dan forma al curso de la historia. Al leer el siguiente capítulo, trata de descubrir cómo los factores siguientes funcionaron en conjunto para formar el mundo primitivo y sus pueblos.

1 Las necesidades primarias —alimentos, vestido y vivienda— se ven afectadas por nuestro medio ambiente y nuestra cultura.

2 La interacción entre pueblos y naciones conduce a cambios culturales.

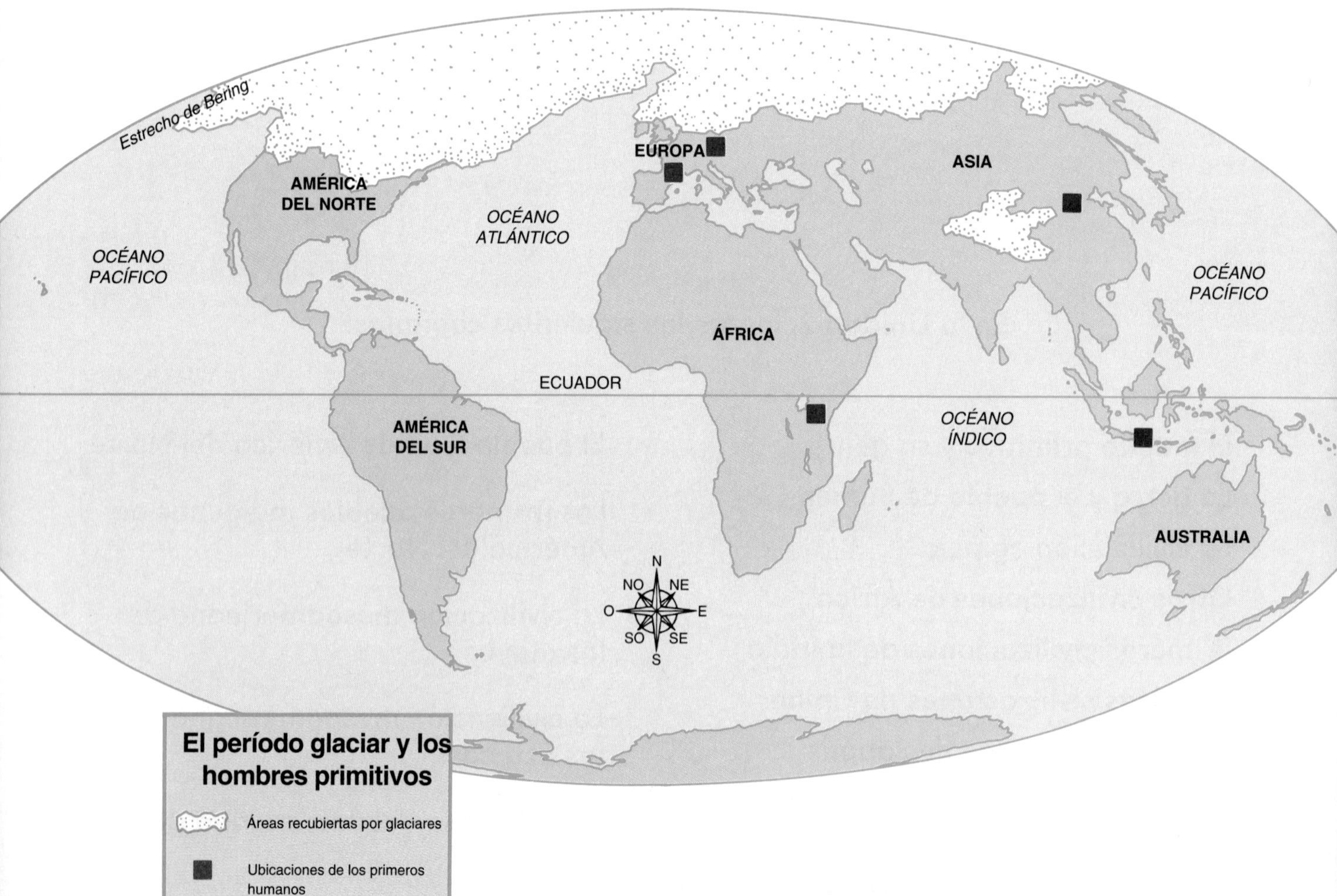

Para aprender nuevos términos y palabras

En este capítulo se usan las siguientes palabras. Piensa en el significado de cada una.

glaciares: capas de hielo que se desplazan lentamente

animal domesticado: un animal domado por los seres humanos

Piénsalo mientras lees

1. ¿A qué se refiere el período glaciar?
2. ¿En qué se diferenciaba la Nueva Edad de Piedra de la Antigua Edad de Piedra?
3. ¿Cómo influían las herramientas en las formas en que vivían las personas?

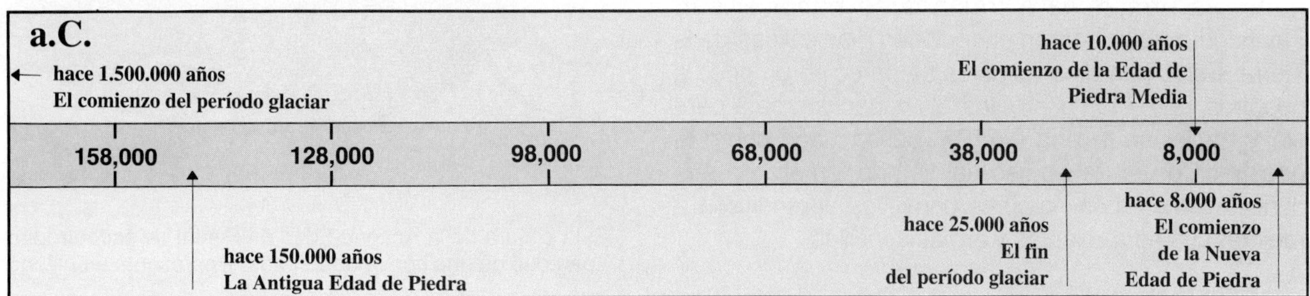

El período glaciar

Hace casi un millón de años y medio, la superficie de la Tierra empezó a cambiar. Hasta entonces, la parte norte del mundo estaba recubierta de **glaciares,** o sea, enormes masas de hielo y nieve que se desplazaban lentamente. Extensas áreas de la superficie de la Tierra quedaron enterrardas bajo las capas de hielo. Este período de tiempo frío se conoce como el período glaciar.

Los glaciares tardaron decenas de miles de años en desplazarse hacia el sur. Luego, se derritieron lentamente hasta que sólo quedó el hielo en las partes más al norte. Los glaciares se formaron, se expandieron y se derritieron varias veces. Todo esto comenzó a suceder hace unos 1.500.000 años. El período glaciar terminó hace unos 25.000 años.

Los hombres primitivos

Los primeros seres humanos vivieron en la Tierra hace más de 3 millones de años. La vida humana probablemente comenzó en lo que hoy es el África

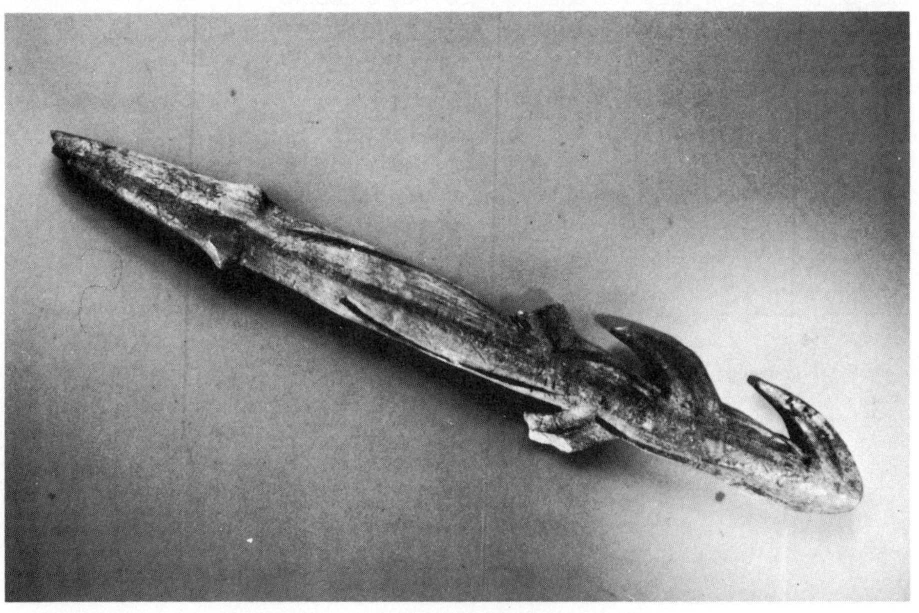

Los hombres que viveron durante el período glaciar usaron esta herramienta. Es la cabeza de un arpón, hecha de hueso.

oriental. Los seres humanos tardaron centenares de miles de años en atravesar África para llegar a Europa y Asia.

La vida era muy difícil para los primeros humanos. Pasaban la mayor parte de sus días recolectando alimentos de la tierra, arbustos y árboles. Poco a poco, luego de muchos años, los primeros humanos aprendieron a fabricar herramientas y armas. Les transmitieron estas habilidades a los familiares y a las personas que conocían.

Los glaciares del período glaciar obligaron a los hombres primitivos a trasladarse hacia el sur. Finalmente, se quedaron en regiones más cálidas de la Tierra. Estos primeros hombres se parecían un poco a nosotros, pero eran diferentes. Su capacidad para pensar y hablar no estaba tan bien desarrollada como la nuestra. Con el transcurso del tiempo, ampliaron sus conocimientos. Los hombres primitivos aprendieron a mejorar sus herramientas y armas sencillas.

Esta pintura de la Antigua Edad de Piedra se encontró en las paredes de una cueva de España. Representa un bisonte.

La Antigua Edad de Piedra

Hace casi 150.000 años, las personas vivieron durante lo que hoy se llama la Antigua Edad de Piedra.

Durante esa época, las personas fabricaron armas y herramientas de madera y de piedra. Entre estas armas y herramientas había cinceles, sierras, hachas, lanzas y arcos y flechas rústicos.

Durante la Antigua Edad de Piedra, las personas vivían de la caza y de la pesca. Luego, cosían las pieles de los animales que habían matado para hacer la ropa. Las personas de la Antigua Edad de Piedra vivían principalmente en cuevas y utilizaban el fuego para calentarse y cocinar. En las paredes de sus cuevas, hacían dibujos de los animales que cazaban. Es muy probable que creyeran que los dibujos les traerían buena suerte durante la caza. El modo de vida de la Antigua Edad de Piedra terminó hace unos 10.000 años.

Luego vino la Edad de Piedra Media que comenzó hace 10.000 y terminó hace 8.000 años aproximadamente. Durante este período, ciertos animales, tales como los perros y las cabras, fueron **domesticados,** o domados.

La Nueva Edad de Piedra

Durante los siguientes 4.000 años, las personas vivieron durante lo que hoy se llama la Nueva Edad de Piedra. Los hombres de esa época adelantaron mucho más que los hombres y las mujeres que vivieron antes. Aprendieron a cultivar la tierra, criar animales y tejer cestas. Fabricaron ropa con lana y fibras de plantas. También fabricaron jarras y ollas de arcilla para almacenar los alimentos. Uno de los mayores adelantos durante la Nueva Edad de Piedra fue el invento de la rueda. Con el transcurso del tiempo, el uso de la rueda se difundió en muchas partes del mundo. ¿Cómo crees que sucedió esta difusión cultural?

Los primeros seres humanos seguían adelantando en la vida y en el trabajo. Hace unos 6.000 años, empezaron a fabricar herramientas y armas de cobre y de bronce. Unos 2.500 años más tarde, empezaron a utilizar hierro para armas y herramientas. A partir de entonces, el hierro y los productos fabricados con hierro se han utilizado para fabricar toda clase de cosas, desde ganchos a naves espaciales.

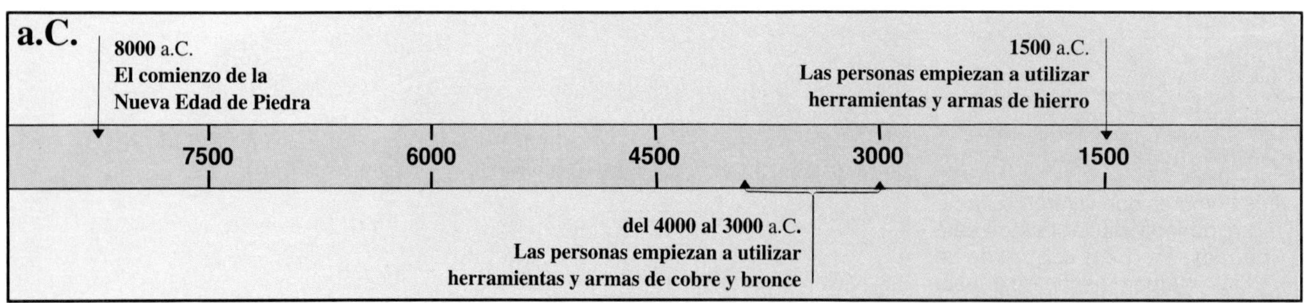

Ejercicios

A. Busca las ideas principales:

Pon una marca al lado de las oraciones que expresan las ideas principales de lo que acabas de leer.

_______ **1.** El invento de la rueda ayudó en el transporte.

_______ **2.** Las personas de los tiempos primitivos adelantaron mucho más que las que vivieron antes.

_______ **3.** El uso de herramientas de hierro es un acontecimiento reciente.

_______ **4.** El período glaciar comenzó hace muchos años.

B. ¿Qué leíste?

Escoge la respuesta que mejor complete cada oración. Escribe la letra de tu respuesta en el espacio en blanco.

_______ **1.** La Antigua Edad de Piedra comenzó hace unos
- **a.** 150.000 años.
- **b.** 10.000 años.
- **c.** 4.000 años.
- **d.** 1.000 años.

_______ **2.** Durante la Nueva Edad de Piedra, las personas
- **a.** inventaron herramientas y armas.
- **b.** inventaron armas de hierro.
- **c.** descubrieron el fuego.
- **d.** inventaron la rueda.

_______ **3.** El mundo en que vivimos es
- **a.** muy nuevo.
- **b.** muy viejo.
- **c.** lo mismo que siempre.
- **d.** un lugar lleno de glaciares.

_______ **4.** Es probable que las personas de la Antigua Edad de Piedra dibujaran animales
- **a.** para asustar a sus enemigos.
- **b.** para decorar sus casas.
- **c.** para aumentar su éxito durante la caza.
- **d.** para decorar los lugares donde fueron enterrados.

C. Para ordenar las ideas:

Enumera las siguientes ideas en el orden en que sucedieron en la lectura. Si es necesario, puedes mirar al texto.

_______ Las personas de la Antigua Edad de Piedra fabricaron herramientas y armas de madera y piedra.

_______ La mayoría de los primeros seres humanos poblaron las regiones más cálidas de la Tierra.

_______ Los glaciares del período glaciar tardaron decenas de miles de años en desplazarse hacia el sur.

_______ Alrededor del 1500 a.C. las personas aprendieron a fabricar herramientas y armas de hierro.

D. Comprueba los detalles:

Lee cada oración. Escribe H en el espacio en blanco si la oración es un hecho. Escribe O en el espacio si es una opinión. Recuerda que los hechos se pueden comprobar, pero las opiniones no.

_______ **1.** La vida de los seres humanos comenzó en el África oriental.

_______ **2.** Las personas estaban más contentas durante la Edad de Piedra que hoy en día.

_______ **3.** Los glaciares se desplazaron lentamente durante el período glaciar.

_______ **4.** Las lanzas, los arcos y las flechas se usaron durante la Antigua Edad de Piedra.

_______ **5.** Las ollas y las jarras eran útiles para almacenar los alimentos.

_______ **6.** Las pinturas en las cuevas les traían buena suerte a los cazadores.

_______ **7.** La rueda cambió el transporte.

_______ **8.** El período glaciar cambió la superficie de la Tierra.

E. Habilidad con la cronología:

A continuación figuran cinco sucesos históricos. Enúmeralos según el orden en que sucedieron en la Tierra.

_______ **A.** El fin del período glaciar

_______ **B.** El invento de la rueda

_______ **C.** El uso de herramientas rústicas de madera y piedra

_______ **D.** El uso de armas y herramientas de hierro

_______ **E.** Los seres humanos empiezan a domesticar ciertos animales

F. Para comprender la historia mundial:

En la página 40 leíste sobre dos factores que ayudan a comprender la historia mundial. ¿Cuál de estos factores corresponde a cada afirmación de abajo? Llena el espacio en blanco con el número de la afirmación correcta de la página 40.

_______ **1.** Este hombre primitivo caminaba cinco millas al día en busca de agua para beber y bayas e insectos para comer.

_______ **2.** Este hombre primitivo encontró un nuevo tipo de lanza que un desconocido había perdido. Usó la lanza, le gustó e imitó el diseño para fabricar su propia lanza.

_______ **3.** Estos primeros seres humanos temían a los animales grandes. Se trasladaron a un área más alta y más fría y usaron cuevas para alojarse. Usaron hojas y ramitas de los arbustos de los alrededores para hacer fuego para calentar la cueva.

Enriquecimiento:

Las primeras civilizaciones

Las vidas de los primeros seres humanos eran cortas y estaban llenas de peligro. Así fue hasta hace unos 6.000 años. Fue entonces que las primeras civilizaciones empezaron a desarrollarse.

Muchas de las primeras civilizaciones compartían estas características:

- el desarrollo del cultivo y el uso de animales domésticos
- la fundación de aldeas, pueblos y ciudades
- el uso de lenguas escritas y habladas para comunicarse
- el desarrollo de creencias religiosas y un tipo de líder religioso

Las primeras civilizaciones se fundaron en los valles de los ríos o a sus alrededores. Tenían suelos ricos y grandes cantidades de agua. Abarcaban cuatro grandes regiones: (1) el valle del río Nilo en Egipto, (2) el valle entre los ríos del Tigris y Éufrates en el sudoeste del Asia, (3) el valle del río Indo en el noroeste de la India y (4) el valle del Hoangho en China (ver el mapa de esta página).

Estas primeras civilizaciones se parecían en muchas maneras. Por ejemplo:

(1) La mayoría de la gente seguía cultivando la tierra. Con el tiempo, se construyeron pueblos y ciudades. Las ciudades se convirtieron en centros de comercio, gobierno y religión.

(2) A medida que la gente empezaba a trabajar en conjunto, se fundaban gobiernos. Si unos granjeros querían impedir que un río desbordara, tenían que trabajar en conjunto. Llegó a ser necesario que los gobiernos decidieran quién debía hacer qué trabajo y cuándo lo debía realizar.

(3) A medida que se complicaba la vida, las personas necesitaban mejores formas de comunicación. Al principio, mejoraron mucho las lenguas habladas. Luego, en muchas áreas, se desarrolló una lengua escrita.

(4) Los adelantos en el pensamiento, como el invento del calendario, ayudaban a las personas a adaptarse mejor a la complejidad creciente en la vida de las primeras civilizaciones.

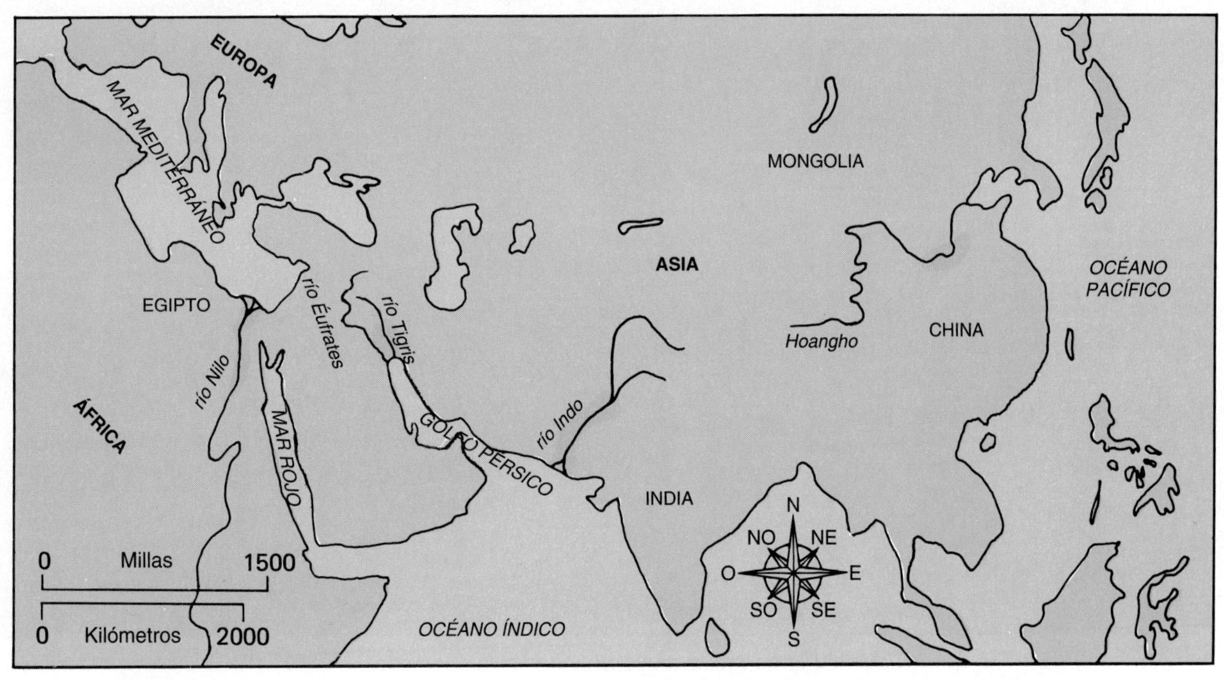

Capítulo 2

La tierra y el pueblo de Sumer

Para comprender la historia mundial

Piensa en lo siguiente al leer sobre la tierra y el pueblo de Sumer.

1 La gente usa el medio ambiente para lograr metas económicas.

2 Los instrumentos del científico social pueden ayudar a descubrir los secretos del pasado.

3 La interacción entre pueblos y naciones conduce a cambios culturales.

Esta tablilla de arcilla muestra una familia sumeria.

Para aprender nuevos términos y palabras

En este capítulo se usan las siguientes palabras. Piensa en el significado de cada una.

fértil: capaz de producir muchas plantas

medialuna: en la forma de una luna creciente

riego: sistema para proporcionar agua a la tierra por medio de acequias o conductos

cuneiforme: la escritura en forma de cuña utilizada por los antiguos sumerios

arco: una estructura curva construida para sostener peso

Piénsalo mientras lees

1. ¿Por qué se instaló gente en la región del Tigris y Éufrates?
2. ¿Cuál era la importancia de la escritura cuneiforme?
3. ¿Cuáles fueron las contribuciones de la civilización sumeria?
4. ¿Cómo nos han ayudado las ciencias sociales a comprender mejor la civilización sumeria?
5. ¿Qué civilizaciones se formaron en la "Medialuna Fértil"?

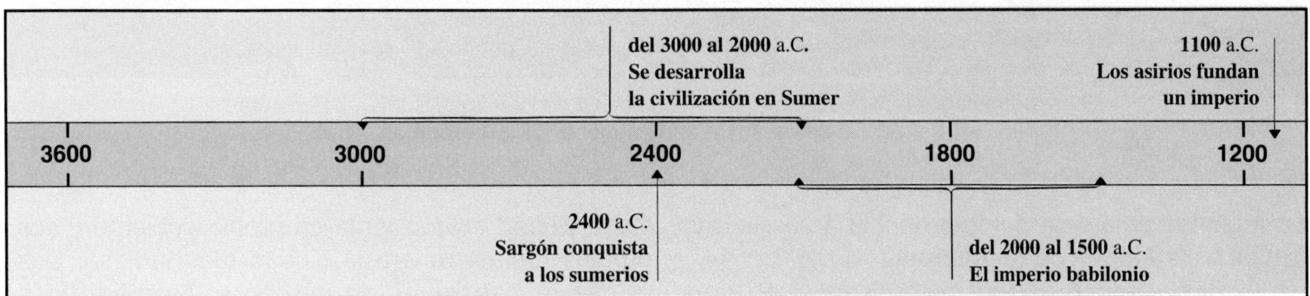

La tierra entre los ríos

Entre el 3000 y el 2000 a.C., se desarrolló una civilización en la tierra de Sumer. Como todas las otras civilizaciones, Sumer se ubicaba en el valle de un río. Este valle estaba entre los ríos Tigris y Éufrates (ver el mapa de abajo). El valle del río forma parte de una región más grande de la que a veces se habla como la "Medialuna Fértil". Esta región comienza en el valle de los ríos Tigris y Éufrates y corre a lo largo de la costa del mar Mediterráneo hasta Egipto.

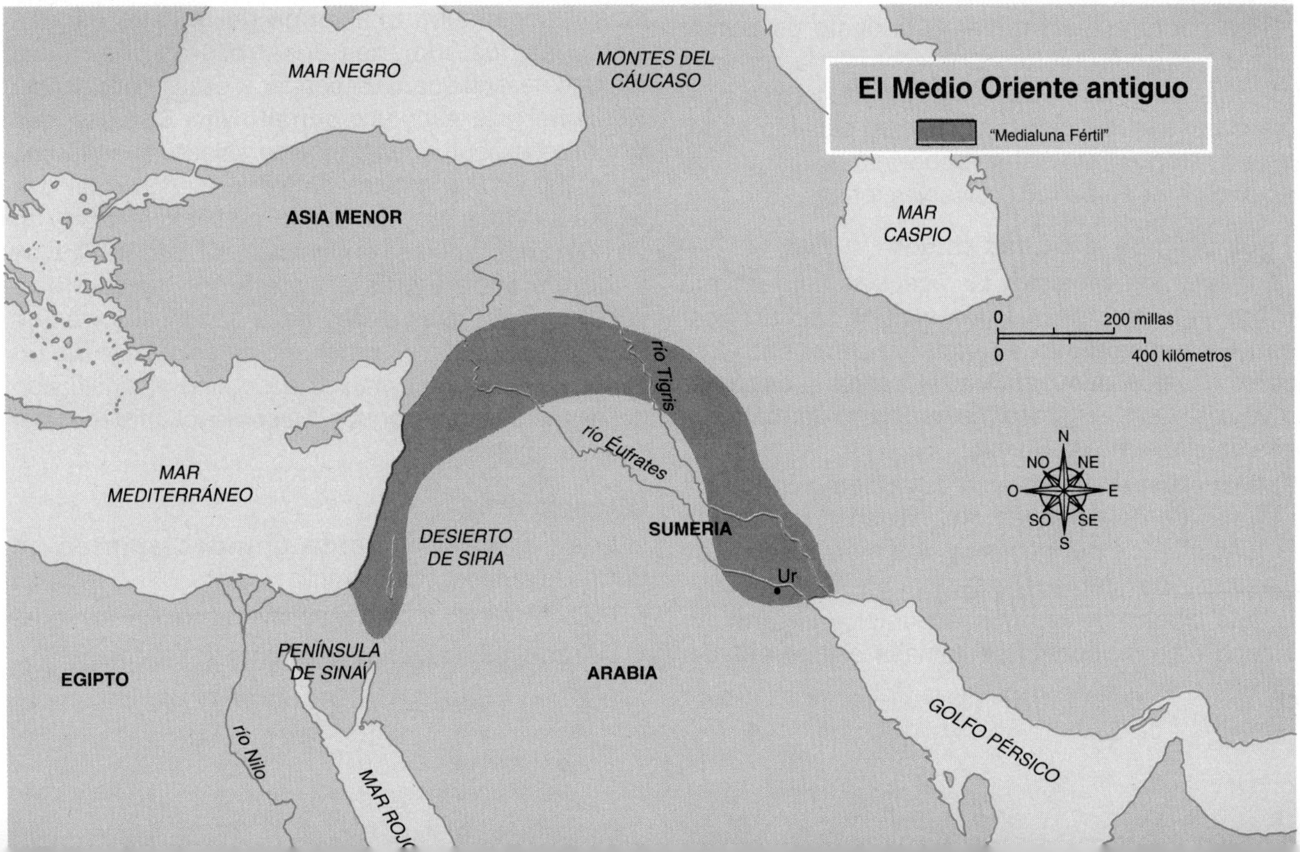

El Medio Oriente antiguo

"Medialuna Fértil"

MAR NEGRO
MONTES DEL CÁUCASO
ASIA MENOR
MAR CASPIO
0 200 millas
0 400 kilómetros
río Tigris
río Éufrates
N NE E SE S SO O NO
MAR MEDITERRÁNEO
DESIERTO DE SIRIA
SUMERIA
Ur
PENÍNSULA DE SINAÍ
EGIPTO
ARABIA
GOLFO PÉRSICO
río Nilo
MAR ROJO

Los arqueólogos han descubierto las ruinas de Ur de la antigua Sumer. Las ruinas del zigurat se ven en la parte superior de la fotografía.

La región recibió este nombre debido a sus tierras **fértiles** y a su forma de **medialuna.**

Las personas que se trasladaron a Sumer poblaron principalmente la zona al sur del valle. Esta región era plana, árida y baja. El río Tigris inundaba la zona del valle casi todos los años. Cuando el río desbordaba, llevaba consigo tierra fértil que ayudaba a hacer que el suelo de los alrededores fuera fértil. Desafortunadamente, las inundaciones ocasionaban daños.

Para poder cultivar la tierra, la gente de Sumer tenía que buscar una forma de controlar la corriente del agua. Su solución fue construir un sistema para controlar las inundaciones basado en canales y acequias de **riego.** Este sistema convirtió las tierras áridas de Sumer en tierras cultivables fértiles.

El gobierno de la ciudad estado

Construir los canales y las acequias de riego era un proyecto grande. La gente no lo podía hacer sola. Se necesitaban equipos de personas. Los líderes tuvieron que planificar el trabajo y dirigir los proyectos. Con el tiempo, estos líderes formaron la base del gobierno de Sumer.

La creación de un sistema de gobierno condujo a la fundación de ciudades. Allí, vivían y trabajaban los funcionarios del gobierno, los mercaderes, los soldados y los líderes religiosos.

Cada ciudad de la antigua Sumer y el territorio cercano bajo su control se llamaba ciudad estado. Cada ciudad estado tenía su propio gobierno y sus propias reglas. Ur era la ciudad más famosa. Sus ruinas le han revelado mucho a los científicos sociales sobre Sumer.

Una nueva forma de escribir

En Sumer, gran parte del trabajo de los funcionarios del gobierno y de los mercaderes era complicada. Tenían que registrar las leyes y los tratados. Los mercaderes tenían que llevar las cuentas de sus negocios. Necesitaban una forma de registro escrito. Entonces, los sumerios desarrollaron una nueva forma de escribir para responder a esas necesidades. Se llamaba la escritura **cuneiforme.** Los escribas sumerios usaban un instrumento afilado, que era una cuña, para cortar marcas en forma triangular en una tablilla de arcilla mojada. Luego, metieron la tablilla en un horno hasta que se endureciera. Los comerciantes y los ejércitos ayudaron a difundir la escritura cuneiforme en otras partes de la región. A través de los años, se perdió el significado de esta escritura. En 1846, un científico británico descubrió el significado de las marcas cuneiformes. Resolvió los misterios del pasado sumerio.

Otros aportes

Los sumerios hicieron grandes aportes en muchos campos. Por ejemplo,

- Probablemente fueron los primeros en usar la rueda.
- Desarrollaron algunos principios de álgebra y

crearon un sistema de números basado en el número 60. Éste condujo a medidas como el minuto de 60 segundos y la hora de 60 minutos.

- Para construir sus casas y templos, los sumerios usaban ladrillos de arcilla secados al sol. Probablemente fueron los primeros en usar el **arco:** una estructura curva hecha para sostener peso. Al usar varios arcos, los constructores podían crear techos curvos.
- Los sumerios tenían una religión fundada en muchos dioses.
- Para adorar a sus dioses, los sumerios construyeron grandes templos o zigurates. El zigurat era un edificio de muchos pisos. Cada piso era un poco más angosto que el piso de abajo.

La decadencia de Sumer

Como has leído, los sumerios fundaron ciudades en los principios de su historia, raras veces unidas bajo un solo gobierno. A menudo se peleaban unas con otras. Como resultado, Sumer se debilitó.

Cerca del 2400 a.C., Sargón de Acad conquistó a los sumerios. Acad era una ciudad al norte de Sumer. Durante 61 años, Sargón gobernó un imperio que se extendía hasta el mar Mediterráneo. Unos 90 años después de la muerte de Sargón, el imperio se desintegró. Más tarde, otros imperios se formaron en la "Medialuna Fértil". Entre ellos estaban los imperios de Babilonia y de Asiria. Entre los pueblos y las civilizaciones cercanos estaban los fenicios y los hebreos. Estos grupos adoptaron muchas ideas y muchos inventos de los sumerios.

Los asirios fundaron un imperio en la "Medialuna Fértil". Eran guerreros bravos. Este dibujo de arcilla los muestra en una batalla. Fíjate en sus carros y sus armas.

Ejercicios

A. Busca las ideas principales:

Pon una marca al lado de las oraciones que expresan las ideas principales de lo que acabas de leer.

______ **1.** La "Medialuna Fértil" se ubicaba en África.

______ **2.** El río Tigris se desbordaba casi todos los años.

______ **3.** El período glaciar no afectó la región de la "Medialuna Fértil".

______ **4.** La civilización sumeria se desarrolló en el valle de los ríos Tigris y Éufrates.

B. ¿Qué leíste?

Escoge la respuesta que mejor complete cada oración. Escribe la letra de tu respuesta en el espacio en blanco.

______ **1.** Sumer se ubicaba en
- **a.** una región de desiertos.
- **b.** el valle de un río.
- **c.** una región de montañas.
- **d.** tierras húmedas y pantanosas.

______ **2.** "Cuneiforme" se refiere a una forma de
- **a.** agricultura.
- **b.** gobierno.
- **c.** lengua.
- **d.** escritura.

______ **3.** Entre los vecinos de los sumerios estaban
- **a.** los hebreos.
- **b.** los fenicios.
- **c.** los babilonios.
- **d.** todos los anteriores.

______ **4.** Los aportes de los sumerios incluyen todo lo siguiente, *menos*
- **a.** la creación de un sistema de números.
- **b.** el uso de la rueda.
- **c.** la unión bajo un gobierno central.
- **d.** la construcción de centros urbanos.

C. Comprueba los detalles:

Lee cada afirmación. Escribe C en el espacio en blanco si la afirmación es cierta. Escribe F en el espacio si es falsa. Escribe N si no puedes averiguar en la lectura si es cierta o falsa.

______ **1.** A la región del valle de los ríos Tigris y Éufrates a veces se la llama la "Medialuna Fértil".

_______ **2.** El sistema de riego y el control de las inundaciones formaban parte de la civilización sumeria.

_______ **3.** Sargón de Acad no fue un buen soberano.

_______ **4.** La lengua hablada de Sumer se llamaba cuneiforme.

_______ **5.** El gobierno de Sumer se encontraba en centros urbanos.

_______ **6.** El zigurat tenía un propósito religioso.

_______ **7.** La civilización sumeria fue la más grande de todas las civilizaciones antiguas.

_______ **8.** Las ciudades estado de Sumer raras veces estuvieron unidas bajo un solo gobierno.

_______ **9.** Las ruinas de Ur nos cuentan mucho sobre la antigua Sumer.

D. Los significados de palabras:

Encuentra para cada palabra de la columna A el significado correcto en la columna B. Escribe la letra de cada respuesta en el espacio en blanco.

Columna A	Columna B
_______ **1.** fértil	**a.** muy lejano
_______ **2.** zigurat	**b.** la forma de la luna creciente
_______ **3.** medialuna	**c.** capaz de producir cosechas ricas
_______ **4.** arco	**d.** una estructura curva para sostener peso
	e. un edificio con muchos pisos

E. Para revisar la lectura:

Escribe la palabra o el término que complete mejor cada una de las siguientes oraciones.

1. La antigua civilización sumeria se desarrolló en una región plana, árida y _______________.

2. Las inundaciones y el suelo rico hacían a la región de Sumer muy _______________.

3. La _______________ se usaba para hacer marcas en una tablilla de arcilla mojada.

4. El sistema de control de inundaciones de los sumerios se basaba en canales y acequias de _______________.

5. La religión sumeria se fundaba en muchos _______________.

6. El _______________ fue creado en Sumer para sostener peso.

7. Cerca del 2400 a.C., Sargón de Acad conquistó a los _______________.

8. Después de la caída de Sumer, se formaron otros _______________ en la “Medialuna Fértil”.

F. Detrás de los titulares:

Detrás de cada titular hay una historia. Escribe dos oraciones que respalden o cuenten sobre cada uno de los siguientes titulares.

1. UN CIENTÍFICO DICE QUE PUEDE LEER LAS TABLILLAS SUMERIAS

____

____

2. EL RÍO TIGRIS VUELVE A DESBORDARSE

____

____

3. LAS RUINAS DE UR CUENTAN UNA HISTORIA DEL PASADO

____

____

G. Para comprender la historia mundial:

En la página 46 leíste sobre tres factores de la historia mundial. ¿Cuál de estos factores corresponde a cada afirmación de abajo? Llena el espacio en blanco con el número de la afirmación correcta de la página 46. Si no corresponde ningún factor, escribe la palabra NINGUNO.

_______ **1.** La escritura cuneiforme de los sumerios de fue copiada por otras civilizaciones cercanas.

_______ **2.** La rueda fue desarrollada en Sumer, pero su uso se difundió en otras tierras.

_______ **3.** Los sumerios aprendieron a controlar las inundaciones para enriquecer el suelo.

_______ **4.** Los científicos sociales han descubierto muchos de los misterios del pasado sumerio.

_______ **5.** Muchas ideas sumerias fueron adoptadas y adaptadas por civilizaciones posteriores.

H. Por ti mismo:

¿Por qué crees que a la región de los ríos Tigris y Éufrates se la ha llamado la "cuna de la civilización"? Escribe tu respuesta con cinco oraciones, por lo menos. Usa un papel en blanco.

Enriquecimiento:

Los pueblos de la "Medialuna Fértil"

Los sumerios fueron sólo uno de los muchos pueblos que poblaron la "Medialuna Fértil". Después del 2000 a.C., los sumerios fueron atacados y conquistados por un pueblo nuevo. Éste fue el pueblo babilonio.

Los babilonios son principalmente famosos por la cantidad de leyes que respetaban. Cerca del 1700 a.C., Hammurabi, un rey babilonio, estableció un sistema de leyes. Adoptó muchas de sus ideas de los sumerios y de otras culturas cercanas. El Código de Hammurabi, o sea, el sistema de leyes, abarcaba casi todas las facetas de la vida de Babilonia. Había leyes sobre la propiedad, el matrimonio y el divorcio, además de leyes sobre varios delitos.

El Código de Hammurabi fue un adelanto muy importante para la civilización. Estableció castigos para cualquiera que infringiera o violara las leyes. Sin un sistema de leyes, cada persona tiene que depender de la venganza personal, y no de la ley, o de la justicia.

Había otro pueblo que vivía más al norte en el valle del Tigris y Éufrates. Era el pueblo asirio. Su ciudad más famosa era Nínive. Los asirios eran poderosos y belicosos. Con el tiempo, conquistaron a los babilonios, al igual que los babilonios habían conquistado antes a los sumerios. Cada conquista ayudó a difundir ideas e inventos.

Al oeste del valle del Tigris y Éufrates estaban los hebreos. Ellos vivían cerca de la costa oriental del mar Mediterráneo. Alguna vez gobernados por un solo rey, los hebreos se dividieron en los reinos de Israel y de Judá. Al igual que los babilonios, los hebreos tenían su propio código de leyes. Estas leyes, tanto como las escrituras hebreas, están recopiladas en la Biblia de los hebreos. Los hebreos fueron los primeros en practicar el monoteísmo, o la creencia en un dios. Su dios se llamaba Yahvé o Jehová. Su religión, que se llamaba judaísmo, no se parecía a ninguna otra religión de la época. Exigía el comportamiento recto, o moral, de sus adherentes. El código de leyes, las obras de literatura y la religión de los hebreos han influido en el mundo.

Otros pueblos que vivían en la "Medialuna Fértil" y la región mediterránea desarrollaron sus propias culturas. Entre ellos estaban los hititas del Asia Menor (la actual Turquía), los fenicios, que vivían en lo que hoy es Siria y los persas, que vivían en lo que hoy es Irán. Los fenicios fueron importantes ya que difundieron ideas en otras regiones. Comerciaban al otro lado del mar Mediterráneo y tenían contactos con muchos grupos de personas. Todos los pueblos de la "Medialuna Fértil" fundaron sus culturas sobre las ideas de otros. A su vez, hicieron aportes importantes a las civilizaciones del futuro, incluso a la nuestra.

Hammurabi, el rey de Babilonia

Capítulo 3

La civilización egipcia

Para comprender la historia mundial

Piensa en lo siguiente al leer sobre la civilización egipcia.

1. La gente usa el medio ambiente para lograr metas económicas.
2. Los instrumentos del científico social pueden ayudar a descubrir los secretos del pasado.
3. La interacción entre pueblos y naciones conduce a cambios culturales.
4. La cultura del presente nace en el pasado.

En esta fotografía se ven las orillas fértiles del río Nilo. La civilización de Egipto se desarrolló a orillas del Nilo.

Para aprender nuevos términos y palabras

En este capítulo se usan las siguientes palabras. Piensa en el significado de cada una.

istmo: una lengua estrecha de tierra que tiene agua a cada lado; un istmo une a dos extensiones más grandes de tierra

delta: el depósito de tierra y arena en la desembocadura de un río

guerras civiles: las guerras entre grupos de personas de la misma nación

artesano: una persona que ejercita un arte

escribas: las personas que se encargan de llevar registros y escribir otras cosas

Piénsalo mientras lees

1. ¿Por qué se decía que Egipto era "el regalo del Nilo"?
2. ¿Cuáles eran las principales clases de personas en Egipto?
3. ¿Cuáles fueron las contribuciones de Egipto antiguo?

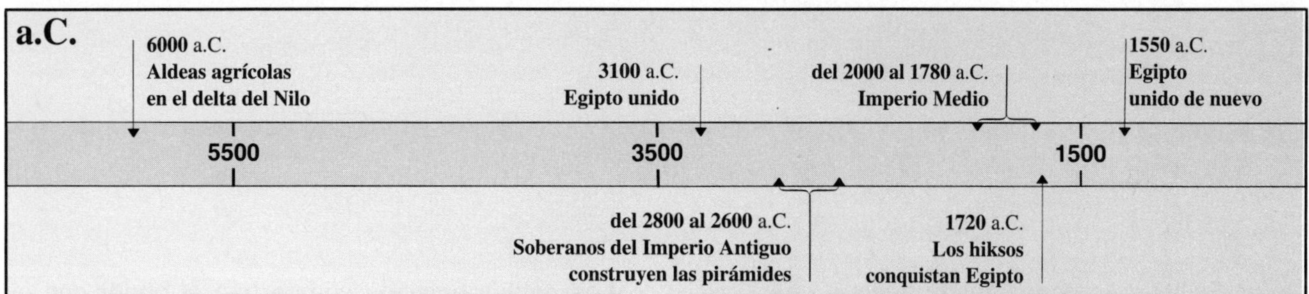

El regalo del Nilo

El antiguo Egipto fue una de las primeras civilizaciones del río. Las tierras que se llamaban Egipto se extendían a lo largo del río Nilo por unas 600 millas (960 kilómetros). La mayoría de los egipcios vivían a orillas del Nilo. Cada primavera, el río desbordaba y enriquecía el suelo con tierra fértil y agua. Por esta razón a Egipto se le ha llamado "el regalo del Nilo".

Mira el mapa de la página 56. Fíjate que Egipto se encuentra en África. Por centenares de años, el **istmo** de Suez ha servido como entrada a Egipto y África. Servía como conexión entre Asia y África y era una ruta de entrada para muchas personas e ideas diferentes de Asia. Desde Egipto, estos asiáticos se trasladaron al sur y al oeste de África.

La civilización egipcia

La civilización de Egipto comenzó como un conjunto de aldeas en el **delta** del Nilo cerca del 6000 a.C. Se le llama delta porque tiene la forma de la letra griega delta: Δ. Hacia el 3100 a.C., Egipto estaba unido bajo un soberano llamado faraón. Este período, denominado el Imperio Antiguo, probablemente fue la mejor época de la historia egipcia. Egipto era rico y poderoso. Y se esperaba que la gente creara y construyera muchas cosas. Las primeras pirámides y la Gran Esfinge se construye-

A menudo se mostraba a los faraones egipcios con barbas. Era un símbolo de su poder real. La otra figura que se ve aquí es la diosa Isis. Ella estaba entre los dioses principales adorados por los antiguos egipcios.

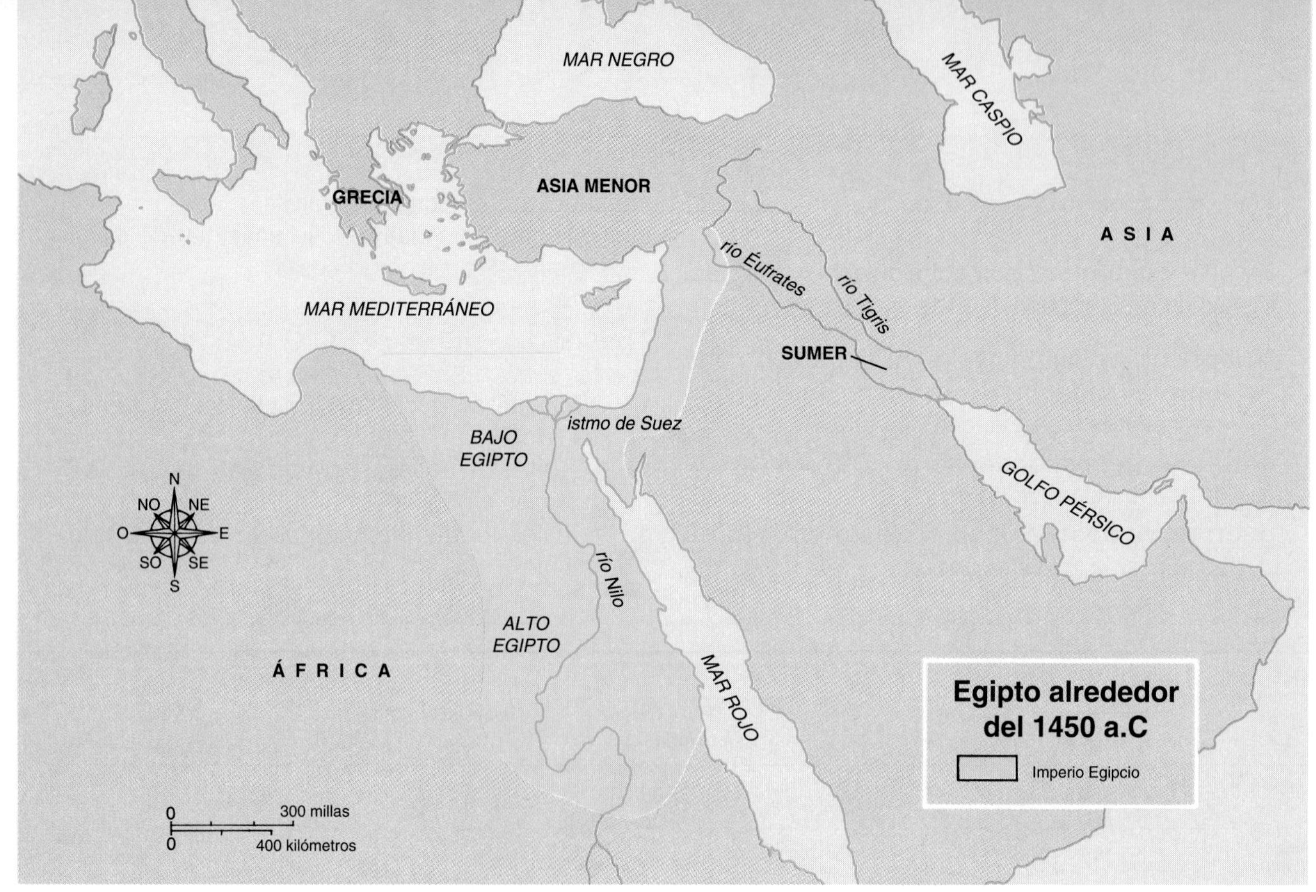

ron en Egipto durante el Imperio Antiguo.

Las **guerras civiles** entre los faraones y un grupo de nobles poco a poco condujeron al Imperio Antiguo a su fin. Hacia el 2000 a.C., otra dinastía de faraones volvió a unir a Egipto. Esta época, llamada el Imperio Medio, terminó en desorden en el 1780 a.C. Otra vez, el país quedaba debilitado por las guerras civiles. Luego, hacia el 1720 a.C., Egipto fue conquistado por un pueblo bélico que se llamaba hikso. Los guerreros hiksos estaban mejor equipados que los egipcios. Tenían carros y caballos. Como resultado, los hiksos llegaron a gobernar partes de Egipto por casi 170 años.

En el 1550 a.C., los egipcios se unieron. Habían aprendido de los hiksos a usar caballos y carros. Los egipcios expulsaron a los hiksos. Estos factores le dieron a Egipto el poder para crear un nuevo imperio. Éste era el Imperio Nuevo. Duró hasta cerca del 1085 a.C.

La sociedad egipcia

El faraón egipcio era un soberano absoluto. Es decir, tenía poder total e ilimitado sobre las personas que gobernaba. Los faraones eran líderes tanto religiosos como políticos. Ésta era una de las razones por la cual se hicieron tan poderosos.

Los segundos en el poder eran los sacerdotes. Ellos consejaban al faraón, cuidaban de los templos y dirigían las escuelas.

Los nobles egipcios compartían el poder con el faraón y los sacerdotes. Los nobles eran dueños de la tierra que les había dado el faraón. A su vez, ellos cobraban impuestos para el faraón y servían en sus ejércitos.

Había muy pocos faraones, nobles y sacerdotes. La mayoría de los egipcios eran personas libres, campesinos o esclavos. Las personas libres trabajaban de mercaderes, **artesanos** o **escribas.** Los campesinos trabajaban para los nobles en los campos o en las granjas. Los esclavos hacían los trabajos pesados. Cavaban las acequias para los sistemas de riego y cargaban enormes piedras para construir pirámides.

La mayoría de las mujeres egipcias, igual que la mayoría de los hombres egipcios, tenían pocos derechos. Sin embargo, en la clase noble, las mujeres gozaban de muchos de los privilegios que tenían los hombres. Por ejemplo, podían comprar y vender bienes y heredar y ser dueñas de propiedades.

Los aportes a la civilización

El pueblo del antiguo Egipto contribuyó mucho a la civilización. Ellos tenían

- un reino: uno de los primeros sistemas de gobierno organizados. Éste era diferente del gobierno de la ciudad estado de Sumer. Los egipcios tenían un gobierno centralizado. El faraón dividió el reino en provincias.

- un sistema de escritura denominada jeroglífica. Esta escritura se tallaba en paredes y tablillas de piedra. También se escribía sobre papiro, un tipo de papel hecho de tallos de papiro. Los jeroglíficos eran usados principalmente por los sacerdotes en inscripciones religiosas u otros documentos formales. Estos cuentan la historia del antiguo Egipto.
- un nuevo tipo de estructura que se llamaba pirámide. Las pirámides necesitaban de maniobras hábiles para su construcción.
- esculturas hermosas y pinturas vivas.
- un sistema de números basado en el 10, parecido a nuestro sistema de decimales.
- un calendario de 365 días.

La religión egipcia

Los egipcios creían en la vida después de la muerte. Los faraones se preparaban para la vida futura mientras todavía vivían. Mandaban construir grandes sepulcros en los cuales estarían enterrados cuando se murieran. Estos sepulcros se conocen como pirámides, por su forma. Un faraón muerto era enterrado en su pirámide junto con todas las cosas que podría necesitar en la vida futura. Se colocaban alimentos, ropa, joyas y armas al lado del faraón difunto. Cuando se encontraron los sepulcros de los faraones después de miles de años, estos proporcionaron información valiosa sobre el arte y la vida del antiguo Egipto.

Los egipcios adoraban a muchos dioses. Cada dios tenía un animal que le servía de símbolo. Entre los animales sagrados había gatos, toros y cocodrilos. Los egipcios también adoraban las fuerzas naturales, tales como el Sol y la Luna. Entre los numerosos dioses, el dios del Sol era el más importante.

Cerca del 1375 a.C., un faraón que se llamaba Akhenaton intentó establecer una religión basada en un solo dios: Atón, el dios del Sol. Pero los sacerdotes se opusieron a la religión de Akhenaton. Después de su muerte, pudieron recuperar el poder y volver a su religión de muchos dioses.

Estos campesinos egipcios se ven aquí recogiendo cultivos. Fíjate en los jeroglíficos que forman parte de la pintura en la pared.

Ejercicios

A. Busca las ideas principales:

Pon una marca al lado de las oraciones que expresan las ideas principales de lo que acabas de leer.

_______ **1.** Las pirámides eran importantes para los egipcios.

_______ **2.** La mayoría de los granjeros egipcios dependía del sistema de riego.

_______ **3.** En Egipto se desarrolló una de las civilizaciones más antiguas.

_______ **4.** Los egipcios le temían a la muerte.

B. ¿Qué leíste?

Escoge la respuesta que mejor complete cada oración. Escribe la letra de tu respuesta en el espacio en blanco.

_______ **1.** En Egipto, los sacerdotes
a. servían en los ejércitos.
b. cuidaban de los campos.
c. cuidaban de los templos.
d. hacían todo lo anterior.

_______ **2.** Los faraones construyeron las pirámides
a. como sepulcros.
b. como guarniciones.
c. como templos religiosos.
d. para demostrar cuán ricos eran.

_______ **3.** La mayoría de los egipcios
a. eran nobles o sacerdotes.
b. eran campesinos, esclavos o personas libres.
c. estaban obligados a servir como soldados.
d. estaban enterrados en las pirámides.

_______ **4.** Todos los siguientes fueron aportes del antiguo Egipto, *menos*
a. nuevos tipos de edificios.
b. adelantos en las ciencias.
c. un alfabeto.
d. una religión basada en muchos dioses.

C. Comprueba los detalles:

Lee cada afirmación. Escribe C en el espacio en blanco si la afirmación es cierta. Escribe F en el espacio si es falsa. Escribe N si no puedes averiguar en la lectura si es cierta o falsa.

_______ **1.** La civilización egipcia duró menos de 1.000 años.

_______ **2.** La mayoría de los egipcios vivía en la región del río Nilo.

_______ **3.** Las guerras civiles pusieron fin al Imperio Antiguo de Egipto.

_______ **4.** Los hiksos gobernaron Egipto durante casi 170 años.

_______ **5.** El Alto Egipto está en la región al norte de Egipto.

_______ **6.** El faraón tenía poco poder real.

_______ **7.** Los nobles ayudaban al faraón a cobrar impuestos.

_______ **8.** La mayoría de los egipcios eran nobles o sacerdotes.

_______ **9.** Los egipcios creían en la vida después de la muerte.

_______ **10.** El papiro era una clase de edificio egipcio.

D. Detrás de los titulares:

Detrás de cada titular hay una historia. Escribe dos o tres oraciones que respalden o cuenten sobre cada uno de los siguientes titulares.

1. EL FARAÓN PIDE QUE LOS NOBLES LUCHEN CONTRA SUS ENEMIGOS

____

____

____

2. LOS HIKSOS SON EXPULSADOS DE EGIPTO

____

____

____

3. EL TRABAJO EMPIEZA EN LA PIRÁMIDE NUEVA

____

____

____

E. Letras mayúsculas:

Se usa mayúscula en la primera letra del nombre de una persona, una nación, un continente y una ciudad. ¿Se deben escribir las siguientes palabras con letras mayúsculas? Si es así, escríbelas correctamente en el espacio en blanco.

1. delta ______________________

2. akhenaton ______________________

3. nilo ______________________

4. hiksos ______________________

5. atón ______________________

6. escriba ______________________

7. pirámide ______________________________ 9. áfrica ______________________________

8. egipto ______________________________ 10. istmo ______________________________

F. Por ti mismo:

Se ha dicho que Egipto perdió el poder porque sus soberanos se ocupaban más de la muerte que de la vida. ¿Qué quiere decir esto? En una hoja de papel en blanco, escribe, en dos o tres oraciones, tu respuesta.

G. Habilidad cartográfica:

Escribe la letra de cada lugar en el cuadrito correspondiente en el mapa.

A. Egipto

B. Mar Negro

C. Sumer

D. Río Tigris

E. Mar Mediterráneo

F. Río Éufrates

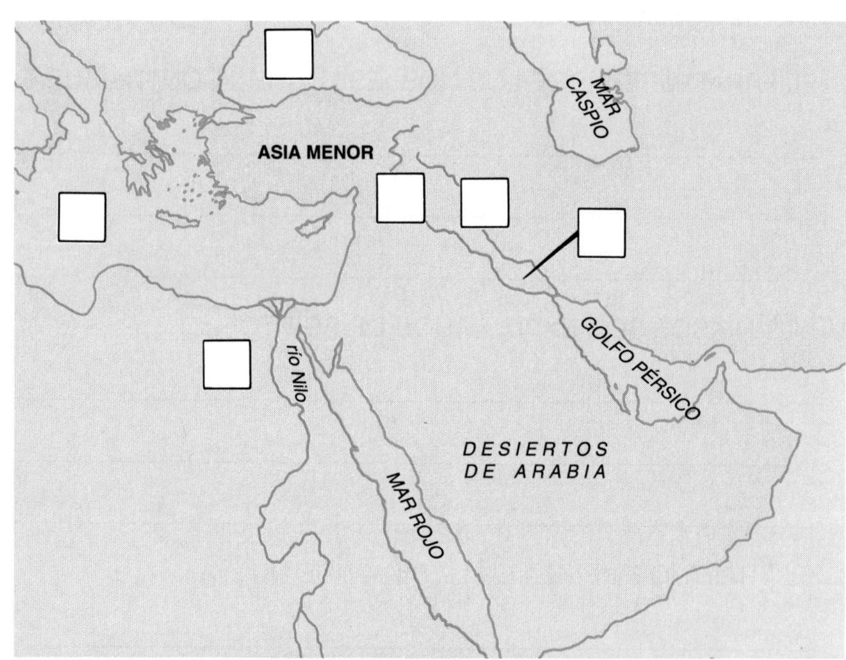

H. Para comprender la historia mundial:

En la página 54 leíste sobre cuatro factores de la historia mundial. ¿Cuál de estos factores corresponde a cada afirmación de abajo? Llena el espacio en blanco con el número de la afirmación correcta de la página 54.

______ **1.** Los egipcios aprendieron de los hiksos sobre el uso de los caballos y los carros de guerra.

______ **2.** Distintos pueblos y culturas se trasladaron de Asia a Egipto; luego, desde Egipto, se trasladaron al sur y al oeste de África.

______ **3.** Todos los años, el río Nilo desbordaba y enriquecía los suelos de Egipto.

______ **4.** El contenido de los sepulcros de los faraones les dio mucha información a los científicos sociales sobre el antiguo Egipto.

______ **5.** El antiguo Egipto contribuyó a nuestros conocimientos actuales de las matemáticas, de la medida del tiempo y del arte.

Enriquecimiento:

El progreso a través del ascenso y la caída de civilizaciones

El camino del pasado al presente parece continuo. Sin embargo, a veces el progreso es un resultado de rupturas en la continuidad. En consecuencia del surgimiento y la caída de civilizaciones, naciones e individuos.

Las grandes civilizaciones de los tiempos antiguos han desaparecido. Pero sus aportes todavía influyen en el presente. Los antiguos Egipto y Sumer ya no existen. Sin embargo, sus ideas y sus inventos forman una parte importante de la civilización actual.

El poeta inglés Percy Bysshe Shelley comprendió cómo la grandeza del pasado puede desaparecer. En un poema escrito a principios del siglo XIX, nos mostró cómo el tiempo y los sucesos pueden borrar nuestros recuerdos del pasado. El poema cuenta de los restos quebrados de una estatua enorme en una tierra donde había existido un antiguo imperio.

> Y en el pedestal se ven estas palabras:
> "Me llamo Ozymandias, rey de los reyes:
> ¡Miren mis obras, Uds. los fuertes, y desesperen!"
> Nada más queda. Alrededor de las ruinas
> de los escombros colosales, sin límites y
> rasos se extienden lejos las arenas, solas y planas.

La estatua de un faraón egipcio

El estudio de las primeras civilizaciones a menudo tiene que ver más con los reyes e imperios que con el pueblo común. Pero hubo millones de hombres, mujeres y niños en los tiempos antiguos. No hay estatuas ni monumentos para estas personas. Pero, sin ellos, ¿qué habría sido de las civilizaciones antiguas? Un poeta moderno, Bertolt Brecht, lo expresó bien a principios del siglo XX cuando escribió:

> ¿Quién construyó las siete torres de Tebas?
> Los libros se llenan con nombres de reyes.
> ¿Fueron los reyes quienes cargaron los bloques de piedra escarpados?...
>
> A la noche, cuando se terminó la gran muralla China,
>
> ¿adónde fueron los albañiles?

La historia de nuestro mundo no sigue un camino continuo sin interrupciones. Tampoco es la historia de sólo los reyes, las reinas y los imperios. También es la historia de los que cargan las piedras pesadas o cavan los canales. Una perspectiva universal de la historia nos ayuda a tener esto en cuenta.

Otras civilizaciones de África

Para comprender la historia mundial

Piensa en lo siguiente al leer sobre las civilizaciones antiguas de África.

1 Los problemas del medio ambiente afectan a personas que viven a millas de distancia.

2 El medio ambiente físico puede facilitar o limitar el contacto entre personas.

3 La interacción entre pueblos y naciones conduce a cambios culturales.

4 La gente usa el medio ambiente para lograr metas económicas.

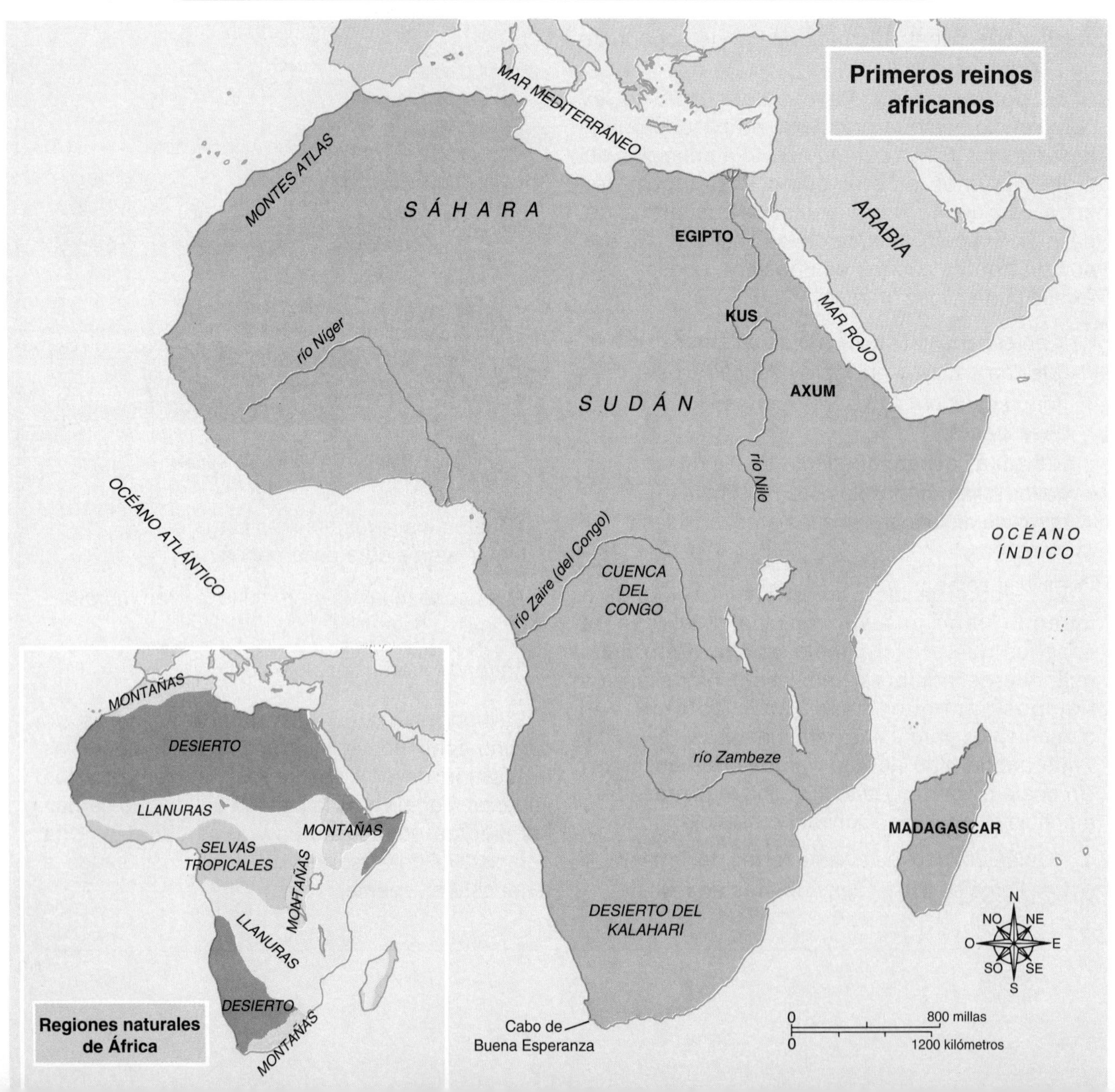

Para aprender nuevos términos y palabras

En este capítulo se usan las siguientes palabras. Piensa en el significado de cada una.

clima: el tipo de tiempo en un lugar durante un período largo
desierto: tierra muy árida
florecer: crecer y prosperar
mineral de hierro: la materia prima que se usa para producir el hierro

Piénsalo mientras lees

1. ¿Cómo influyeron los cambios de clima en la vida en África?
2. ¿Cuáles eran los diferentes tipos de personas que vivían en África?
3. ¿Cuál es la importancia del reino kusita?

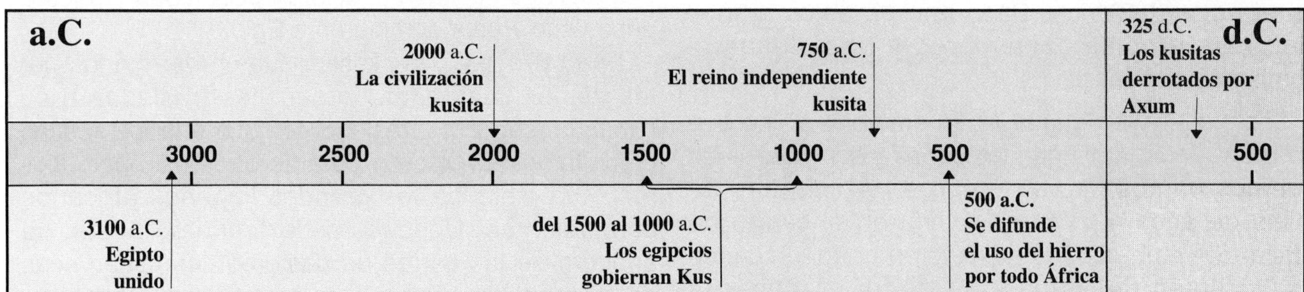

El clima de África cambia

Los pueblos africanos de la Edad de Piedra vivían de la caza, la pesca y la recolección de alimentos. Hace 10.000 años, el **clima** de la región del Sáhara cambió (ver el mapa de la página 62). El aumento de lluvia hizo que crecieran hierbas y plantas en el **desierto**. Muchos africanos del norte y del sur del Sáhara se trasladaron a la región. Debido al cambio del medio ambiente, las personas adoptaron un nuevo modo de vida. En vez de cazar y pescar, acudieron a la agricultura. Aprendieron muchos de los conocimientos e ideas traídos a Egipto desde Asia. Estos conocimientos e ideas pasaron de Egipto al Sáhara y a otras partes de África.

Poco a poco la agricultura reemplazó a la recolección de alimentos y a la caza en muchas partes de África. Esta situación, sin embargo, cambió hace unos 5.000 años. Una disminución, o descenso, en la cantidad de lluvia poco a poco volvió a convertir al Sáhara en un desierto. En efecto, la palabra *Sáhara* significa "desierto" en la lengua árabe.

A medida que el medio ambiente se hacía cálido y árido, las personas se veían obligadas a trasladarse hacia el norte o el sur del Sáhara. El desierto quebró las comunicaciones entre las personas del norte de África y las del sur. Hoy en día, el área al norte del Sáhara se llama el África del Norte. El área del extremo sur del Sáhara se conoce como el Sahel. Al sur del Sahel, se encuentran las tierras del sur del Sáhara. Hay muchas diferencias entre la vida del África del Norte y la de África del sur. El clima, las lenguas, las costumbres, las religiones y los recursos han producido culturas distintas dentro del continente de África.

Aquí se ven antiguos africanos rezando. Fíjate en sus diferentes peinados.

Los pueblos del África antigua

En el África antigua vivían muchos tipos diferentes de personas. Los sanes (bosquimanes) eran bajos de piel amarilla o morena. Vivían en el África al sur del Sáhara. Los mbutis (pigmeos) vivían en la misma región. Tenían la piel morena y eran más bajos que los sanes.

También había un grupo asiático que vivía en África. Los malasios vinieron del Asia hace miles de años. Poblaron la isla de Madagascar y sus alrededores, frente a la costa oriental de África (ver el mapa de la página 62). Hubo otros grupos que vinieron del oeste de Asia. Vivieron principalmente en el norte de África. Cada uno de estos grupos trajo sus propias costumbres y tradiciones al continente de África.

Los pueblos de lengua bantú eran otro grupo que vivía en África. Igual que los sanes y los mbutis, los pueblos bantús habían vivido en África durante miles de años. La mayoría vivía en el centro de África. Sin embargo, se trasladaron al norte cuando en la región del Sáhara se podía practicar la agricultura. Después, cuando la región volvió a ser desierto, los pueblos bantús se trasladaron hacia el sur. Poco a poco se apoderaron de regiones que antes pertenecían a los sanes y los mbutis.

Estos aldeanos africanos usan garlitos, o trampas, para pescar.

Los reinos de Kus y de Axum

Dos antiguas civilizaciones africanas se desarrollaron en el este de África. Una era el reino de Kus, que surgió después del 2000 a.C. en la región de Sudán al sur de Egipto (ver el mapa de la página 62). Igual que Egipto, la civilización kusita se desarrolló a orillas del río Nilo. Se ubicaba cerca de las tierras al sur del Sáhara de África oriental.

Egipto gobernó Kus aproximadamente, desde el 1500 a.C. al 1000 a.C. Durante este período, los estrechos vínculos culturales unieron las dos civilizaciones. La caída de Egipto después del 1000 a.C. permitió que Kus se independizara del dominio egipcio. Los kusitas se hicieron poderosos y poco a poco vencieron y dominaron a Egipto.

En el 671 a.C., los kusitas fueron derrotados por los asirios. Entonces, los kusitas trasladaron su capital al sur. Este traslado permitió que los kusitas crecieran y **florecieran** durante otros mil años. Kus fue el primero de los grandes imperios africanos comerciantes. Después de extenderse al sur, se apoderó de las tierras de pastoreo, las minas ricas en **mineral de hierro** y un buen puerto marítimo. Como consecuencia, Kus comerció con Egipto por muchos años. Tenía contactos con la India y otras tierras asiáticas también.

Durante el siglo IV d.C., el pueblo del reino cercano de Axum le declaró la guerra a Kus y lo destruyó totalmente. El pueblo de Axum siguió siendo una potencia en el África oriental hasta cerca del 700 d.C.

Armas y herramientas de hierro

Muchas de las personas que vivían al sur del Sáhara eran principalmente africanos negros. Con el transcurso de los años, la importancia de los pueblos africanos negros aumentaba constantemente. En Kus, por ejemplo, muchos de los líderes eran negros.

Los arqueólogos han encontrado indicios de que los africanos empezaron a usar el hierro cerca del 500 a.C. Las herramientas y las armas de hierro y bronce ayudaron a hacer que las tribus africanas negras fueran los grupos más poderosos del sur de África. El cultivo de alimentos en las tribus africanas negras aumentó como resultado del uso de aros de hierro. Además, las tribus que poseían armas de hierro podían vencer fácilmente a las que no las tenían.

Poco a poco se expulsó a los pueblos san y mbuti de la mayoría de las partes de África. Luego, en las tierras del sur del Sáhara, surgieron civilizaciones de africanos negros.

Ejercicios

A. Busca las ideas principales:

Pon una marca al lado de las oraciones que expresan las ideas principales de lo que acabas de leer.

_______ **1.** El reino de Kus influyó muchísimo en la historia africana de los tiempos antiguos.

_______ **2.** Los cambios del clima han influido mucho en los pueblos de África.

_______ **3.** El reino de Kus existió por muchos años.

_______ **4.** En los tiempos antiguos, en África, vivieron personas de distintos colores y distintos lugares de origen.

_______ **5.** La herrería se desarrolló en algunas partes de la zona del sur del Sáhara.

B. Comprueba los detalles:

Lee cada oración. Escribe H en el espacio en blanco si la oración es un hecho. Escribe O en el espacio si es una opinión. Recuerda que los hechos se pueden comprobar, pero las opiniones, no.

_______ **1.** El clima del Sáhara ha cambiado varias veces.

_______ **2.** Los sanes vivían en la misma región africana que los mbutis.

_______ **3.** Los pueblos del sur de África eran mejores granjeros que los del norte de África.

_______ **4.** El desierto hacía difícil que los pueblos del norte y del sur de África continuaran en contacto.

_______ **5.** Los kusitas eran más avanzados que los asirios, quienes los conquistaron.

_______ **6.** Los sanes han vivido en el África por más tiempo que cualquier otro pueblo.

_______ **7.** La escasez de lluvia volvió a convertir al Sáhara en un desierto.

_______ **8.** Egipto y Kus tenían vínculos culturales estrechos.

C. ¿Qué leíste?

Escoge la respuesta que mejor complete cada oración. Escribe la letra de tu respuesta en el espacio en blanco.

_______ **1.** Kus tenía vínculos culturales y contactos con Egipto y

a. Europa.
b. la India.
c. China.
d. ninguno de los anteriores.

_______ **2.** La civilización de Kus se encontraba en
- **a.** el norte de África.
- **b.** el norte de Egipto.
- **c.** la región de Sudán, al sur de Egipto.
- **d.** Madagascar.

_______ **3.** Kus era un reino africano gobernado por los
- **a.** sanes.
- **b.** africanos negros.
- **c.** mbutis.
- **d.** asiáticos.

_______ **4.** Los malasios que vivían en África
- **a.** vinieron de Europa y del Asia occidental.
- **b.** poblaron la isla de Madagascar.
- **c.** vivieron principalmente en el sur de África.
- **d.** desarrollaron el uso de armas de hierro.

D. ¿Quiénes eran?

Con una o dos oraciones, cuenta algo sobre los siguientes grupos de personas.

El pueblo de los sanes ____

____

Los pueblos bantús ____

____

El pueblo mbuti ____

____

E. Para revisar la lectura:

Escribe la palabra o el término que complete mejor cada una de las siguientes oraciones.

1. Hace unos 10.000 años hubo un cambio en el ________________ de la región del Sáhara.

2. El África del sur del Sáhara queda al ________________ del Sáhara.

3. Muchas ideas y conocimientos llegaron a Egipto desde ________________ .

4. Los ________________ eran más bajos que los sanes.

5. Cuando el Sáhara se convirtió de nuevo en un desierto, los pueblos ________________ se trasladaron hacia el sur.

6. Kus logró su independencia después de la caída de ________________ .

7. Los guerreros africanos negros lograron grandeza al usar las armas de _______________ .

8. Los líderes del antiguo reino africano de _______________ eran negros.

F. ¿Qué significa?

Escoge el mejor significado para cada una de las palabras en letras mayúsculas.

______ **1.** FLORECER
- **a.** quedarse en el mismo lugar
- **b.** crecer en posesiones o tamaño
- **c.** morirse

______ **2.** MINERAL DE HIERRO
- **a.** un arma
- **b.** una materia prima
- **c.** una mina

______ **3.** CLIMA
- **a.** la historia de una región
- **b.** el tamaño de una región
- **c.** el tiempo en una región durante un período largo

______ **4.** DESIERTO
- **a.** una región sin montañas
- **b.** una región sin agua, árboles ni hierbas
- **c.** una región fresca y húmeda

G. Para comprender la historia mundial:

En la página 62 leíste sobre cuatro factores de la historia mundial. ¿Cuál de estos factores corresponde a cada afirmación de abajo? Llena el espacio en blanco con el número de la afirmación correcta de la página 62. Si no corresponde ningún factor, escribe la palabra NINGUNO.

______ **1.** Nuevos conocimientos e ideas pasaron de Egipto al Sáhara y a otras partes de África.

______ **2.** La ubicación de Kus le dio control sobre tierras de pastoreo y el mineral de hierro.

______ **3.** El Sáhara era una barrera entre el norte y el sur de África.

Capítulo 5

Primeras civilizaciones de la India

Para comprender la historia mundial

Piensa en lo siguiente al leer sobre las primeras civilizaciones de la India.

1. Los instrumentos del científico social pueden ayudar a descubrir los secretos del pasado.
2. La cultura del presente nace en el pasado.
3. La interacción entre pueblos y naciones conduce a cambios culturales.
4. Los países adoptan y adaptan ideas e instituciones de otros países.

El río Indo nace en los montes Himalaya y corre por el norte de la India y Paquistán hasta el mar Arábigo.

Para aprender nuevos términos y palabras

En este capítulo se usan las siguientes palabras. Piensa en el significado de cada una.

rajá: un jefe o soberano tribal indio
matrimonio mixto: el matrimonio entre personas de diferentes grupos
casta: un grupo social en el cual nace una persona

Piénsalo mientras lees

1. ¿Quiénes eran los indoarios?
2. ¿Cómo se inició el sistema de castas en la India?
3. ¿Por qué es importante el hinduismo en la historia de la India?
4. ¿Cuál es la importancia del Imperio Maurya?

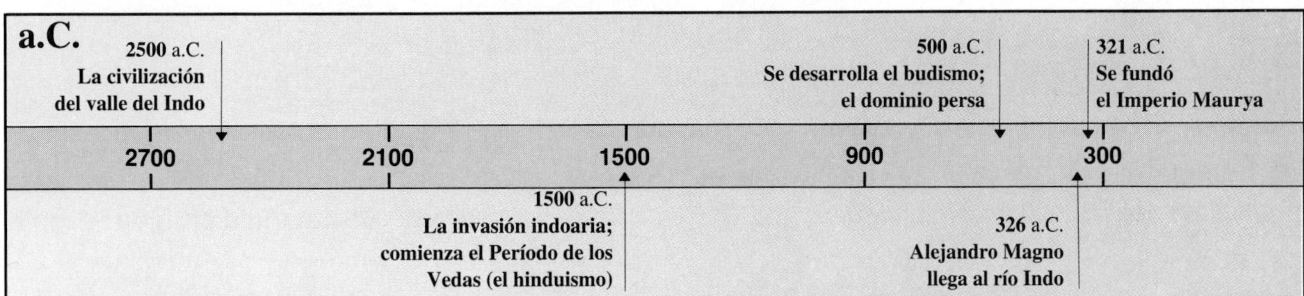

La civilización del valle del Indo

Hacia el 3000 a.C. había civilizaciones en muchas partes del mundo. Ya has leído sobre dos: Sumer y Egipto. Una de las primeras civilizaciones se encontraba en el valle del río Indo (ver el mapa de la página 70). El río Indo, cerca de la frontera occidental de la India actual, desborda todos los años. Estas inundaciones enriquecen los suelos a orillas del río.

Alrededor del 2500 a.C. nació la primera civilización del valle del Indo. Se llamaba la civilización Harapa. Las personas eran granjeros que cultivaban trigo y criaban ganado vacuno. Usaban herramientas y armas de metal y tenían una lengua escrita. Las ciudades eran grandes y bien planificadas. Los mercaderes comerciaban con las ciudades de la "Medialuna Fértil" que estaba muy lejos hacia el oeste.

Alrededor del 1500 a.C., la civilización del valle del Indo fue destruida. Sabemos de su existencia mediante las ruinas que los arqueólogos descubrieron a principios de la década de 1920. Las ruinas más importantes son las de las ciudades de Mohenjo-Daro y Harapa. Todavía no se saben las razones por las cuales desapareció la civilización del valle del Indo. Tal vez la destruyeron invasores. O tal vez un terremoto terminó con ella. Lo que sí se sabe es que quedaba poco de la civilización cuando los invasores llegaron al valle del Indo después del 1500 a.C.

Los arios

Los invasores del valle del río Indo probablemente vinieron del centro de Asia. Se conocen como los indoarios, o sea, los arios. Como pueblo, los arios eran extremadamente belicosos. Se organizaban

Este sello era usado por la gente de la civilización del valle del Indo.

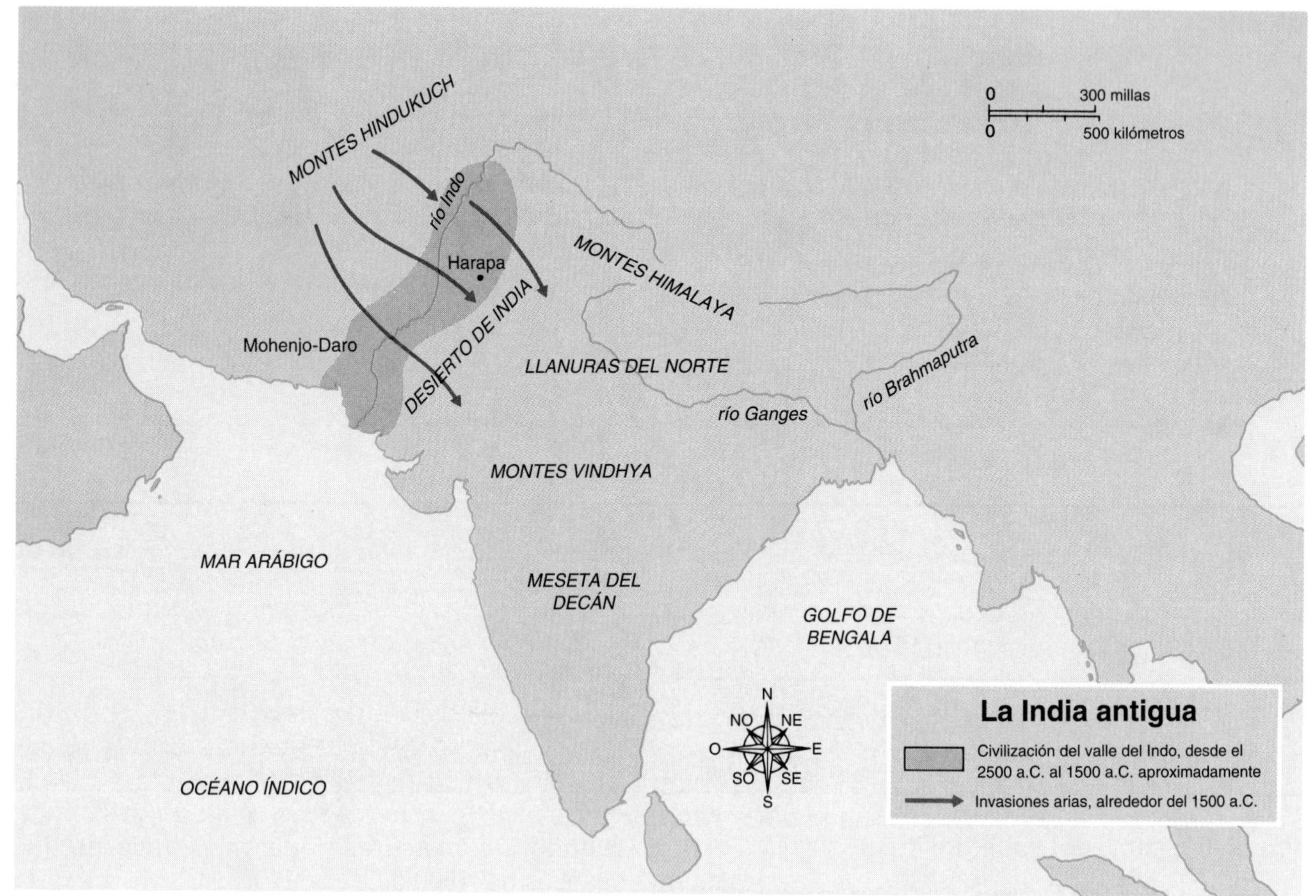

libremente en tribus. Las tribus son grupos de personas que tienen antepasados comunes, que hablan la misma lengua y que comparten las mismas tradiciones y creencias. Cada tribu aria tenía su propio **rajá,** o jefe.

Los arios se abalanzaron hacia el sur, más allá del valle del río Indo y se toparon con un grupo de personas que se llamaban dravidianos. Los dravidianos tenían una civilización más adelantada que la de los arios. No obstante, los dravidianos fueron derrotados y obligados a trasladarse al sur de la India.

A pesar de su nivel cultural más bajo, los arios victoriosos despreciaban a las personas que habían conquistado. El color de la piel tenía mucho que ver con esta actitud. Los arios, de piel de color claro, consideraban a los dravidianos, que tenían piel oscura, como sus inferiores o como gente de un rango más bajo. Los arios temían que los dravidianos se hicieran más numerosos que ellos. Para impedir que esto sucediera, no permitían el **matrimonio mixto** entre los arios y los dravidianos. Esta política llegó a ser la base del sistema de **castas** en la India. El sistema de castas es una manera de dividir a la sociedad en grupos sociales.

La sociedad aria

Al principio, había cuatro clases principales en la sociedad aria: (1) los guerreros, (2) los sacerdotes, (3) los dueños de tierras, los mercaderes y los pastores, y (4) los siervos y los campesinos. Con el tiempo, los sacerdotes reemplazaron a los guerreros en su rol de clase más alta de la sociedad aria.

Con el paso de los siglos, las cuatro clases principales se dividieron en castas, o grupos sociales basados en el nacimiento. El sistema de castas llegó a ser inflexible. Era imposible pasar de una casta a otra. Sólo el nacimiento decidía la casta a la que pertenecería una persona. Y a medida que el sistema de castas se desarrollaba, se establecían reglas estrictas. Estas reglas regían los matrimonios y los tipos de trabajo que las personas de una casta podían hacer.

Llegó a haber más de 3.000 castas en la India. Pero también había gente que vivía fuera del sistema. A estas personas se las consideraba impuras. Se las llamaba los "intocables". Ellos ocupan el rango social más bajo.

Durante los últimos años, los líderes indios han tratado de deshacerse del sistema de castas. Pero sigue existiendo hasta la fecha. Algunos intocables han subido a puestos altos en la vida política y comercial. Por otro lado, los intocables también han sido víctimas de la violencia de otros indios.

Las creencias arias

Después de que los arios se establecieron en la India, formaron varias ciudades estado. Durante los años siguientes, desarrollaron sus propias creencias religiosas. Al principio, las transmitían oralmente al pueblo. Después, las escriberon en sánscrito, una lengua indoaria. La religión y la historia de los indoarios se encuentran en los libros sagrados que se llaman los Vedas. En estos libros hay poemas y oraciones. Nos cuentan mucho sobre la antigua civilización india. Debido a la importancia de los Vedas, el período que va desde el 1500 a.C. al 1000 a.C. aproximadamente se llama el Período de los Vedas.

Dos religiones

El Período de los Vedas fue una época de grandes adelantos en la lengua, la literatura y el arte. Fue durante esta época cuando se desarrolló la religión hindú en la India (ver la página 75). El hinduismo surgió de religiones más antiguas que se apoyaban en las escrituras sagradas del Período de los Vedas.

El hinduismo fue sólo una de las religiones que se desarrollaron en la India. Alrededor del 500 a.C., surgió el budismo (ver la página 75). Esta religión se funda en las enseñanzas de Siddharta Gautama. Después de hallar los conocimientos que buscaba, Gautama llegó a conocerse como el Buda o “el iluminado”. El término se refiere a una persona que ve y comprende el significado de la vida. Aunque el budismo se inició en la India, más adelante se difundió en China, Corea y Japón. Actualmente, la mayoría de los budistas viven en el territorio continental del sudeste de Asia y en Japón.

El primer imperio indio

Los arios fueron los primeros entre muchos grupos que invadieron la India. Los persas gobernaron partes de la India a principios del siglo VI a.C. Después, en el 326 a.C., los ejércitos griegos y macedonios de Alejandro Magno llegaron al valle del río Indo. Pero Alejandro murió antes de poder apoderarse de toda la India. Leerás más sobre Alejandro en la Unidad 3.

El primer imperio gobernado por reyes indios se fundó en el 321 a.C. Éste fue el Imperio Maurya. Se extendió sobre casi dos tercios de la India. El Imperio Maurya duró hasta alrededor del 184 a.C.

Aquí se ve Hurdwar, lugar al que los hindúes hacían peregrinajes, o viajes religiosos.

Ejercicios

A. Busca las ideas principales:

Pon una marca al lado de las oraciones que expresan las ideas principales de lo que acabas de leer.

_______ **1.** Alejandro Magno llegó al valle del río Indo.

_______ **2.** La fundación de las religiones hindú y budista tuvo mucha influencia en la vida en la India.

_______ **3.** La caída de la civilización del valle del Indo sucedió alrededor del 1500 a.C.

_______ **4.** Muchos pueblos distintos trajeron sus creencias y costumbres a la India.

_______ **5.** En el apogeo de su dominio, el Imperio Maurya cubrió dos tercios de la India.

B. ¿Qué leíste?

Escoge la respuesta que mejor complete cada oración. Escribe la letra de tu respuesta en el espacio en blanco.

_______ **1.** El valle del río Indo se encuentra

a. en el norte de la India.
b. en la frontera oriental de la India.
c. en el centro de la India.
d. en la frontera occidental de la India.

_______ **2.** El sánscrito era

a. el nombre de una tribu dravidiana.
b. la religión de la India.
c. la lengua escrita de los arios.
d. la capital de la civilización del valle del Indo.

_______ **3.** Mohenjo-Daro y Harapa eran

a. personas del Asia central.
b. ciudades de la primera civilización india.
c. escrituras de los Vedas.
d. ninguno de los anteriores.

_______ **4.** Los dravidianos

a. conquistaron a los indoarios.
b. fundaron el Imperio Maurya.
c. fundaron la religión hindú.
d. fueron derrotados por los indoarios.

C. Para revisar la lectura:

Escribe la palabra o el término que complete mejor cada oración de abajo.

1. La civilización del ________________ fue destruida alrededor del 1500 a.C.

2. Los jefes tribales de los arios se conocían como los ________________ .

3. Los ________________ eran libros sagrados.

4. Los indoarios iniciaron el sistema de ________________ .

5. El ________________ y el ________________ fueron dos religiones que se desarrollaron en la India.

6. Los ____________________ fueron derrotados por los indoarios.

7. Los reyes ________________ gobernaron el Imperio Maurya.

8. Las creencias religiosas de los indoarios de la India fueron escritas en ________________ .

D. Comprueba los detalles:

Escribe C en el espacio en blanco si la afirmación es cierta. Escribe F en el espacio si es falsa. Escribe N si no puedes averiguar en la lectura si es cierta o falsa.

______ **1.** El río Indo desborda todos los años.

______ **2.** El pueblo del valle del Indo no tenía una lengua escrita.

______ **3.** Mohenjo-Daro era un rey del Imperio Maurya.

______ **4.** Los indoarios estaban a favor del matrimonio mixto.

______ **5.** Los dravidianos eran más civilizados que los indoarios.

______ **6.** El sistema de castas hacía que los indoarios fueran inferiores.

______ **7.** Buda fue un gran guerrero.

______ **8.** Los persas gobernaron partes de la India.

______ **9.** El Imperio Maurya duró más de 500 años.

______ **10.** El Período de los Vedas fue un período de grandes artes y literatura en la India.

______ **11.** Alejandro Magno llegó al río Ganges de la India.

______ **12.** La religión hindú se desarrolló en la India durante el Período de los Vedas.

E. Habilidad con la línea cronológica:

¿En qué período sucedió cada uno de los siguientes acontecimientos? Puedes mirar la línea cronológica de la página 69 de este capítulo.

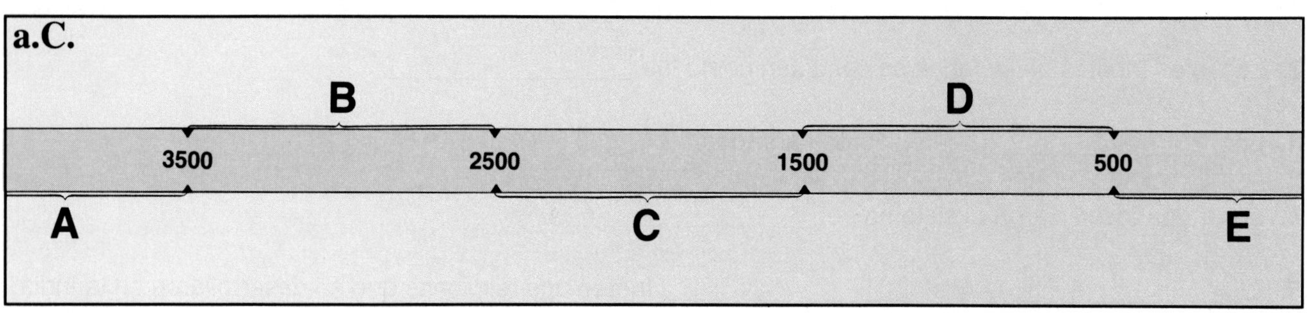

_______ **1.** Los persas gobiernan regiones indias

_______ **2.** La invasión indoaria a la India

_______ **3.** Se fundó el Imperio Maurya

_______ **4.** Los invasores arios gobiernan la India

_______ **5.** Los ejércitos de Alejandro Magno invaden el valle del Indo

_______ **6.** Buda vive en la India

_______ **7.** Se desarrolla la civilización del valle del Indo

F. Para comprender la historia mundial:

En la página 68 leíste sobre cuatro factores de la historia mundial. ¿Cuál de estos factores corresponde a cada afirmación de abajo? Llena el espacio en blanco con el número de la afirmación correcta de la página 68.

_______ **1.** Los arqueólogos han aprendido sobre la civilización del valle del Indo gracias a las ruinas que se descubrieron a principios de la década de 1920.

_______ **2.** El budismo se inició en la India e influyó mucho en China y Japón.

_______ **3.** Los arios conquistaron a los dravidianos y no permitían los matrimonios mixtos entre los dos grupos. El sistema de castas surgió a partir de esta política aria.

_______ **4.** A pesar de los esfuerzos de los actuales líderes indios por terminar con el sistema de castas, éste sigue en vigencia.

Enriquecimiento:

Hinduismo y budismo

Hinduismo: A diferencia de otras religiones, el hinduismo no tiene un solo fundador. Mezcló las antiguas costumbres arias con las creencias religiosas de los pueblos que los arios conquistaron. Hoy día, es la religión del 85% de la población de la India. Las principales creencias hindúes son las siguientes:

- Una fuerza suprema une todo el universo.
- Cada persona tiene un alma que forma parte de un alma más grande y universal.
- La vida está llena de sufrimiento.
- La meta de la vida es liberar al alma del sufrimiento y unirla con el alma universal.
- Es posible que una persona tenga que pasar por muchas vidas o renacer para alcanzar el alma universal. Este proceso se llama reencarnación.
- Cuando por fin el alma se una con el alma universal, una persona ya no tiene que volver a nacer.

Según la creencia hindú, las acciones de una persona en esta vida influyen en su destino en la próxima vida. Por ejemplo, si una persona sigue las reglas de su casta y lleva una vida buena, puede renacer en una casta más alta en la próxima vida. Los que no cumplen con sus deberes de casta y no llevan una vida buena pueden nacer en una casta más baja. Puedes ver cómo el sistema de castas se vincula estrechamente con las creencias hindúes. También puedes comprender lo difícil que es para los líderes indios terminar con el sistema de castas.

Budismo: Has leído sobre la religión iniciada por Siddhartha Gautama. Los eruditos saben muy poco de su vida excepto que nació en una familia guerrera alrededor del 563 a.C. Según la leyenda, Gautama dejó su casa y una vida de lujo para buscar las causas del sufrimiento humano. Después de viajar por seis años, Gautama encontró la respuesta. Entonces, enseñó a otros. Las enseñanzas budistas son las siguientes:

- La vida está llena de sufrimiento.
- La causa del sufrimiento es el deseo por las cosas que no perduran.
- La forma de acabar con el sufrimiento es superar al deseo mediante las oraciones, la disciplina y el sacrificio personal.
- Al llevar una vida de disciplina personal y al realizar buenos actos, una persona puede alcanzar el nirvana. Cuando los budistas logran nirvana, creen que se libran del dolor y sufrimiento de la vida.
- La manera de escaparse de las causas del deseo es seguir el Camino Intermedio.

En el Camino Intermedio, Buda trató de enseñar a la gente a vivir honradamente y a actuar con bondad hacia todos los seres vivos. Buda trató de reformar o cambiar el hinduismo. Por ejemplo, predicó que el alma renace muchas veces. Pero hay diferencias importantes entre las dos religiones. Buda rechazó el sistema de castas que forma gran parte del hinduismo. También creía que todos, cualquiera sea la clase social, pueden alcanzar el nirvana.

Capítulo 6

Primeras civilizaciones de China

Para comprender la historia mundial

Piensa en lo siguiente al leer sobre las primeras civilizaciones de China.

1. La gente usa el medio ambiente para lograr metas económicas.
2. La cultura del presente nace en el pasado.
3. La ubicación, la topografía y los recursos afectan la interacción entre las personas.
4. Las necesidades básicas humanas se ven afectadas por nuestro medio ambiente físico y nuestra cultura.

Los artistas de la dinastía Chang en China hicieron esta pieza de cerámica blanca.

Para aprender nuevos términos y palabras

En este capítulo se usan las siguientes palabras. Piensa en el significado de cada una.

dinastías: las familias soberanas en China
fronteras: áreas que constituyen el límite de un territorio poblado; confines

Piénsalo mientras lees

1. ¿Cómo influyeron en las primeras civilizaciones chinas las inundaciones del río Hoangho (el río Amarillo)?
2. ¿En qué forma se desarrolló la escritura china?
3. ¿Cuál fue el propósito de la Gran Muralla?
4. ¿Quién era Confucio y qué quería hacer?

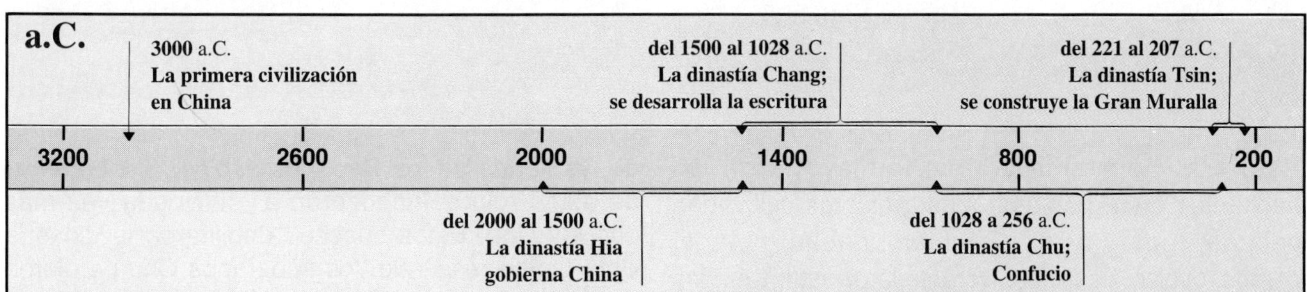

El valle del Hoangho

La historia de China se vincula con dos grandes ríos. Éstos son el Yang-tse-kiang y el Hoangho (el río Amarillo). El Yang-tse-kiang tiene aproximadamente 3.400 millas (5.472 kilómetros) de largo y pasa por el centro de China. El Hoangho tiene aproximadamente 2.900 millas (4.667 kilómetros) de largo y pasa por el norte de China (ver los mapas de la página 78).

Las primeras civilizaciones se desarrollaron en China alrededor del 3000 a.C. a medida que la gente poblaba el valle del Hoangho. Al igual que el río Nilo, el Hoangho desborda cada año. Las inundaciones enriquecen los suelos, pero ocasionan mucho daño. Para impedir que el río se desbordara, los chinos empezaron a construir diques o barreras a lo largo de sus orillas. No fue una tarea fácil. Las personas que vivían en el área tuvieron que trabajar juntas. Con el paso de los años, tuvieron que desarrollar un sistema para utilizar el agua y proteger sus casas de las inundaciones.

Las dinastías gobiernan China

La familia china hizo un papel principal en el desarrollo de China. Las familias gobernantes se conocen como **dinastías.** Según las leyendas, la primera dinastía se llamaba Hia. No se sabe mucho sobre los soberanos Hia. Pero se cree que fue la primera familia en unir el norte de China bajo su mando. La dinastía Hia duró del 2000 a.C. al 1500 a.C. aproximadamente.

Los gobernantes que les siguieron fueron la dinastía Chang. Ellos gobernaron China del 1500 a.C. al 1028 a.C. aproximadamente. Los Chang hicieron grandes aportes a la civilización en China. Durante la época del gobierno Chang, los chinos aprendieron a fabricar herramientas y armas de metal. También desarrollaron la escritura. Igual que las escrituras de otras partes del mundo, este antiguo sistema consistía en dibujos que representaban palabras. Aunque se ha reducido el número de dibujos o caracteres en los últimos años, la lengua sirve como base de la escritura china actual.

Después del 1028 a.C., la dinastía Chang fue derrocada por la dinastía Chu. Bajo los soberanos Chu, la civilización china se expandió hacia el sur. Se extendía desde la región del Hoangho, en el norte, hasta el Yang-tse-kiang, en el centro de China. Estos ríos formaban los límites del territorio que gobernaba la dinastía Chu (ver el mapa de la página 78).

Los logros de la dinastía Chu

La Chu fue la primera de las grandes dinastías chinas. Por ejemplo, los líderes Chu desarrollaron sistemas de riego y de control de las inundaciones.

Esto era importante porque la mayoría de los habitantes eran granjeros. Los granjeros cultivaban cebada, trigo y arroz. También criaban ganado, cerdos, ovejas y gallinas. Durante la dinastía Chu, los campesinos empezaron a criar gusanos de seda. Los campesinos eran granjeros pobres. Los capullos de los gusanos de seda se utilizaban para fabricar la seda, por la cual, más adelante, China sería famosa.Después del 700 a.C., se desarrollaron muchos reinos pequeños en las **fronteras,** o confines de las tierras de los Chu. Los nobles, o soberanos, de estos reinos empezaron a reñir cada vez más con los Chu. Estos sucesos debilitaron la dinastía Chu. Como resultado, los soberanos Chu perdieron mucho de su poder. Para ayudarlos, un erudito que se llamaba Confucio les dio unos consejos. Dijo que los soberanos debían dar el ejemplo para que los demás hicieran lo mismo. Al mismo tiempo, las personas debían respetar tanto a sus líderes como a sus familias. No se siguieron los consejos de Confucio. Pero, más adelante, sus ideas llegaron a ser importantes en la vida china.

La Gran Muralla fue construida por miles de obreros de todas partes de China. Muchos se murieron durante el proyecto.

Los soberanos Tsin y el nombre de China

Para el 400 a.C., los reinos de las fronteras de los Chu se hicieron más independientes. Para el 256 a.C., los soberanos Chu ya no pudieron controlarlos. Finalmente, un grupo denominado Tsin, reemplazó a la dinastía debilitada. La dinastía Tsin duró solamente del 221 a.C. al 207 a.C. Aunque ésta fue una de las dinastías más cortas, fueron ellos quienes le dieron a China su nombre.

Durante la dinastía Tsin, unas tribus belicosas invadieron China desde el norte y el noroeste. Para proteger su territorio, los soberanos Tsin decidieron construir una muralla alrededor de sus tierras. El resultado fue la Gran Muralla China (ver el mapa, arriba). Terminada, la muralla tenía 1.400 millas (2.253 kilómetros) de largo, 25 pies (7,6 metros) de alto y 15 pies (4,5 metros) de ancho en la base. A pesar de su gran tamaño, la Gran Muralla no impidió que entraran los invasores. Como resultado, la dinastía Tsin cayó en el 207 a.C.

Ejercicios

A. Busca las ideas principales:

Pon una marca al lado de las oraciones que expresan las ideas principales de lo que acabas de leer.

_________ **1.** Las inundaciones del río Hoangho causaban mucho daño.

_________ **2.** La antigua China fue gobernada por una serie de dinastías.

_________ **3.** La lengua de china era muy complicada.

_________ **4.** Las guerras en las fronteras de China ocasionaron la caída de varias dinastías.

B. ¿Qué leíste?

Escoge la respuesta que mejor complete cada oración. Escribe la letra de tu respuesta en el espacio en blanco.

_________ **1.** El valle del Hoangho se ubica
- **a.** en África.
- **b** en Europa.
- **c.** en Asia.
- **d.** en América.

_________ **2.** Los chinos construyeron la Gran Muralla para
- **a.** impedir las inundaciones.
- **b.** mejorar el transporte en China.
- **c.** darle trabajo al pueblo.
- **d.** impedir la entrada de los enemigos por el norte y el noroeste.

_________ **3.** La civilización china se expandió hacia el sur, hasta el Yang-tse-kiang durante la
- **a.** dinastía Tsin.
- **b.** dinastía Chang.
- **c.** dinastía Chu.
- **d.** dinastía Hia.

_________ **4.** La primera dinastía china fue la
- **a.** dinastía Chu.
- **b.** dinastía Tsin.
- **c.** dinastía Chang.
- **d.** dinastía Hia.

_________ **5.** Confucio, el erudito chino, predicaba que
- **a.** los líderes debían dar ejemplo a los demás.
- **b.** las personas debían respetar a sus líderes.
- **c.** las personas debían respetar a sus familias.
- **d.** todo lo anterior.

C. Para revisar la lectura:

Escribe la palabra o el término que complete mejor cada una de las siguientes oraciones.

1. Las inundaciones del ________________ proporcionaron agua y suelo fértil a China.

2. La dinastía ________________ fue una de las dinastías más cortas.

3. ________________ les dio consejos a los soberanos Chu.

4. La ________________ no impidió la entrada de las tribus belicosas del norte.

5. La escritura China consistía en ________________ .

D. Comprueba los detalles:

Escribe H en el espacio en blanco si la oración es un hecho. Escribe O en el espacio si es una opinión. Recuerda que los hechos se pueden comprobar, pero las opiniones, no.

_________ **1.** Las inundaciones del río eran bienvenidas por la mayoría de los chinos.

_________ **2.** Los soberanos Hia no tuvieron tanto éxito como los soberanos Chang.

_________ **3.** Era difícil criar gusanos de seda.

_________ **4.** El riego se desarrolló en China durante la dinastía Chu.

_________ **5.** Después del 700 a.C. la dinastía Chu tuvo poco poder.

_________ **6.** Los soberanos de China no confiaban en Confucio.

_________ **7.** La construcción de la Gran Muralla fue una buena idea.

E. Habilidad con la línea cronológica:

¿En qué período sucedió cada uno de los siguientes acontecimientos? Puedes mirar el texto. Escribe la letra correcta en el espacio en blanco.

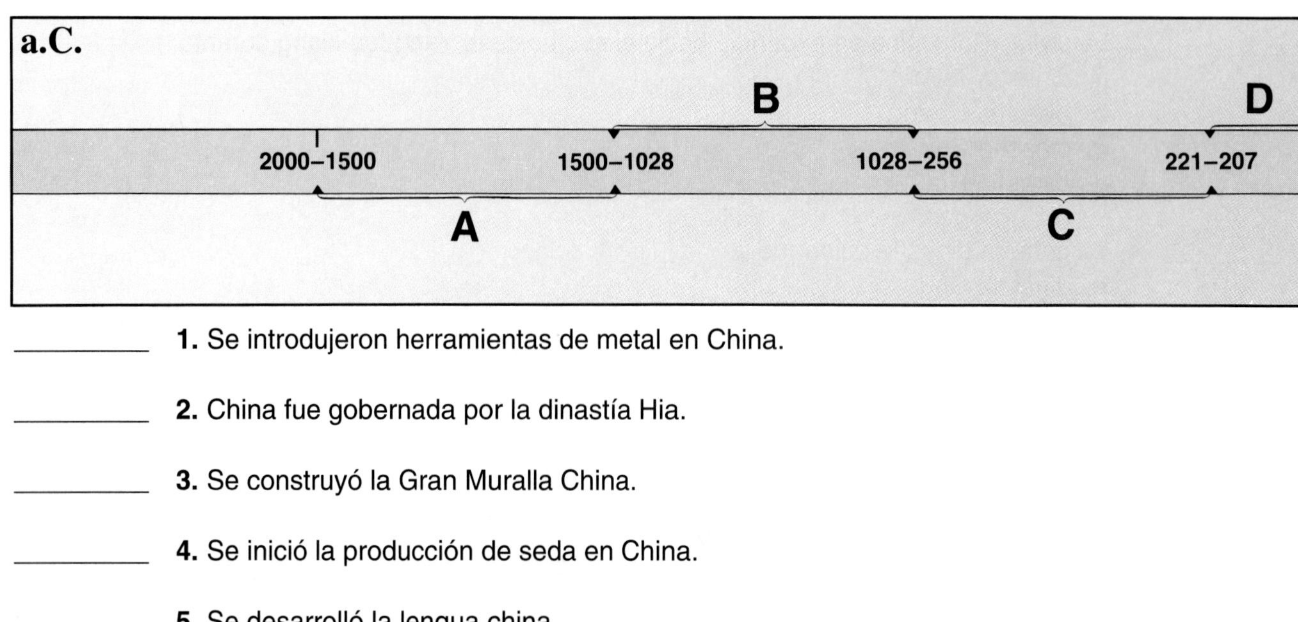

_________ **1.** Se introdujeron herramientas de metal en China.

_________ **2.** China fue gobernada por la dinastía Hia.

_________ **3.** Se construyó la Gran Muralla China.

_________ **4.** Se inició la producción de seda en China.

_________ **5.** Se desarrolló la lengua china.

F. Los significados de palabras:

Encuentra para cada palabra de la columna A el significado correcto en la columna B. Escribe la letra de cada respuesta en el espacio en blanco.

	Columna A	Columna B
________	**1.** fronteras	**a.** el rey o emperador
________	**2.** campesino	**b.** un granjero pobre
________	**3.** dinastías	**c.** el dueño de esclavos
		d. los límites, o confines, de un área poblada
		e. las familias soberanas

G. Para comprender la historia mundial:

En la página 76 leíste sobre cuatro factores de la historia mundial. ¿Cuál de estos factores corresponde a cada afirmación de abajo? Llena el espacio en blanco con el número de la afirmación correcta de la página 76.

________ **1.** Las inundaciones del Hoangho hicieron que las personas se juntaran para utilizar el agua y para protegerse.

________ **2.** Las inundaciones del Hoangho proporcionaban agua y suelo fértil.

________ **3.** Los consejos de Confucio hace más de 2.700 años llegaron a formar una parte importante de la vida en China.

________ **4.** Los sistemas de riego y de control de las inundaciones permitieron que los chinos cultivaran a gran escala y que extendieran sus fronteras.

Capítulo 7

La tierra y la gente de Japón

Para comprender la historia mundial

Piensa en lo siguiente al leer sobre la tierra y la gente de Japón.

1 La interacción entre pueblos y naciones lleva a cambios culturales.
2 Las naciones escogen lo que adoptan y adaptan de otras naciones.
3 El medio ambiente físico puede facilitar o limitar el contacto entre personas.

La estatua del Buda en Kamakura, Japón. El budismo llegó a Japón desde el territorio continental de Asia.

Para aprender nuevos términos y palabras

En este capítulo se usan las siguientes palabras. Piensa en el significado de cada una.

inmigrantes: las personas que llegan a una nación para quedarse como residentes permanentes

autoridad central: el gobierno o el grupo gobernante

clanes: grupos de familias emparentadas

Piénsalo mientras lees

1. ¿Quiénes constituyeron el primer pueblo de Japón?
2. ¿Quiénes fueron las personas que vinieron a Japón durante tiempos antiguos?
3. ¿Cuáles fueron las ideas y los inventos que los japoneses adoptaron de China?
4. ¿Qué tipo de gobierno se desarrolló en Japón?

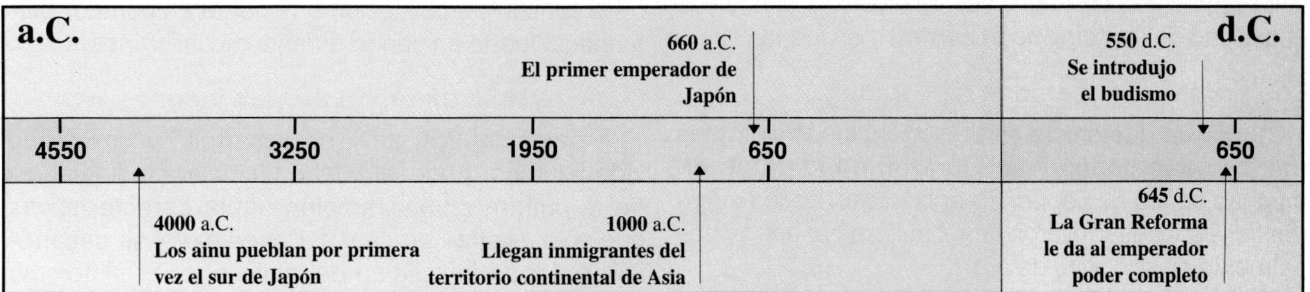

Las islas de Japón

Japón es un archipiélago de islas ubicado cerca de la costa nordeste de Asia (ver el mapa de esta página). Las islas de Japón se extienden a lo largo de 1.500 millas (2.414 kilómetros). Las cuatro islas japonesas principales son Hokkaido, Honshu, Sikoku y Kiusiu. Muchas otras islas más pequeñas también forman parte de Japón. La mayoría de las islas japonesas está recubierta de colinas y montañas. Sin embargo, hay algunas regiones de valles de ríos con llanuras fértiles.

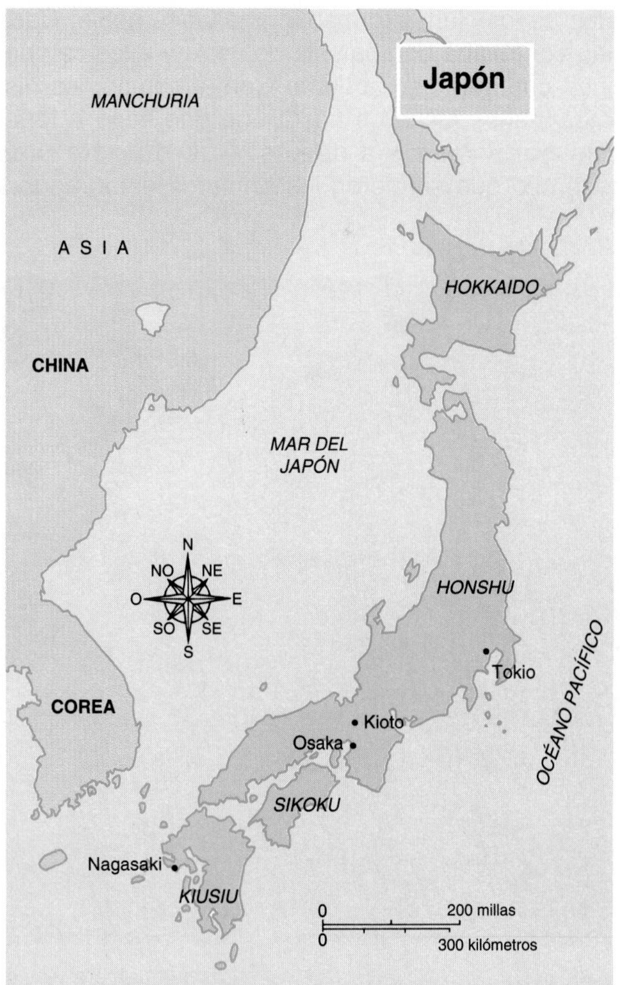

La gente de Japón

El primer pueblo de Japón fue el de los ainu. Tal vez llegaron a las islas desde el territorio continental de Asia hace miles de años. Los ainu poblaron las islas sureñas entre el 4000 a.C. y el 1000 a.C. aproximadamente. En algún momento después del 1000 a.C., algunos grupos de **inmigrantes** se trasladaron a Japón. Los recién llegados probablemente venían de lo que actualmente es China, Corea, Manchuria, Malasia e Indonesia. Al pasar los años, esta mezcla de inmigrantes se unió para formar el pueblo que conocemos como los japoneses. Mientras seguía llegando nueva gente, los ainu fueron empujados al Hokkaido, la isla de Japón ubicada más al norte.

La influencia de China

Los chinos fueron los que más influyeron en la antigua civilización japonesa. Durante la época de la dinastía Chu (del 1028 a.C. al 256 a.C.), muchos chinos se trasladaron a Japón. En efecto, por más de 500 años, olas de inmigrantes del territorio continental atravesaron el mar del Japón y poblaron las islas. Estas personas trajeron consigo los conocimientos de la agricultura, cerámica, tejido y cría de gusanos de seda. También trajeron los conocimientos de la escritura china y del budismo.

Japón y China tuvieron muchos contactos a partir del 600 a.C. Muchos estudiantes japoneses y representantes del gobierno viajaron a China. Allí, aprendieron sobre la civilización avanzada de China. Estos viajeros regresaron con ideas sobre la religión, el arte y la necesidad de una **autoridad central** más fuerte.

Los primeros soberanos de Japón

A medida que crecía su población, los inmigrantes del territorio continental lograron apoderarse de muchas partes de Japón. Se apoderaron de las mejores tierras y desarrollaron la agricultura basada principalmente en el cultivo de arroz.

Los recién llegados a Japón vivían en **clanes.** Los jefes de los clanes formaban una clase noble. Cada clan controlaba una parcela de tierra y a los campesinos que labraban la tierra. Con el tiempo, los distintos clanes lucharon hasta que uno llegó a tener más poder que los demás. Fue de este clan poderoso que surgieron los primeros emperadores de Japón alrededor del 660 a.C.

Sin embargo, los primeros emperadores de Japón no gozaban de mucho poder. Los clanes rivales siempre intentaban quitarle control al emperador. La necesidad de un gobierno fuerte finalmente condujo a la Gran Reforma del 645 d.C. Se le daba al emperador poder completo, y se lo convertía en dueño de todo el territorio. La Gran Reforma destruyó el sistema de clanes.

En el 702 d.C., se redactó un código de leyes. Se fundaba en las ideas traídas de China. El código, que se llamaba el Gran Tesoro, enfatizaba que todos los japoneses debían lealtad al gobierno y al emperador. Este sentido de obligación o deber al emperador permaneció fuerte en Japón durante muchos años.

Se desarrolla un modo de vida japonés

A partir del 250 a.C., se desarrolló un modo de vida japonés. Aunque estaba bien clara la influencia de la cultura china, también había características que sólo existían en Japón. Por ejemplo, se desarrolló en Japón la religión del sintoísmo. El sintoísmo enseñaba el respeto por la belleza de la naturaleza y la devoción a los dioses. Al mismo tiempo, los japoneses aceptaron la religión budista. Como ya has leído, la religión budista se inició en la India y luego se difundió en China y Corea. Con los años, el sintoísmo y el budismo se incorporaron a la vida japonesa.

Los samurai eran los guerreros del antiguo Japón.

Ejercicios

A. Busca las ideas principales:

Pon una marca al lado de las oraciones que expresan las ideas principales de lo que acabas de leer.

_________ **1.** Japón desarrolló su propia religión.

_________ **2.** El cultivo de arroz ayudó a la economía de Japón.

_________ **3.** El gobierno de Japón recibió la influencia de los chinos.

_________ **4.** Los ainu hicieron muchas contribuciones a Japón.

_________ **5.** Los inmigrantes y los invasores influyeron mucho en la vida japonesa.

B. ¿Qué leíste?

Escoge la respuesta que mejor complete cada oración. Escribe la letra de tu respuesta en el espacio en blanco.

_________ **1.** Los japoneses desarrollaron su propia religión, que se llamaba

- **a.** budismo.
- **b.** sintoísmo.
- **c.** hinduismo.
- **d.** confucianismo.

_________ **2.** La Gran Reforma del 645 d.C.

- **a.** le quitó el poder a la dinastía soberana.
- **b.** permitió que los estudiantes japoneses viajaran a China.
- **c.** tenía que ver con la religión de Japón.
- **d.** le dio mayor poder al emperador.

_________ **3.** El primer pueblo de Japón fue el de

- **a.** los coreanos.
- **b.** los chinos.
- **c.** los ainu.
- **d.** los malasios.

_________ **4.** Los chinos trajeron a Japón

- **a.** una lengua escrita.
- **b.** la religión budista.
- **c.** conocimientos en agricultura.
- **d.** todo lo anterior.

C. Habilidad cronológica:

En cada espacio en blanco, escribe la letra del acontecimiento que sucedió primero. Puedes mirar la línea cronológica de la página 83.

_________ **1. a.** el primer emperador japonés
b. el budismo
c. la Edad de Piedra

_________ **2. a.** la Gran Reforma
b. el desarrollo de la cultura japonesa
c. el primer emperador japonés

_________ **3. a.** los inmigrantes del sudeste de Asia
b. los ainu
c. el budismo

_________ **4. a.** el desarrollo de la cultura japonesa
b. la Gran Reforma
c. el budismo

_________ **5. a.** la Gran Reforma
b. el primer emperador japonés
c. el budismo

D. Comprueba los detalles:

Lee cada afirmación. Escribe C en el espacio en blanco si la afirmación es cierta. Escribe F en el espacio si es falsa. Escribe N si no puedes averiguar en la lectura si es cierta o falsa.

_________ **1.** Había más japoneses que practicaban el budismo que el sintoísmo.

_________ **2.** Los japoneses adoptaron la forma de escritura china.

_________ **3.** Los ainu fueron el primer pueblo de Japón.

_________ **4.** Los estudiantes japoneses no apoyaron la Gran Reforma.

_________ **5.** El Gran Tesoro hizo que la lealtad al emperador fuera una parte importante de la vida japonesa.

_________ **6.** Los inmigrantes coreanos se instalaron en Japón.

_________ **7.** Después del 1100 a.C., Japón y China tuvieron mucha comunicación.

_________ **8.** Los emperadores japoneses siempre tuvieron mucho poder.

_________ **9.** Antes de la llegada de los inmigrantes ya se criaban gusanos de seda en Japón.

_________ **10.** Los japoneses son una mezcla de muchos pueblos de Asia.

E. Los significados de palabras:

Busca las siguientes palabras en el glosario. Escribe su significado al lado de cada palabra.

INMIGRANTES ____

____

AUTORIDAD CENTRAL ____

____

CLANES ____

____

F. Para comprender la historia mundial:

En la página 82 leíste sobre tres factores de la historia mundial. ¿Cuál de estos factores corresponde a cada afirmación de abajo? Llena el espacio en blanco con el número de la afirmación correcta de la página 82. Si no corresponde ningún factor, escribe la palabra NINGUNO.

_________ **1.** Las islas de Japón se extienden a lo largo de 1.500 millas (2.414 kilómetros). La mayoría de las islas están recubiertas de colinas y montañas.

_________ **2.** A partir del 250 a.C., la vida japonesa recibió la influencia de la cultura china, pero al mismo tiempo, desarrolló algunas de sus propias características.

_________ **3.** Los emperadores japoneses no tenían mucho poder.

_________ **4.** Los inmigrantes que poblaron Japón traían mucho de su propia cultura.

Capítulo 8

La tierra y la gente del sudeste de Asia

Para comprender la historia mundial

Piensa en lo siguiente al leer sobre la tierra y la gente del sudeste de Asia.

1 La ubicación, la topografía y los recursos afectan la interacción entre las personas.

2 La interacción entre personas puede conducir a cambios culturales.

3 La cultura del presente nace en el pasado.

La gente de Camboya construyó este templo enorme. Se llama Angkor Wat.

Para aprender nuevos términos y palabras

En este capítulo se usan las siguientes palabras. Piensa en el significado de cada una.

orígenes: los lugares donde se inician las cosas
poblado: lleno de personas
migraciones: los traslados de las personas de un lugar a otro

Piénsalo mientras lees

1. ¿Cuáles son las áreas que abarca el sudeste de Asia?
2. ¿Por qué es que la ubicación del sudeste de Asia convierte a esta región en un cruce de caminos en el mundo? ¿Y cómo ha influido esto en la cultura del sudeste de Asia?
3. ¿Cuáles fueron las primeras culturas del sudeste de Asia?

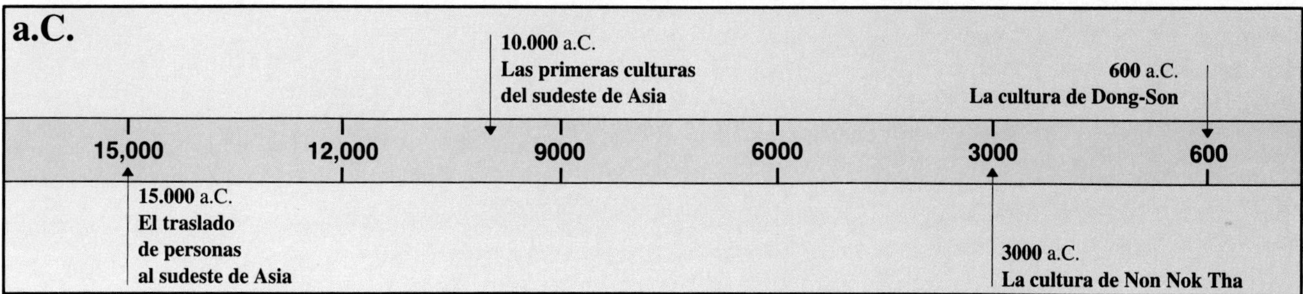

La tierra del sudeste de Asia

Hay dos regiones en el sudeste de Asia. Un área está constituida por las islas del océano Pacífico. La otra, es la región del sudeste del territorio continental de Asia. El sudeste de Asia tiene la forma de un triángulo. La India, China y Australia constituyen los límites exteriores del triángulo. Dentro del triángulo están las islas que consisten en las naciones actuales de Indonesia y las Filipinas. Las áreas del territorio continental del sudeste de Asia abarcan las naciones actuales de Myanmar (Birmania), Tailandia, Camboya, Laos, Vietnam, Malasia y Singapur. (Ve el mapa de la página 90.)

La ubicación del sudeste de Asia hace que sea un cruce de caminos para el mundo. Australia y las naciones de Europa, África y el territorio continental de Asia comercian por agua y por tierra.

Los pueblos del sudeste de Asia

Muchos grupos de personas han atravesado el sudeste de Asia. Los orígenes de los primeros pueblos son desconocidos. Se cree, sin embargo, que el sudeste de Asia fue poblado por grupos que venían de regiones del norte de Asia. Estas migraciones de personas sucedieron hace muchos miles de años.

Los primeros seres humanos del sudeste de Asia probablemente eran los antepasados de las personas que viven actualmente en las islas del Océano Pacífico.

Más adelante, las personas de la región de Mongolia se trasladaron a partes del sudeste de Asia. El traslado a la región de estas personas tal vez haya comenzado hace más de 12.000 años. Los científicos han hallado pruebas que había personas que vivían en el sudeste de Asia desde el 15.000 a.C.

Las ruinas de la cultura de Dong-Son del sudeste de Asia.

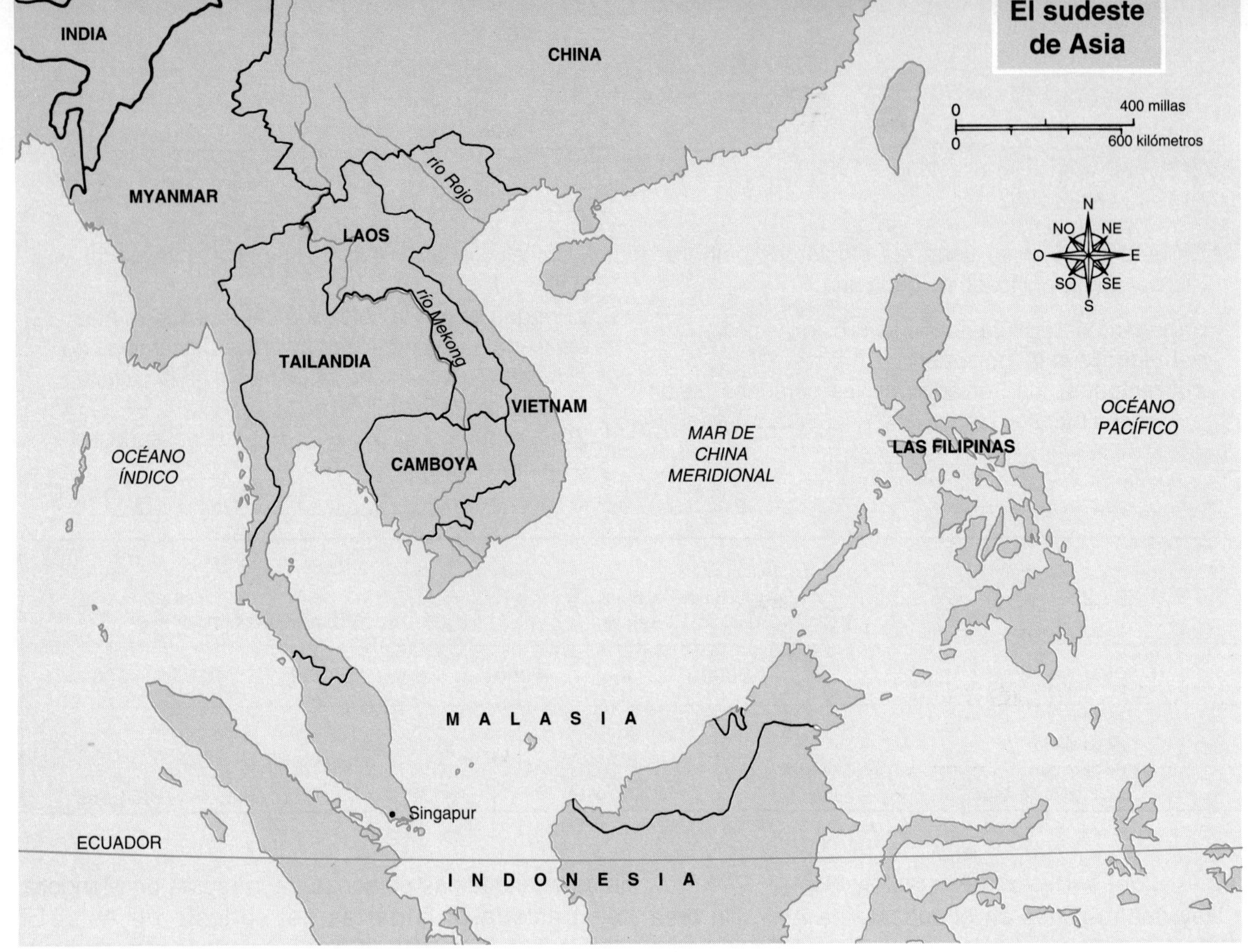

Se desarrollan distintos modos de vida

Los grupos que finalmente poblaron el sudeste de Asia desarrollaron distintos modos de vida. Algunos de los grupos más grandes y más fuertes poblaron los ricos y fértiles valles de los ríos del territorio continental. Generalmente, ellos controlaban las áreas que habían poblado. Los grupos más pequeños y más débiles fueron obligados a vivir en las colinas y en los bosques. Hoy en día, las personas de la región empinada viven de un modo parecido al de sus antepasados. Al igual que sus antecesores, tienen pocas comunicaciones con otros. Muchos pueblos montañosos del sudeste de Asia tienen lenguas y culturas que son muy diferentes de las de sus vecinos de las regiones de tierra baja.

Las civilizaciones del sudeste de Asia

Varias civilizaciones antiguas se desarrollaron en las áreas del territorio continental del sudeste de Asia. Una de las primeras fue la cultura de Non Nok Tha, que se originó en Tailandia. Los expertos creen que la cultura de Non Nok Tha existió hacia el 3000 a.C. La gente de esta cultura usaba herramientas de piedra, cultivaba arroz, fabricaba canoas y criaba animales.

Más adelante en el sudeste de Asia se desarrolló una civilización en las áreas montañesas del Vietnam actual. Ésta se conoce como la cultura de Dong-Son. Se han desenterrado y estudiado sus restos por muchos años. La cultura de Dong-Son usaba un poco el hierro, pero se la conoce mejor por sus objetos de bronce. Se han hallado muchísimos timbales de bronce en el área de Dong-Son. Tal vez estos timbales eran usados con algún propósito religioso. Las figuras que se ven en los timbales indican que las mujeres jugaban un rol importante en la cultura de Dong-Son.

Las personas de la cultura de Dong-Son utilizaban animales domésticos, incluso bueyes. También, regaban sus campos y cultivaban arroz. Además, estas personas eran hábiles constructoras de barcos. Comerciaban y viajaban a muchas partes de Asia.

Los restos de estas antiguas culturas del sudeste de Asia nos cuentan sólo una parte de la historia. Sin embargo, nos indican que muchos grupos diferentes vivieron en las islas y en el territorio continental del sudeste de Asia entre el 3000 a.C. y el 600 a.C. La influencia china fue muy fuerte alrededor del 111 a.C. En esa época el soberano chino conquistó parte del sudeste de Asia.

Ejercicios

A. Busca las ideas principales:

Pon una marca al lado de las oraciones que expresan las ideas principales de lo que acabas de leer.

_______ **1.** El sudeste de Asia consiste en áreas de islas y de territorio continental.

_______ **2.** El sudeste de Asia tiene forma de triángulo.

_______ **3.** Las primeras culturas asiáticas del sudeste fueron desarrolladas por personas que se trasladaron allí desde otras áreas.

_______ **4.** Se hablan muchos idiomas diferentes en el sudeste de Asia.

_______ **5.** Las regiones montañosas del sudeste de Asia desarrollaron una cultura aparte.

B. Comprueba los detalles:

Lee cada afirmación. Escribe C en el espacio en blanco si la afirmación es cierta. Escribe F en el espacio si es falsa. Escribe N si no puedes averiguar en la lectura si es cierta o falsa.

_______ **1.** Singapur es una de las islas del sudeste de Asia.

_______ **2.** Las tribus más débiles del sudeste de Asia fueron obligadas a trasladarse a los valles de los ríos.

_______ **3.** Myanmar es una de las regiones del territorio continental del sudeste de Asia.

_______ **4.** Las primeras personas del sudeste de Asia eran parientes de las personas que viven ahora en las islas del Océano Pacífico.

_______ **5.** El primer grupo del sudeste de Asia fue el pueblo de la cultura de Dong-Son.

_______ **6.** Las mujeres jugaron un papel menor en la cultura de Dong-Son.

_______ **7.** Indonesia es una de las áreas insulares del sudeste de Asia.

_______ **8.** Vietnam es una de las áreas del territorio continental del sudeste de Asia.

_______ **9.** Los pueblos montañosos del sudeste de Asia tenían muchos contactos con otras culturas.

_______ **10.** Los pueblos de Dong-Son comerciaban con los pueblos de muchas partes de Asia.

_______ **11.** Los chinos influyeron muy poco en el sudeste de Asia.

C. Habilidad cartográfica:

Escribe la letra de cada lugar en el cuadrito correspondiente del mapa.

A. Vietnam

B. Japón

C. Indonesia

D. China

E. Filipinas

F. India

G. Camboya

H. Tailandia

I. Malasia

J. Laos

K. Myanmar

L. Singapur

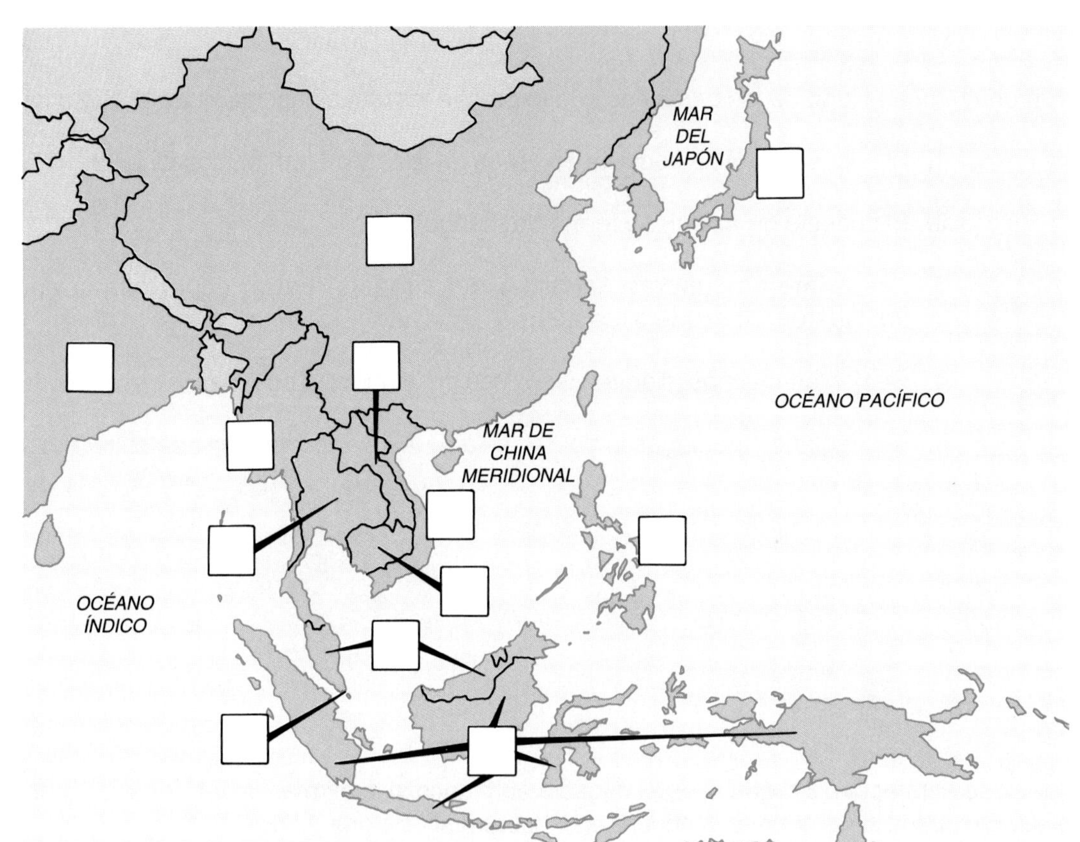

D. Correspondencias:

Encuentra para cada frase de la columna A la cultura correspondiente de la columna B. Se pueden usar las culturas de la columna B más de una vez.

Columna A	Columna B
______ **1.** usaban un poco el hierro	**a.** la cultura de Non Nok Tha
______ **2.** se desarrolló en Tailandia	**b.** la cultura de Dong-Son
______ **3.** comerciaba y viajaba	
______ **4.** usaba herramientas de piedra	
______ **5.** fabricaba timbales de bronce	

E. Piénsalo de nuevo:

En una hoja de papel en blanco, contesta la siguiente pregunta con dos o tres oraciones.
¿Por qué se conoce al sudeste de Asia como el "cruce de caminos del mundo"?

F. Los significados de palabras:

Encuentra para cada palabra de la columna A el significado correcto en la columna B. Escribe la letra de cada respuesta en el espacio en blanco.

Columna A	Columna B
______ **1.** poblado	**a.** los traslados de personas de un lugar a otro
______ **2.** migraciones	**b.** estar sobresaltado
______ **3.** orígenes	**c.** lleno de gente
	d. los lugares en donde se iniciaron las cosas
	e. dominar o controlar a otros

G. Para comprender la historia mundial:

En la página 88 leíste sobre tres factores de la historia mundial. ¿Cuál de estos factores corresponde a cada afirmación de abajo? Llena el espacio en blanco con el número de la afirmación correcta de la página 88. Si no corresponde ningún factor, escribe la palabra NINGUNO.

______ **1.** Muchos pueblos montañosos del sudeste de Asia tienen idiomas y culturas diferentes de los de sus vecinos de las áreas de tierra baja.

______ **2.** Los diversos grupos que se trasladaron al sudeste de Asia desarrollaron distintos modos de vida.

______ **3.** Australia y las naciones de Europa, África y el territorio continental de Asia comercian por agua y a través de las tierras del sudeste de Asia.

______ **4.** Los pueblos de las regiones de colinas del sudeste de Asia viven de un modo muy parecido al de sus antepasados. Tienen pocas comunicaciones con sus vecinos de las regiones bajas y tienen sus propias culturas.

Capítulo 9

Los primeros pueblos de las Américas

Para comprender la historia mundial

Piensa en lo siguiente al leer sobre los primeros pueblos de las Américas.

1. La interacción entre pueblos y naciones conduce a cambios culturales.
2. Las necesidades humanas básicas se ven afectadas por nuestro medio ambiente y nuestra cultura.
3. Los sucesos en una parte del mundo han influido en los desarrollos en otras partes del mundo.

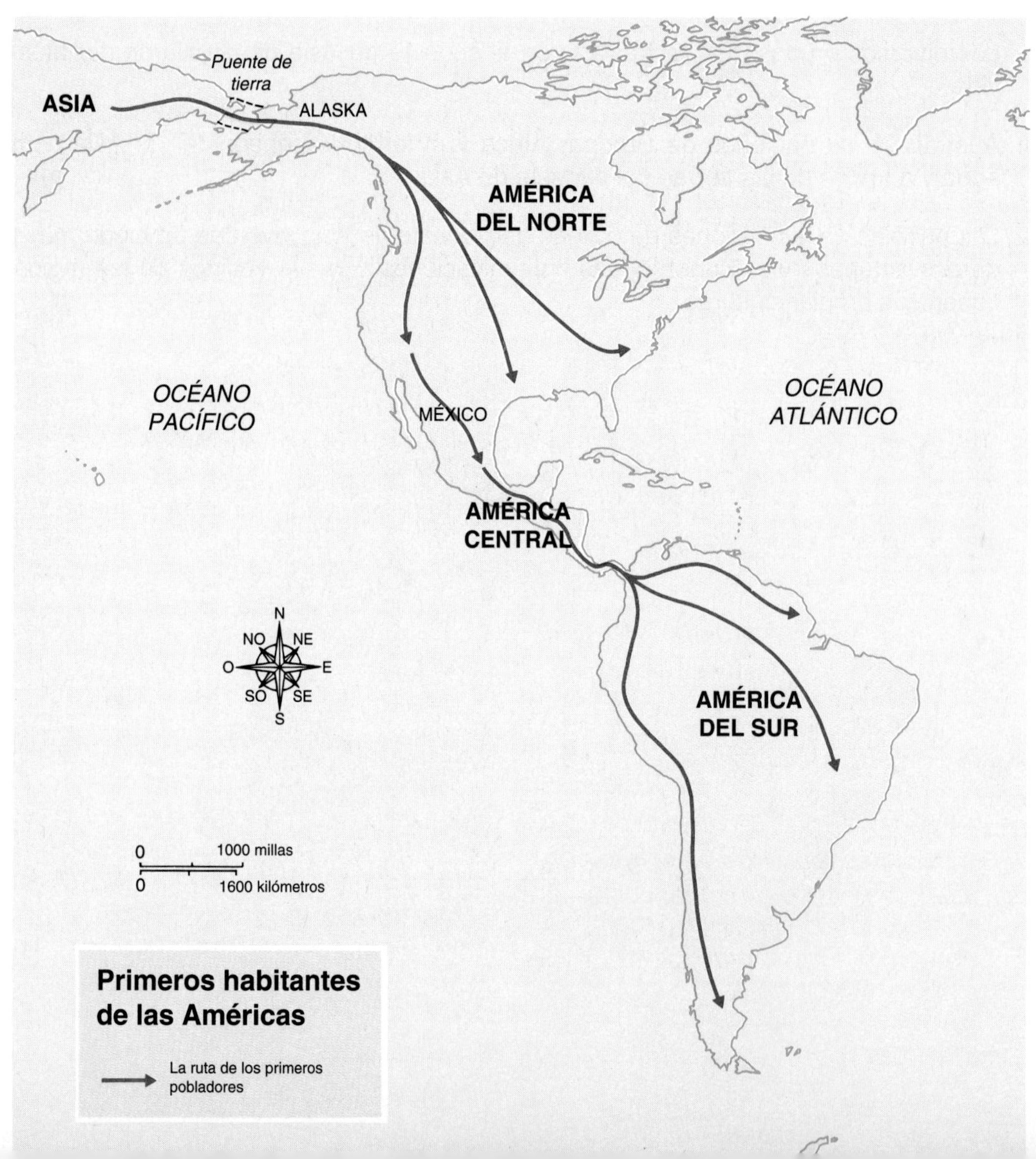

Para aprender nuevos términos y palabras

En este capítulo se usan las siguientes palabras. Piensa en el significado de cada una.

clave: guía a la solución de un problema o un misterio

descendientes: personas que nacen en cierto grupo o familia; sucesores

Piénsalo mientras lees

1. ¿Cómo llegaron las primeras personas a las Américas?
2. ¿Quiénes fueron las primeras personas que vinieron a las Américas?
3. ¿Qué sabemos sobre la forma en que vivían los primeros americanos?

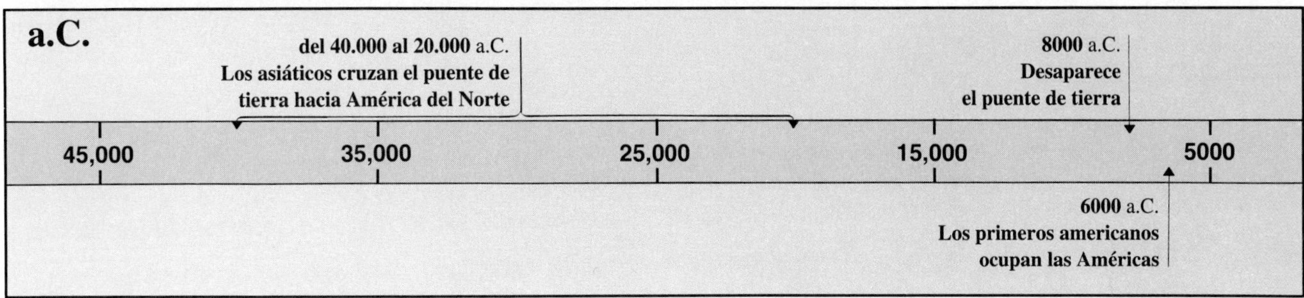

Los primeros pueblos llegan a las Américas

Dos grandes océanos separan a los continentes de América del Norte y del Sur del resto del mundo. Son el Océano Atlántico y el Océano Pacífico. Mira el mapa de la página 94. Fíjate cuán cerca está el extremo noroeste de América del Norte (Alaska) del nordeste de Asia (Siberia). La cercanía de los continentes nos da una clave, o guía, sobre los probables orígenes de los primeros pobladores de las Américas.

Hace decenas de miles de años, Asia y América del Norte estaban unidos. Un ancho puente de tierra unía a los dos continentes. Entonces era posible cruzar entre Asia y América del Norte. Después de muchos años, la forma de la Tierra cambió. El puente de tierra entre los dos continentes desapareció. Actualmente, este puente de tierra entre Asia y América del Norte está debajo del agua.

En algún momento, entre 40.000 y 20.000 años atrás, empezaron a trasladarse las primeras personas de Asia a las Américas. Probablemente pasaron por el puente de tierra en busca de rebaños de animales. Varias olas de pueblos distintos pasaron de un lado del puente de tierra al otro lado durante miles de años.

Muchos grupos estaban emparentados con los pueblos mongoles de Asia. Como no tenían escritura, no es fácil aprender mucho sobre su historia. Los científicos sociales han descubierto muchas de las herramientas, las armas y los trabajos tallados de estas primeras personas. Algunos de los restos se remontan hacia unos 30.000 años atrás. Aunque nos cuentan mucho sobre la historia de los primeros americanos, todavía queda mucho por aprender.

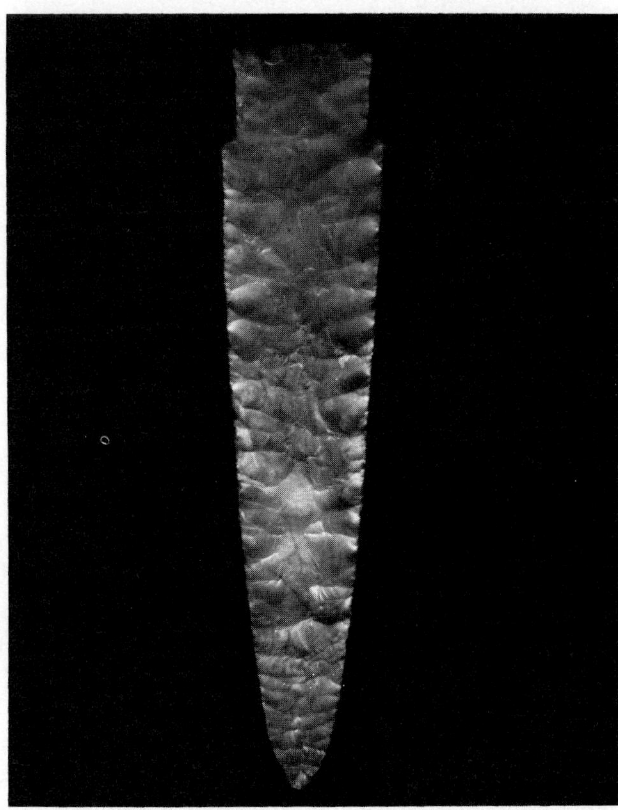

Las primeras personas que vivían en las Américas fabricaban puntas de lanzas como ésta. Utilizaban las puntas para cazar.

Los primeros indígenas americanos hicieron estos dibujos de animales en las rocas.

Los primeros pueblos en venir a las Américas

- tenían una lengua distinta cada uno.
- vivían en cuevas y utilizaban el fuego.
- cazaban bisontes gigantes, o búfalos, y recolectaban frutas y bayas de la tierra.
- no cultivaban la tierra ni tenían animales domésticos, excepto los perros.

Los grupos se trasladan hacia el sur

Durante miles de años, muchos grupos de personas se trasladaron entre Asia y las Américas. Con el tiempo, muchos de ellos se quedaron en América del Norte y empezaron a trasladarse al sur. Algunos viajaron por la ruta al este de las montañas Rocallosas. Otros vagaron por México y América Central. Entre 6.000 y 10.000 años atrás, algunos habían alcanzado la punta de América del Sur.

A medida que estas personas se trasladaban hacia el sur, mejoraban sus herramientas y armas. Muchos transmitían sus conocimientos a las personas que conocían en sus viajes por el continente. Los científicos han descubierto puntas de lanzas de piedra bien elaboradas en lo que hoy es el estado de Nuevo México. Estas puntas de lanzas tienen unos 20.000 años. A miles de millas hacia el sur, en la punta de América del Sur, los científicos han descubierto unos tipos de puntas de lanzas muy parecidos. Estos restos pueden tener unos 7.000 años. Las puntas de lanzas revelan la historia del traslado hacia el sur de las primeras personas de las Américas.

El puente de tierra que unía Asia con América del Norte desapareció hace unos 10.000 años. Como resultado, se acabó el traslado de personas entre los dos continentes. Para entonces, muchos de los grupos que habían cruzado a América durante un período de miles de años habían llegado al sur. Sus descendientes se dispersaron a través de todas las Américas. Los expertos creen que las últimas personas en cruzar el puente de tierra se quedaron en las regiones árticas al norte. Estas personas se llaman los inuit. También tienen otro nombre: los esquimales.

Ejercicios

A. Busca las ideas principales:

Pon una marca al lado de las oraciones que expresan las ideas principales de lo que acabas de leer.

_______ **1.** Las grandes migraciones entre Asia y América del Norte

_______ **2.** Los primeros pueblos de las Américas y de dónde procedían

_______ **3.** Cómo usaban los primeros americanos sus herramientas y armas

_______ **4.** Cómo viajaban las personas por las Américas en tiempos antiguos

_______ **5.** Los viajes de los descendientes de los primeros americanos

B. ¿Qué leíste?

Escoge la respuesta que mejor complete cada oración. Escribe la letra de tu respuesta en el espacio en blanco.

_______ **1.** Los inuit
a. se quedaron en América del Sur.
b. fueron las primeras personas en cruzar el puente de tierra desde Asia.
c. desaparecieron hace unos 10.000 años.
d. fueron las últimas personas en cruzar el puente de tierra desde Asia.

_______ **2.** Las puntas de lanzas que se encontraron en Nuevo México
a. son las únicas descubiertas en las Américas.
b. tienen aproximadamente 7.000 años.
c. son más viejas que las puntas de lanzas halladas en América del Sur.
d. son parecidas a unas que se encontraron en África.

_______ **3.** Las personas podían trasladarse a las Américas desde Asia porque
a. el extremo noroeste de Asia está cerca del extremo noroeste de América del Norte.
b. el extremo sudoeste de Asia está cerca del extremo noroeste de América del Norte.
c. el extremo nordeste de Asia está cerca del extremo noroeste de América del Norte.
d. el extremo sudeste de Asia está cerca del extremo nordeste de América del Norte.

_______ **4.** Los primeros americanos hacían todo lo siguiente, menos
a. cazar.
b. utilizar armas y herramientas de hierro.
c. utilizar el fuego.
d. utilizar lenguas habladas.

C. Comprueba los detalles:

Lee cada afirmación. Escribe C en el espacio en blanco si la afirmación es cierta. Escribe F en el espacio si es falsa. Escribe N si no puedes averiguar en la lectura si es cierta o falsa.

_______ **1.** Cada uno de los primeros grupos que vinieron a las Américas hablaba un idioma distinto.

_______ **2.** La punta del sur de Asia queda cerca de América del Norte.

_______ **3.** Los primeros pueblos que vinieron a América cultivaban trigo y maíz.

_______ **4.** El puente de tierra entre Asia y América del Norte existe en la actualidad.

_______ **5.** Los primeros pueblos que vinieron a América vivían en una cultura de la Edad de Piedra.

_______ **6.** Las últimas personas en cruzar el puente de tierra viajaron al sur hasta la punta de América del Sur.

_______ **7.** Asia y América del Norte estaban unidas hace decenas de miles de años.

D. Correspondencias:

Encuentra para cada palabra de la columna A la palabra o frase asociada con ésta en la columna B.

	Columna A	Columna B
_______	**1.** Alaska	**a.** Asia
_______	**2.** las montañas Rocallosas	**b.** los inuit
_______	**3.** Siberia	**c.** América del Norte
_______	**4.** la región ártica	**d.** América del Sur
		e. el océano Atlántico

E. Piénsalo de nuevo:

En una hoja de papel en blanco, contesta la siguiente pregunta con tres o cuatro oraciones.

¿Con qué problemas se enfrentaron las personas que cruzaron el puente de tierra desde Asia hasta América del Norte?

F. Los significados de palabras:

Busca las siguientes palabras en el glosario. Escribe el significado al lado de cada palabra.

CLAVE ____

____

DESCENDIENTES ____

____

G. Para comprender la historia mundial:

En la página 94, leíste sobre tres factores de la historia mundial. ¿Cuál de estos factores corresponde a cada afirmación de abajo? Llena el espacio en blanco con el número de la afirmación correcta de la página 94. Si no corresponde ningún factor, escribe la palabra NINGUNO.

______ **1.** El puente de tierra que unía Asia con América del Norte desapareció debajo del mar y acabó con casi todos los traslados de personas entre los dos continentes.

______ **2.** Los conocimientos sobre cómo fabricar herramientas y armas se transmitían de un grupo a otro.

______ **3.** Las primeras personas que vinieron a las Américas no tenían un sistema de agricultura, pero sí cazaban, pescaban y recolectaban alimentos.

Enriquecimiento:

El puente de tierra

Por casi 500 años, se ha tratado de resolver un misterio. El misterio era cómo y cuándo las personas vinieron por primera vez a América del Norte. Muchos científicos ahora creen que han resuelto ese misterio.

La clave fue el período glaciar, cuando enormes capas de hielo recubrían partes de Asia, Europa y América del Norte. Las capas de hielo hacían que la temperatura bajara.

Ahora los científicos saben que el hielo también encerraba una gran cantidad de agua oceánica. Cuando se congelaron estas aguas, el nivel de los mares y océanos descendió. Lo que sucedió fue parecido a lo que sucede cuando las mareas del océano retroceden. Grandes extensiones de tierra, que antes estaban debajo del agua, se convirtieron en tierra abierta y seca.

Pasaron miles de años antes de que el agua volviera a recubrir el puente de tierra. Mientras tanto, las plantas crecieron en la tierra y los animales vinieron para comérselas. Los seres humanos vinieron para cazar animales y recolectar plantas. Siguiendo a los animales, la gente cruzaba desde Asia hasta América del Norte. No sabían que cruzaban a otro continente. Sólo sabían que buscaban alimentos.

Las personas también viajaban a un lugar que tenía un clima mejor. Los científicos creen que en las partes de Europa, Asia y América del Norte que estaban recubiertas de hielo hacía mucho más frío que en la actualidad. En el área entre lo que hoy es Siberia y Alaska, hacía mucho más calor que en la actualidad. Era un buen clima para las personas.

Hace unos 10.000 años, las capas de hielo empezaron a desaparecer. El nivel del agua subía lentamente. El puente de tierra se hacía cada vez más angosto. Antes tenía probablemente 1.000 millas (1.600 kilómetros) de ancho. A medida que se hacía más angosto, la tierra se enfriaba. Ya había menos personas que cruzaban. Después de muchos años, las aguas oceánicas volvieron a recubrir la tierra que antes había unido Asia con América del Norte.

Capítulo 10

El pueblo inuit de América del Norte

Para comprender la historia mundial

Piensa en lo siguiente al leer sobre el pueblo inuit.

1 La gente usa el medio ambiente para lograr metas económicas.

2 Nuestra cultura influye en nuestra perspectiva de otras personas.

3 Las necesidades básicas —alimentos, vestidos y viviendas— se ven afectadas por nuestro medio ambiente y nuestra cultura.

Esta familia inuit vive en Alaska. Fíjate en su ropa. Muchos inuit llevan abrigos hechos de pieles de focas. Los inuit también llevan ropa que se compra en las tiendas.

Para aprender nuevos términos y palabras

En este capítulo se usan las siguientes palabras. Piensa en el significado de cada una.

noruegos: las personas de Noruega
caribúes: renos de América del Norte
iglúes: hogares inuit hechos de hielo y nieve
kayak: una canoa inuit construida con un armazón cubierto de pieles de animales

Piénsalo mientras lees

1. ¿Cuándo llegó el pueblo inuit a las Américas?
2. ¿Cómo se adaptó el pueblo inuit a su medio ambiente?
3. ¿En que se diferencia la vida de los inuit de la vida de los pueblos de la región ártica de Siberia?

a.C. — **d.C.**

8000 a.C. **Desaparece el puente de tierra entre Asia y América del Norte**

8000 — 6000 — 4000 — 2000 | 2000

6000 a.C. **Los inuit pueblan las áreas árticas de América del Norte**

1100 d.C. **Los inuit son vistos por exploradores noruegos**

Los inuit

Los inuit, probablemente, fueron el último grupo en cruzar el puente de tierra desde Asia hasta América del Norte. Después de desaparecer el puente de tierra debajo del mar, los inuit se quedaron en América del Norte. Los que poblaron las regiones árticas se trasladaron desde Alaska, por el norte de Canadá, hasta Groenlandia. Los expertos creen que durante el período glaciar algunos se trasladaron lejos hacia el sur, hasta el río San Lorenzo en Canadá.

Al igual que muchos de los primeros seres humanos, los inuit no tenían un nombre especial para su grupo. En su propio idioma eran los "inuit", o sea, "la gente". Sin embargo, un grupo migratorio de indígenas nativos, que se llamaban ojibwas, vieron a los inuit comiendo pescado crudo. Entonces, ellos se referían a los inuit como los "esquimales", la palabra ojibwa que significa "los que comen carne cruda".

Los inuit no sólo fueron los últimos en cruzar el puente de tierra, sino que también fueron probablemente, las primeras personas de América vistas por los europeos. Hacia el 1100 d.C., unos exploradores **noruegos** dijeron haber visto a unas personas que debían haber sido los inuit. Este suceso ocurrió unos 400 años antes de la llegada de Colón a América.

Nunca hubo muchos inuit en América. Cuando los europeos llegaron por primera vez hace unos 500 años, había menos de 100.000 inuit. Durante un tiempo, la población inuit disminuyó. Hoy en día hay sólo alrededor de 40.000 inuit (esquimales) en América del Norte.

El modo de vida inuit

Como los inuit se instalaron en las regiones árticas, tuvieron que adaptarse al tiempo muy frío. En estas áreas no había pastos para alimentar a rebaños de animales y había pocos árboles. Para sobrevivir, los inuit tenían que utilizar las cosas que

Estos inuit están construyendo un iglú.

podían encontrar fácilmente en su medio ambiente. Por ejemplo, para alimentarse, dependían de los peces, las focas, los **caribúes** y los osos grandes del área.

Con hielo, huesos de animales, pieles de animales y piedras, los inuit pudieron construir sus hogares, hacer su ropa y tallar sus herramientas. Usaron nieve y hielo para construir hogares que se llamaban **iglúes.** Afilaban huesos de animales y piedras para fabricar puntas de lanzas y arpones. Los inuit resolvieron las dificultades para atravesar los páramos de hielo y nieve. Utilizaron los huesos y las pieles de animales para fabricar trineos. Entrenaron a sus perros para tirar de los trineos que iban por el hielo y la nieve. En una emergencia, los perros también servían de alimento. Los inuit también utilizaron pieles y huesos de animales para fabricar un tipo especial de canoa que se llamaba **kayak.** Este tipo de canoa liviana y a prueba de agua se podía usar para navegar las aguas árticas heladas.

Los inuit vivían en pequeños núcleos familiares. Cuando los niños tenían la edad apropiada, formaban nuevos núcleos familiares. Jamás se formaron aldeas y ciudades debido a la escasez de alimentos. Las personas tenían que viajar para buscar alimentos. Por eso los inuit nunca poblaron un solo lugar. No tenían jefes ni tribus; tampoco tenían un sistema de gobierno organizado.

Los modos de vida en las costas y tierra adentro

Los inuit, o esquimales, que vinieron a América del Norte están emparentados con los pueblos de Siberia, que se encuentra en el Asia oriental. A pesar de tener un mismo orígen, los dos grupos desarrollaron modos de vida muy diferentes. La razón principal de esta diferencia fue el medio ambiente. Por ejemplo, los pueblos de Siberia recurrieron a la tierra para alimentos. No cazaron focas ni desarrollaron grandes habilidades para la pesca. En cambio, criaron manadas de renos. Construyeron sus hogares con pieles de animales sobre un armazón de madera. Los primeros inuit vivieron en las regiones costeras. Recurrieron a las aguas. Construyeron sus hogares con hielo y nieve. Sus fuentes principales de alimentos provenían de la pesca y de la caza de osos y focas en el área ártica. Los inuit que se instalaron tierra adentro cazaban caribúes y pescaban en los lagos.

El kayak inuit tiene una especie de collar alrededor de la abertura. El collar impide que entre agua en el kayak.

Ejercicios

A. Busca las ideas principales:

Pon una marca al lado de las oraciones que expresan las ideas principales de lo que acabas de leer.

_______ **1.** Los inuit fueron el último grupo de asiáticos que cruzaron el puente de tierra hasta América del Norte.

_______ **2.** Había escasos alimentos entre los inuit.

_______ **3.** Los inuit probablemente fueron las primeras personas de las Américas en ser vistas por los europeos.

_______ **4.** Los caribúes eran importantes para los inuit.

_______ **5.** Los inuit aprovecharon el medio ambiente de la región ártica.

B. ¿Qué leíste?

Escoge la respuesta que mejor complete cada oración. Escribe la letra de tu respuesta en el espacio en blanco.

_______ **1.** Los inuit también se llaman
a. siberianos.
b. asiáticos.
c. noruegos.
d. esquimales.

_______ **2.** Los inuit dependían de todo lo siguiente, menos
a. de las focas.
b. del trigo.
c. de los peces.
d. de los caribúes.

_______ **3.** Los inuit fabricaban sus herramientas y sus armas con
a. hierro.
b. acero.
c. huesos de animales.
d. todo lo anterior.

_______ **4.** Los inuit viajaban en
a. trineos e iglúes.
b. kayaks y caribúes.
c. trineos y kayaks.
d. caribúes y trineos.

C. Comprueba los detalles:

Lee cada oración. Escribe H en el espacio en blanco si la oración es un hecho. Escribe O en el espacio si es una opinión. Recuerda que los hechos se pueden comprobar, pero las opiniones, no.

_______ **1.** Los inuit de América del Norte tenían una vida superior a la de las personas de Siberia.

_______ **2.** Se podían utilizar los caribúes para la alimentación.

_______ **3.** Nunca hubo mucha gente inuit en América del Norte.

_______ **4.** Los perros les eran más importantes a los inuit que las herramientas o las armas.

_______ **5.** Los inuit habrían tenido mejor vida si hubieran tenido jefes que los dirigieran.

_______ **6.** Los inuit fueron llamados "esquimales" por los indígenas nativos.

D. Piénsalo de nuevo:

En una hoja de papel en blanco, contesta la siguiente pregunta en tres o cuatro oraciones.

¿Cómo utilizaron los inuit el medio ambiente ártico?

E. Los significados de palabras:

Encuentra para cada palabra de la columna A el significado correcto en la columna B.

Columna A	Columna B
_______ **1.** kayak	**a.** renos norteamericanos
_______ **2.** iglú	**b.** un hogar inuit hecho de hielo y nieve
_______ **3.** caribúes	**c.** una canoa inuit
_______ **4.** noruegos	**d.** la palabra ojibwa que significa inuit
_______ **5.** esquimales	**e.** una tierra sin árboles ni plantas
	f. la gente de Noruega

F. Para comprender la historia mundial:

En la página 100, leíste sobre tres factores de la historia mundial. ¿Cuál de estos factores corresponde a cada afirmación de abajo? Llena el espacio en blanco con el número de la afirmación correcta de la página 100. Si no corresponda ningún factor, escribe la palabra NINGUNO.

_______ **1.** Los inuit aprovecharon el medio ambiente en sus viviendas, ropas y alimentos.

_______ **2.** La forma en que los inuit comían carne cruda hizo que los ojibwa los llamaran "esquimales".

_______ **3.** Los inuit no tenían un nombre especial para su grupo.

_______ **4.** El medio ambiente originó distintos modos de vida en las regiones costeras y en las de tierra adentro.

Enriquecimiento:

Los cambios en la vida inuit

Por muchos siglos, el modo de vida inuit no cambió. Luego, a fines del siglo XX hubo grandes cambios.

Algunos inuit todavía usan iglúes como sus casas de invierno. Algunos aún viven en casas de verano hechas con pieles de animales. La mayoría vive en casas de materiales modernos.

Aunque algunos inuit tienen trineos tirados por los perros, la mayoría maneja motos para la nieve.

Algunos todavía cosen a mano sus abrigos de pieles de animales a prueba de agua. Pero muchos compran abrigos de plumón en las tiendas.

Hasta sus gafas para la nieve están siendo reemplazadas. Cuando la luz se refleja en la nieve, se produce un resplandor. Las gafas permiten que las personas vean sin peligro de enceguecerse por el resplandor. Las gafas viejas estaban hechas de marfil de morsas con delgadas aberturas para la vista. Ahora, las gafas hechas en las fábricas las están reemplazando.

Todas las cosas antiguas que utilizaban los inuit se fabricaban con materiales que se hallaban en el medio ambiente. La mayoría de las cosas nuevas provenían de otros lugares. Ahora, los inuit necesitan ganar dinero. Muchos trabajan en las fábricas de conservas de pescado. Muchos trabajan para los que no son inuit. Algunos grupos inuit han iniciado sus propias empresas. Muchas de estas empresas elaboran cosas halladas en el medio ambiente.

La mayoría de los niños inuit asisten a la escuela. Aprenden lo que aprenden los otros niños norteamericanos.

Los inuit han adoptado ideas y formas de hacer las cosas de la gente no inuit. La gente que no es inuit ha aprendido de los inuit. Por ejemplo, ha aprendido cómo sobrevivir en el frío constante. Los inuit saben cómo viajar y sobrevivir en las tierras heladas.

En el mundo cambiante de los inuit, hay televisores y radios. Hay alimentos enlatados y envasados. Hay juegos e instrumentos modernos para cocinar. No obstante, en el invierno las provisiones no siempre pueden llegar en avión. Traer las provisiones por la tierra helada es demasiado costoso y difícil. Los inuit y sus vecinos dependen de las destrezas y costumbres que han conocido por siglos.

Algunos de los inuit ahora utilizan aviones y motos para la nieve para cargar sus provisiones. Los inuit que se ven aquí viven en Canadá.

Capítulo 11

Los primeros pueblos indígenas de América del Norte

Para comprender la historia mundial

Piensa en lo siguiente al leer sobre los pueblos indígenas de América del Norte.

1. La gente usa el medio ambiente para lograr metas económicas.
2. Cada una de las ciencias sociales se concentra en distintas partes del medio ambiente total.
3. Las personas deben aprender a comprender y a apreciar las culturas que son diferentes de la suya.

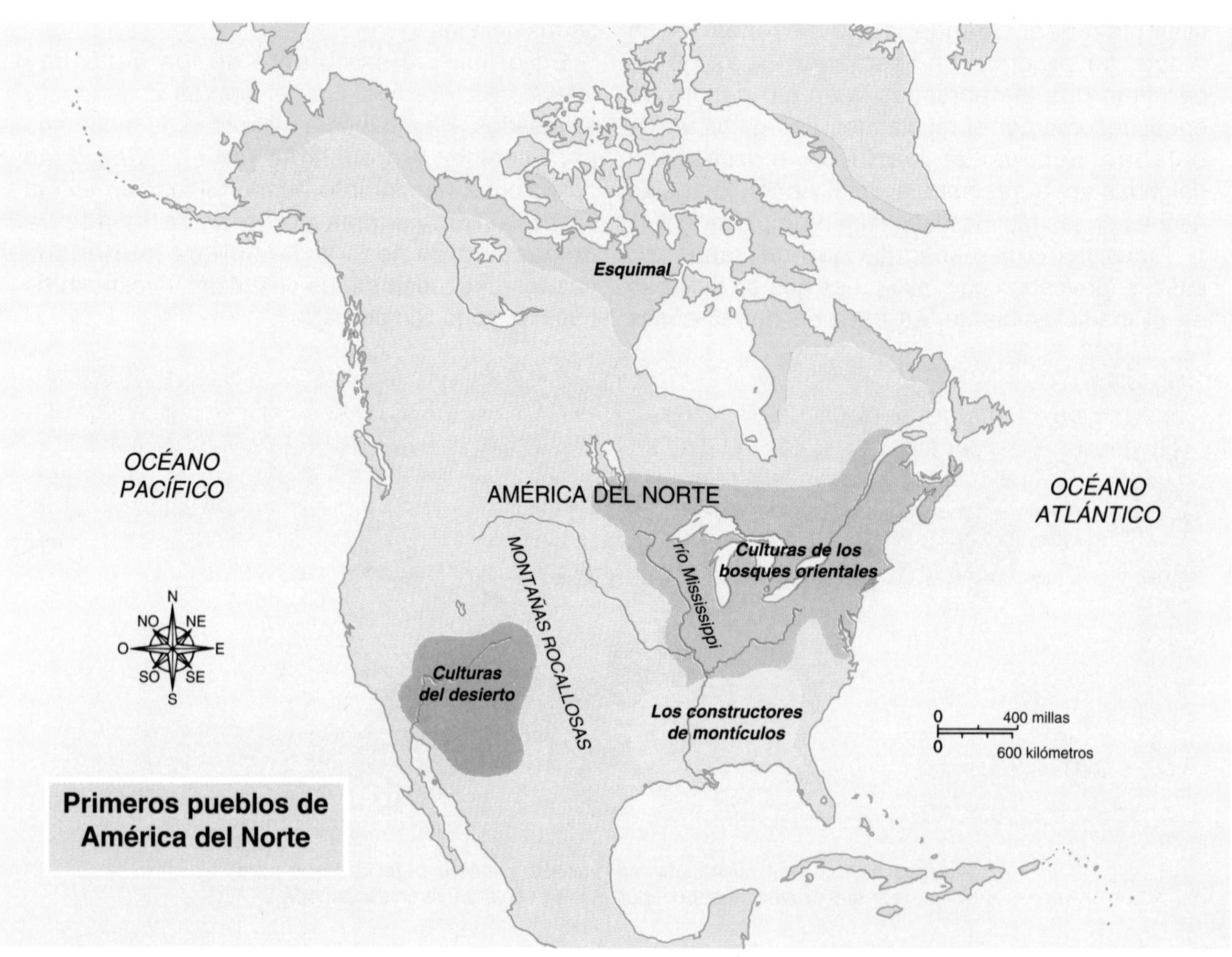

Primeros pueblos de América del Norte

Para aprender nuevos términos y palabras

En este capítulo se usan las siguientes palabras. Piensa en el significado de cada una.

extinguido: que ya no existe
erosión: el lento desgaste del suelo

Piénsalo mientras lees

1. ¿Qué hizo que los pueblos cazadores de América del Norte desaparecieran?
2. ¿Cuáles eran los propósitos de los montículos construidos por la gente de la cultura de los bosques orientales?
3. ¿Quiénes fueron los cahokias y cuáles fueron algunos elementos de su civilización?

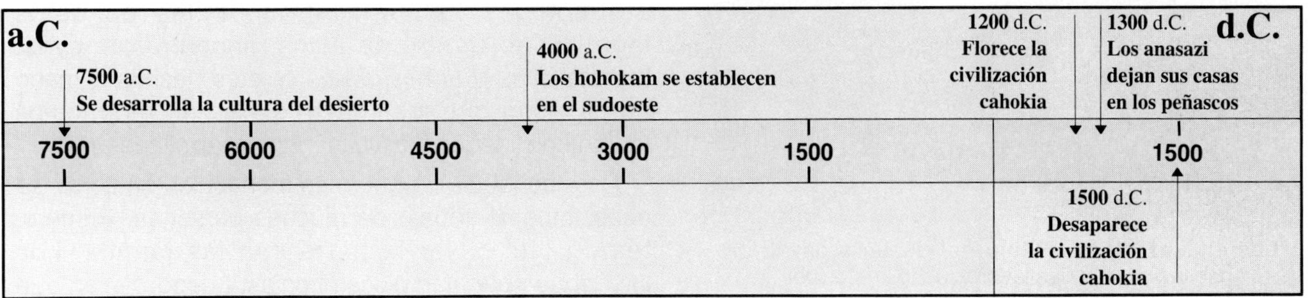

Los primeros norteamericanos

Has leído que las primeras personas de América del Norte probablemente vinieron del nordeste del Asia. Sus descendientes son las personas que conocemos como indígenas nativos o indios americanos. Los indígenas nunca tuvieron escritura. Tampoco dejaron registros escritos. Por eso, dependemos del trabajo de los científicos sociales, sobre todo el de los arqueólogos, para descubrir su pasado.

Recordarás que el período glaciar comenzó un millón de años a.C. y duró hasta el 25.000 a.C., aproximadamente. Las personas que vinieron desde Asia llegaron en los finales de la última época de hielo. El consecuente clima fresco y húmedo dejó a una gran parte de América del Norte cubierta de pastos altos y densos. Los animales enormes que ahora están **extinguidos** comían estos pastos. Se han hallado sus esqueletos en muchas partes del continente norteamericano.

Los primeros indígenas norteamericanos vivían de la caza de estos animales enormes. Los arqueólogos han podido distinguir entre distintos pueblos cazadores por los tipos de puntas de lanzas que utilizaban. Se han encontrado tipos similares de puntas de lanzas por todas partes en América del Norte y del Sur. Por eso se cree que había comercio y difusión cultural entre las distintas culturas indígenas.

Las culturas del desierto

Los pueblos cazadores desaparecieron cuando los glaciares del período glaciar retrocedieron al norte. El clima cambió y los animales grandes se extinguieron. A medida que los pueblos cazadores se iban extinguiendo, se desarrollaban nuevas culturas. Éstas eran las culturas del desierto y los bosques orientales.

La cultura del desierto habitaba las regiones que ahora se conocen como el oeste y el sudoeste de los Estados Unidos. Se desarrolló hacia el 7500 a.C. y todavía existía después del 1500 d.C. Las personas de la cultura del desierto dependían principalmente de semillas y raíces de plantas para alimentarse. Utilizaban cestas para cargar estas cosas de un lugar a otro. Los indígenas fabricaban herramientas de piedra para moler las raíces y las semillas para hacer harina.

Dos grupos de indígenas importantes se establecieron en los desiertos del sudoeste. Un grupo, los hohokam, vivió en la región de Arizona del 4000 a.C. al 1100 a.C. aproximadamente. Sabían cómo regar la tierra para poder cultivar en el desierto árido.

El otro grupo, los anasazi, vivía en la región desértica de lo que hoy son Nuevo México, Colorado y Arizona. Vivían en habitaciones cavadas en los peñascos y utilizaban el riego para la agricultura. Hacían trabajos en cerámica, tejían telas y fabricaban cestas.

Los anasazi de la cultura del desierto cavaban habitaciones en las laderas de los peñascos.

En algún momento hacia el 1300 d.C., los anasazi abandonaron sus hogares en los peñascos. Los expertos creen que la **erosión,** o el desgaste, de los lechos de los ríos cercanos imposibilitó el riego. Una vez que su sistema de agricultura fue destruido, los anasazi tuvieron que trasladarse a otras tierras.

Las culturas de los bosques orientales

Las culturas de los bosques orientales habitaban las regiones centrales y orientales de los Estados Unidos actuales (ver el mapa de la página 106). A estas personas generalmente se las llama los constructores de montículos debido a los enormes montecillos de tierra que construyeron por toda la región. La mayoría de los montículos se usaban como sepulcros o con propósitos religiosos. Los arqueólogos han encontrado miles de estos montículos. Dentro de éstos, encontraron joyas, herramientas y armas. Estos objetos hechos a mano nos indican que los constructores de montículos tenían habilidades artísticas muy desarrolladas.

Para construir los enormes montículos de tierra, se necesitaba el trabajo de muchas personas. Primero, tenían que cavar la tierra con las manos. Los indígenas no tenían picos ni palas. Luego, tenían que cargar la tierra en una cesta al área donde se construía el montículo. Tampoco había carretas. Puedes imaginar por qué tardaron muchos años en construir cada montículo.

Este dibujo representa el Montículo de la Gran Serpiente en Ohio. Fue construido por las personas de la cultura de los bosques orientales.

Los hohokam podían cultivar las tierras secas de la región del sudoeste.

Se construyeron muchos tipos diferentes de montículos. Algunos tienen forma de animales. Uno en Ohio, el Montículo de la Gran Serpiente, tiene más de 1.300 pies (396 metros) de largo y aproximadamente 150 pies (45 metros) de alto. Tiene forma de serpiente. Para construir este montículo fue necesario mucha cooperación. Por lo menos habrá surgido algún tipo de gobierno de este trabajo en equipo.

Los cahokias

La última cultura de constructores de montículos se desarrolló en la región del río Mississippi. Parece que era más adelantada que las primeras poblaciones de constructores de montículos. Uno de los grupos principales de esta cultura fue la civilización cahokia. Se encontraba en el área que actualmente es la ciudad de East St. Louis, en Illinois.

Los primeros cahokias probablemente vivían en pequeñas aldeas. Cada una era dirigida por un jefe local. Desde alrededor del 700 d.C. al 900 d.C., más personas se trasladaron al área. Con los años, desarrollaron métodos de agricultura más adelantados. Poco a poco iba surgiendo una civilización.

El pueblo cahokia construyó una ciudad capital muy grande. En la plaza central, se encontraba la “Gran Pirámide”. Se colocó un templo en la parte plana superior de esta enorme estructura. También se construyeron muchos otros montículos dentro de la ciudad. Los jefes cahokias ubicaron sus casas y sus templos encima de estos montículos. Para el 1100 d.C., miles de personas vivían en esta ciudad capital. Esto sucedió unos 400 años antes de la llegada de los primeros europeos a las Américas.

Las herramientas y el comercio cahokias

Las herramientas cahokias eran muy rustícas, pero tenían raspadores, azadas y hachas. Las herramientas, las puntas de lanzas y las puntas de flechas estaban hechas de piedra. Los cahokias utilizaron canoas pero no tenían carretas con ruedas. Tampoco utilizaron los animales para cargar objetos. Las personas tenían que cargar las cosas en la espalda.

Los cahokias intercambiaban herramientas, armas, joyas y alimentos con los pueblos que vivían a centenares de millas de distancia. Al comerciar con los distintos grupos indígenas, los cahokias también intercambiaron ideas e inventos.

La civilización cahokia alcanzó su apogeo durante el siglo XIII d.C. Luego, empezó a decaer. Para el siglo XVI, había desaparecido por completo. Lo único que quedaba eran los montículos de esta gran civilización. La caída y la desaparición de los constructores de montículos es un misterio que queda por resolverse.

Ejercicios

A. Busca las ideas principales:

Pon una marca al lado de las oraciones que expresan las ideas principales de lo que acabas de leer.

_______ **1.** La construcción de montículos formaba una parte importante de la cultura oriental de América del Norte.

_______ **2.** Se construían templos encima de los montículos.

_______ **3.** El Montículo de la Gran Serpiente se encuentra en Ohio.

_______ **4.** Los primeros pueblos que llegaron a las Américas llevaban una vida nómada.

_______ **5.** Los cahokias tuvieron una civilización de constructores de montículos muy avanzada.

B. ¿Qué leíste?

Escoge la respuesta que mejor complete cada oración. Escribe la letra de tu respuesta en el espacio en blanco.

_______ **1.** Los constructores de montículos se encontraban
a. principalmente en las regiones del sudoeste de América del Norte.
b. en las regiones centrales y orientales de los Estados Unidos actuales.
c. en todas partes de las Américas.
d. principalmente en las regiones desérticas.

_______ **2.** Las personas de las culturas del desierto dependían principalmente de
a. la caza y la pesca.
b. el comercio y la fabricación de herramientas.
c. la agricultura y la caza.
d. la recolección de semillas y raíces de las plantas.

_______ **3.** Como transporte, los cahokias utilizaban
a. animales.
b. canoas.
c. vehículos con ruedas.
d. kayaks.

_______ **4.** Los montículos construidos por los indígenas tenían las siguientes funciones, *menos* la de
a. sepulcros.
b. bases para templos y hogares.
c. estructuras religiosas.
d. escuelas.

C. Comprueba los detalles:

Lee cada afirmación. Escribe C en el espacio en blanco si la afirmación es cierta. Escribe F en el espacio si es falsa. Escribe N si no puedes averiguar en la lectura si es cierta o falsa.

_______ **1.** Los cahokias construyeron casas y templos encima de los montículos de su ciudad.

_______ **2.** Los primeros cahokias fueron gobernados por jefes locales.

_______ **3.** La construcción de un montículo duraba muchos años.

_______ **4.** Los primeros indígenas norteamericanos eran agricultores, no cazadores.

_______ **5.** La Gran Pirámide de los cahokias se encontraba en una plaza central de su ciudad capital.

_______ **6.** La mayoría de los constructores de montículos vivían en la región central de los Estados Unidos.

_______ **7.** Los cahokias comerciaban mucho.

D. Para recordar lo que leíste:

Usa las siguientes palabras para completar cada una de las siguientes oraciones:

en los peñascos   cahokia   palas   los bosques orientales   carretas   canoas

1. Las culturas de ____________________ se conocen actualmente como los constructores de montículos.

2. Los cahokias utilizaron ____________________ como transporte.

3. Los constructores de montículos no tenían ____________________, picos ni ____________________.

4. La civilización ____________________ vivía en el área que actualmente es East St. Louis.

5. Los hogares de los anasazi eran casas ____________________.

E. Habilidad con el vocabulario:

Encuentra para cada palabra o nombre de la columna A el significado o la identificación correspondiente en la columna B. Escribe la letra de cada respuesta en el espacio en blanco.

Columna A	Columna B
_______ **1.** extinguido	**a.** el desgaste del suelo
_______ **2.** erosión	**b.** vivían en lo que hoy es Arizona
_______ **3.** los anasazi	**c.** un hogar
_______ **4.** los hohokam	**d.** que ya no existe
	e. vivían en lo que hoy es Nuevo México, Colorado y Arizona

F. Para comprender la historia mundial:

En la página 106, leíste sobre tres factores de la historia mundial. ¿Cuál de estos factores corresponde a cada afirmación de abajo? Llena el espacio en blanco con el número de la afirmación correcta de la página 106. Si no corresponde ningún factor, escribe la palabra NINGUNO.

_______ **1.** Los arqueólogos pueden distinguir entre los distintos pueblos cazadores mediante las puntas de lanzas que utilizaban.

_______ **2.** Los cahokias construían muchos montículos donde enterraban a los difuntos.

_______ **3.** Los anasazi vivían en casas en los peñascos y utilizaban el riego para la agricultura

Capítulo 12

La civilización mesoamericana de los mayas

Para comprender la historia mundial

Piensa en lo siguiente al leer sobre los mayas.

1 El medio ambiente físico puede facilitar o limitar el contacto entre personas.
2 Nuestra cultura influye en nuestra perspectiva de otras personas.
3 La interacción entre personas y naciones lleva a cambios culturales.

Los mayas construyeron muchas ciudades en la península de Yucatán. En esta fotografía se ve un templo ubicado encima de una pirámide. La pirámide se encuentra en la ciudad maya de Uxmal.

Para aprender nuevos términos y palabras

En este capítulo se usan las siguientes palabras. Piensa en el significado de cada una.

península: una extensión de tierra prácticamente rodeada por agua

estructura social: la base de las relaciones personales y familiares en la sociedad

Piénsalo mientras lees

1. ¿Dónde se encontraba la civilización de los mayas?
2. ¿Qué forma de gobierno existía entre los mayas?
3. ¿Qué formas de transporte utilizaban los mayas?
4. ¿Qué pensaban los españoles de los mayas?

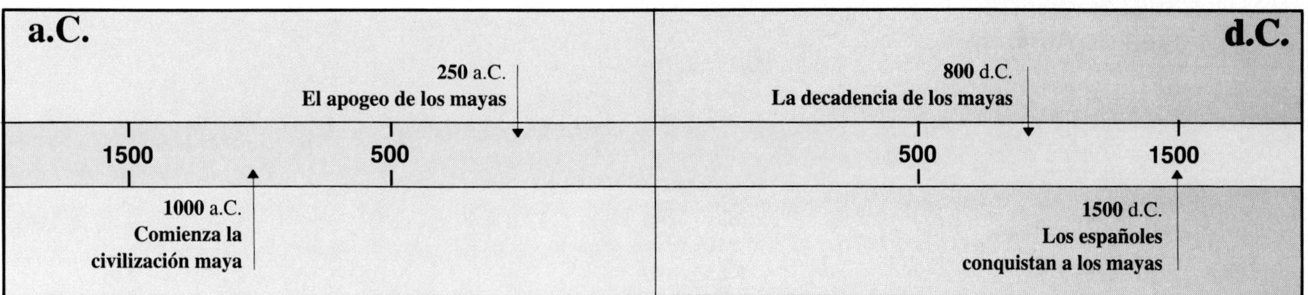

Los mayas en Mesoamérica

Mesoamérica se refiere a las tierras que constituyen México y América Central en la actualidad. Como puedes ver en el mapa de la página 114, esta región une América del Norte con América del Sur. Varias civilizaciones indígenas se desarrollaron en esta parte de las Américas. Un grupo eran los mayas. Ellos poblaron la **península** de Yucatán en el sur de México (ver el mapa de la página 114). La civilización de los mayas comenzó antes del 1000 a.C. Pero fue fuerte entre los años 250 a.C. y 800 d.C. Durante este período, había casi dos millones de mayas.

Los mayas construyeron grandes ciudades de piedra en las selvas donde se establecieron. Crearon una pirámide escalonada parecida a los zigurates de Sumer. Los mayas también eran hábiles en las matemáticas. Desarrollaron un calendario que les ayudaba a fijar las fechas precisas para sembrar las cosechas. Como algunos otros pueblos antiguos, los mayas tenían un sistema de escritura. Utilizaban símbolos y dibujos para escribir en los libros y tallar en la piedra. Desafortunadamente, los conquistadores españoles que invadieron la región destruyeron casi todos sus libros. Por eso, los científicos sociales de hoy sólo pueden comprender parte de la lengua escrita de los mayas.

Las ciudades estado de los mayas

Los mayas no tenían un solo reino o imperio. Vivían en varias ciudades estado gobernadas por jefes y sacerdotes. La mayoría de las personas pertenecían a las clases más bajas. Eran agricultores de maíz o artesanos en las ciudades. Las clases más bajas casi no tenían acceso a los estudios. Su tarea era la de servir a los soberanos cultos.

Las personas de Mesoamérica adoraban a sus propios dioses. Ésta es una estatua de un dios maya.

Las ciudades estado de los mayas se vinculaban mediante anchos caminos de piedra bien construidos. Solamente las personas que viajaban a pie utilizaban los caminos. No había vehículos con ruedas aunque los mayas conocían la rueda. Hasta ponían ruedas en los juguetes para los niños. No obstante, no utilizaban carretas porque no tenían animales para tirar de ellas.

Los viajes y el comercio

Muchos de los viajes que realizaban los mayas los hacían en canoas. Se utilizaban canoas pequeñas para viajar en los ríos. Las canoas más grandes las usaban para navegar en los viajes más largos por mar. Los mayas comerciaban entre sí y con otras personas que vivían lejos de la península de Yucatán. Puesto que no tenían carretas, tenían que depender del agua para el transporte. A medida que los mayas navegaban los mares en busca de aventuras y de comercio, aprendían sobre las culturas de muchas tierras vecinas.

El nacimiento y la caída de los mayas

La civilización de los mayas pasó por varias etapas. Como sabes, comenzó antes del 1000 a.C. y alcanzó su apogeo hacia el 250 a.C. Por más de mil años (del 250 a.C. hasta alrededor del 800 d.C.) la civilización de los mayas prosperó. A este período se le llama el Período Clásico. Fue durante este período que los mayas construyeron grupos de edificios, desarrollaron un sistema de matemáticas e inventaron un calendario preciso.

Hacia el 800 d.C., la civilización de los mayas empezó a decaer. Por razones todavía desconocidas, la gente empezó a abandonar las grandes ciudades. Se trasladó tierra adentro hacia las regiones más elevadas. Durante los 700 años siguientes, la civilización maya cambió. Muchas ideas nuevas fueron introducidas por los pueblos que vivían en lo que hoy son Guatemala y México. Al mismo tiempo, había períodos frecuentes de guerras civiles. Las inclemencias del tiempo, tales como los huracanes o la escasez de lluvia, también pueden haber contribuido a la caída de los mayas.

Los españoles vencen a los mayas

A principios del sigo XVI, los exploradores españoles conquistaron a los mayas. Rápidamente, destruyeron lo que quedaba de esta civilización indígena antes tan orgullosa. Los pobladores españoles despreciaban a los mayas y su cultura. Juzgaban a los mayas según las normas europeas. Tampoco se esforzaron por comprender su modo de vida.

Los españoles creían que las religiones y las costumbres de las civilizaciones indígenas eran inferiores. Querían reemplazar estas prácticas por el cristianismo. Entonces, los españoles destruyeron los idiomas y la **estructura social** de los indígenas americanos. Dos culturas muy distintas se habían encontrado en la península de Yucatán. Se impuso la cultura europea de los españoles y la cultura de los mayas fue destruida.

Ejercicios

A. Busca las ideas principales:

Pon una marca al lado de las oraciones que expresan las ideas principales de lo que acabas de leer.

_______ **1.** Hay muchos ríos en la península de Yucatán.

_______ **2.** Los mayas hicieron muchos aportes a la sociedad.

_______ **3.** La lengua escrita de los mayas era muy adelantada.

_______ **4.** La civilización de los mayas prosperó durante muchos años pero finalmente quedó destruida.

B. ¿Qué leíste?

Escoge la respuesta que mejor complete cada oración. Escribe la letra de tu respuesta en el espacio en blanco.

_______ **1.** El Período Clásico de los mayas duró desde alrededor del
a. 1000 a.C. al 250 a.C.
b. 800 a.C. al 800 d.C.
c. 250 a.C. al 800 d.C.
d. 250 d.C. al 800 d.C.

_______ **2.** Después del 800 d.C., la mayoría de las ciudades mayas se encontraban en
a. las áreas montañosas de Yucatán.
b. la tierra baja de Yucatán.
c. la región de Guatemala.
d. todas partes de México.

_______ **3.** En su apogeo, la población de los mayas era tan grande que llegó a
a. un millón.
b. dos millones.
c. cuatro millones.
d. cinco millones.

_______ **4.** La civilización de los mayas utilizaba todo lo siguiente, *menos*
a. un buen calendario.
b. vehículos con ruedas.
c. una lengua escrita.
d. canoas.

_______ **5.** Los españoles creían que la cultura de los mayas
a. era mejor que la suya.
b. merecía ser preservada.
c. era inferior a la suya.
d. ninguno de los anteriores.

C. Comprueba los detalles:

Lee cada afirmación. Escribe C en el espacio en blanco si la afirmación es cierta. Escribe F en el espacio si es falsa. Escribe N si no puedes averiguar en la lectura si es cierta o falsa.

______ **1.** Los mayas tenían pocos soberanos cultos.

______ **2.** La rueda fue importante para los mayas.

______ **3.** Los mayas de las clases más bajas tenían muy poca cultura.

______ **4.** La mayoría de los mayas estaba conforme con su sistema de gobierno.

______ **5.** Los mayas dependían del transporte por agua para realizar su comercio.

______ **6.** Los mayas no comprendían la importancia de la democracia.

______ **7.** Los mayas respetaban las culturas de los otros grupos indígenas.

______ **8.** Los españoles destruyeron la cultura de los mayas.

______ **9.** Los mayas eran gobernados por un rey poderoso.

______ **10.** Los caminos de los mayas eran anchos, bien construidos y hechos con piedras.

D. Los significados de palabras:

Encuentra para cada palabra de la columna A el significado correcto en la columna B. Escribe la letra de cada respuesta en el espacio en blanco.

Columna A	Columna B
______ **1.** mayas	**a.** una extensión de tierra prácticamente rodeada de agua
______ **2.** península	**b.** un animal domesticado
______ **3.** estructura social	**c.** un pueblo de Mesoamérica
	d. la base de las relaciones personales y familiares en la sociedad

E. Para comprender la historia mundial:

En la página 112 leíste sobre tres factores de la historia mundial. ¿Cuál de estos factores corresponde a cada afirmación de abajo? Llena el espacio en blanco con el número de la afirmación correcta de la página 112.

______ **1.** Después del 800 d.C., los mayas recibieron la influencia de los pueblos de lo que hoy son Guatemala y México.

______ **2.** Los mayas utilizaban canoas para viajar por los ríos cercanos y por los océanos.

______ **3.** Casi todos los libros escritos por los mayas fueron destruidos por los conquistadores españoles.

Enriquecimiento:

La gran ciudad de Tikal

Tikal era la más grande de todas las ciudades mayas. Tikal, como la mayoría de las ciudades mayas, fue construida y reconstruida varias veces. Su gran época fue durante el siglo VIII d.C. Luego, algo sucedió en el 900 d.C. La gran ciudad de Tikal casi había desaparecido.

Tikal estaba en lo que hoy es el país de Guatemala. En su apogeo, probablemente fuera una de las ciudades más finas del mundo. Las personas de todas partes del imperio maya iban a Tikal para comprar y vender sus bienes. El cacao (que se usa hoy para hacer chocolate) servía de dinero. Las personas compraban y vendían alimentos, tejidos y madera. Pero algunas cambiaban un tipo de producto por otro. También intercambiaban animales y bienes hechos a mano.

Los edificios de Tikal probablemente asombraban a los comerciantes que visitaban la ciudad por primera vez. Había templos y canchas para juegos de pelota. Había edificios de gobierno y palacios. También había pirámides. Además, en Tikal había varios mercados grandes y una plaza grande para las ceremonias. La ciudad tenía varias represas para suministrar agua potable a sus habitantes.

En las afueras de la ciudad había granjas pequeñas para algunos de los que cultivaban alimentos para la ciudad. La ciudad misma tenía su propio soberano y sacerdotes y familias nobles. También en Tikal había arquitectos, constructores y artistas.

La mayor parte de lo que sabemos sobre Tikal y otras ciudades mayas proviene de los mismos mayas. Ellos escribieron su propia historia. Los mayas tallaban su historia en pilares de piedra y utilizaban dibujos que se llamaban glifos. Tallaban retratos de sus soberanos y las fechas de su reino en sus pirámides y otros edificios.

Los mayas también tenían un calendario. La gente que hoy estudia a los mayas sabe leer su calendario. También sabe qué año de nuestro calendario representa cierto año del calendario maya. Es así que los científicos saben que el último pilar de piedra en Tikal fue tallado en el año 811 d.C.

¿Qué le pasó a Tikal y a las 40.000 personas que vivieron allí? ¿Por qué dejaron de vivir en esta gran ciudad y en sus alrededores? ¿Por qué permaneció Tikal cubierta por selva hasta que los arqueólogos empezaran a excavar y a descubrirla? Los científicos todavía tratan de hallar las respuestas a estas preguntas sobre Tikal.

Los mayas eran constructores hábiles. En esta foto se ve el trabajo en piedra en un edificio maya.

Capítulo 13

La civilización mesoamericana de los aztecas

Para comprender la historia mundial

Piensa en lo siguiente al leer sobre los aztecas.

1. Nuestra cultura influye en nuestra perspectiva de otras personas.
2. Los países adoptan y adaptan ideas e instituciones de otros países.
3. El ambiente físico, la comunidad y la cultura constituyen el medio ambiente completo.

La serpiente era un símbolo de vida para los aztecas. Esta serpiente está hecha de turquesa, una piedra semipreciosa.

Para aprender nuevos términos y palabras

En este capítulo se usan las siguientes palabras. Piensa en el significado de cada una.

tributo: el pago obligatorio de una nación a la otra
supremo: lo más alto en importancia o rango
leyenda: una historia transmitida a través de los años
despiadado: sin piedad; cruel
paganos: personas que no creen en Dios

Piénsalo mientras lees

1. ¿Quiénes eran los aztecas y cuándo se fundó su civilización?
2. ¿Cuál era la base del poder azteca?
3. ¿Por qué era demasiado débil el poder de los aztecas para resistir a los invasores españoles?
4. ¿Quién dirigió a los conquistadores españoles?
5. ¿Qué pensaban los españoles de la cultura azteca?

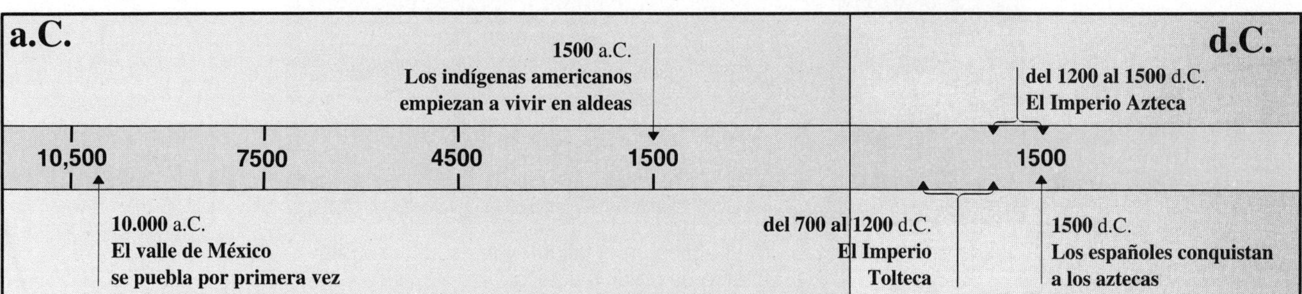

Los aztecas en Mesoamérica

Ya has leído sobre la civilización de los mayas en la península de Yucatán. Otra civilización indígena habría de desarrollarse más al norte en la región del valle de México. Esta región de México fue poblada por primera vez alrededor del 10.000 a.C. por grupos de indígenas americanos. Se desarrollaron pequeñas aldeas agrícolas a lo largo del valle hacia el 1500 a.C.

Para el 300 d.C., un grupo indígena había desarrollado su propia civilización. Los expertos saben muy poco sobre esta civilización antigua, sólo que fue destruida aproximadamente en el 700 d.C.

Alrededor de esa época, un grupo indígena, los toltecas, se estableció en la parte central de México. Los toltecas prosperaron hasta que los aztecas invadieron su territorio alrededor del 1200 d.C. Los aztecas eran indígenas americanos que habían avanzado hasta el centro de México desde el norte. No tenían tierras que pudieran ocupar, y tuvieron que establecerse en una isla en el lago Texcoco. Fue aquí donde construyeron su ciudad capital de Tenochtitlán alrededor del 1325 d.C.

La vida azteca

Los aztecas eran un pueblo muy belicoso. Entre sus armas tenían lanzas, arcos y flechas y espadas de madera con bordes hechos de piedra muy afilada. Con estas armas, y con su buena organización militar, derrotaron a sus vecinos, incluso a los toltecas.

Los pueblos conquistados temían y odiaban a los aztecas. A pesar de esto, el poder de los aztecas siguió aumentando hasta que lograron obligar a los otros a practicar su modo de vida. Los aztecas cobraban **tributos** a los pueblos que conquistaban. Este tributo consistía en oro, turquesa (una piedra semipreciosa), maíz, animales y esclavos. El oro desempeñó un papel importante en la cultura azteca. Pero, como vas a leer, también contribuyó a su caída.

La vida azteca se organizaba alrededor de varios clanes. Cada clan tenía su propio jefe y un consejo de ancianos. Un emperador y un consejo **supremo** conducían el gobierno de los aztecas. El consejo supremo estaba formado por una persona de cada clan. Este grupo aconsejaba al emperador y ayudaba a escoger un nuevo líder cuando el puesto estaba vacante. El emperador azteca era el líder militar y religioso más alto.

Los artistas aztecas eran hábiles en el tallado y la escultura. Esta estatua es un dios azteca.

Cuando los aztecas derrotaron a los toltecas, adoptaron la creencia en uno de los dioses toltecas. A diferencia de los dioses bravos de los aztecas, este dios era benévolo. Había una **leyenda** que decía que este dios benévolo había sido expulsado de la tierra, pero que algún día regresaría por el mar del este. Se decía que el dios tenía la piel blanca, los ojos azules y una barba larga y blanca. Los aztecas creían que la leyenda era cierta.

Los españoles en México

El Imperio Azteca estaba en su apogeo cuando los exploradores españoles llegaron a México a principios del siglo XVI. La buena suerte los acompañó. Los aztecas quedaron confundidos cuando vieron por primera vez a los españoles que eran en su mayoría de piel blanca. Tal vez el líder de estos extraños era el dios benévolo que regresaba después de muchos años. En realidad, el líder de los españoles era Hernán Cortés, un aventurero **despiadado.**

Cortés sólo tenía una fuerza pequeña de soldados, unos cuantos cañones y varios caballos. El emperador azteca, Moctezuma, dirigía fuerzas que eran mucho más grandes que las de los españoles. Pero Moctezuma no se sentía seguro de sí mismo. Finalmente, decidió enviarle obsequios a Cortés. Desafortunadamente para los aztecas, envió obsequios de oro. Cortés y sus hombres ambicionaban tener tanto oro como fuera posible. Entonces, hicieron planes para apoderarse de Tenochtitlán y sus vastas riquezas de oro.

Había pocos españoles, pero tenían dos armas importantes. Una era la pólvora para los fusiles. Ésta aterrorizaba a los guerreros aztecas que jamás habían visto fusiles. La segunda era el caballo, un animal jamás visto antes en las Américas. Para peor, los aztecas tenían muchos enemigos. Los pueblos cercanos, que habían pagado tributos a los aztecas, se unieron a Cortés y sus hombres con entusiasmo. Moctezuma no pudo actuar y fue tomado prisionero por Cortés. Los españoles se adueñaron de los tesoros de los aztecas y de su ciudad capital.

La derrota de los aztecas

Durante un tiempo, parecía que los españoles no tendrían problemas en controlar a los aztecas. Sin embargo, una sublevación azteca resultó con la muerte de Moctezuma. El nuevo emperador estaba ansioso por renovar la lucha contra los españoles. Cortés se vio obligado a huir, pero regresó más adelante con un pequeño ejército. Otra vez los enemigos de los aztecas se sublevaron y ayudaron a Cortés. Y, otra vez, los aztecas fueron derrotados. Luego, las fuerzas españolas destruyeron toda la civilización azteca.

Los españoles nunca comprendieron la cultura azteca. La consideraban inferior a la de los españoles. Según la perspectiva de los exploradores españoles, los aztecas eran **paganos,** a los cuales debían convertir o destruir.

Los españoles, a la izquierda, tenían caballos, fusiles y cañones. Lograron derrotar a los aztecas, a la derecha. Los indígenas americanos aliados con los españoles se ven en el centro.

Ejercicios

A. Busca las ideas principales:

Pon una marca al lado de las oraciones que expresan las ideas principales de lo que acabas de leer.

_______ **1.** Los aztecas establecieron su poder en la región del valle de México.

_______ **2.** La cultura azteca y la española chocaron en México.

_______ **3.** Moctezuma era el líder religioso y político de los aztecas.

_______ **4.** Las creencias religiosas aztecas influyeron en la actitud de los aztecas hacia los invasores españoles.

_______ **5.** Tenochtitlán era la ciudad capital del Imperio Azteca.

B. ¿Qué leíste?

Escoge la respuesta que mejor complete cada oración. Escribe la letra de tu respuesta en el espacio en blanco.

_______ **1.** Los aztecas tomaron parte del centro de México que pertenecía a
a. los españoles.
b. los clanes familiares.
c. los toltecas.
d. el consejo supremo.

_______ **2.** Tenochtitlán era
a. el dios de los aztecas.
b. una ciudad tolteca.
c. la ciudad capital de los aztecas.
d. ninguno de los anteriores.

_______ **3.** El emperador azteca era elegido por
a. los guerreros.
b. los sacerdotes.
c. los españoles.
d. el consejo supremo.

_______ **4.** El triunfo de los españoles sobre los aztecas fue respaldado por
a. el uso de los caballos por Cortés.
b. la mala dirección de Moctezuma.
c. el uso de la pólvora por Cortés.
d. todo lo anterior.

C. La cronología y el tiempo:

Escoge, de cada uno de los siguientes grupos, el acontecimiento que sucedió primero. Escribe la letra de tu respuesta en el espacio en blanco.

_______ **1.** **a.** el Imperio Tolteca
b. los indígenas americanos se establecen en el centro de México
c. la civilización azteca

_______ **2.** **a.** las primeras civilizaciones en México
b. el Imperio Tolteca
c. se puebla el valle de México

_______ **3.** **a.** los españoles conquistan a los aztecas
b. el Imperio Tolteca
c. las primeras civilizaciones en México

D. Comprueba los detalles:

Lee cada oración. Escribe H en el espacio en blanco si la oración es un hecho. Escribe O en el espacio si es una opinión. Recuerda que los hechos se pueden comprobar, pero las opiniones, no.

_______ **1.** Cortés pudo derrotar a los aztecas porque sus hombres utilizaban caballos.

_______ **2.** El ejército de Cortés era pequeño.

_______ **3.** Moctezuma no era un líder valiente.

_______ **4.** No estuvo bien que los aztecas hayan invadido el territorio de los toltecas.

_______ **5.** España se interesaba principalmente en el oro azteca.

_______ **6.** España nunca comprendió la cultura azteca.

_______ **7.** De muchas formas, la civilización azteca era, en muchos aspectos, más avanzada que la cultura de España.

_______ **8.** Los aztecas no tenían un buen sistema para elegir al emperador.

E. Detrás de los titulares:

Detrás de cada titular hay una historia. Escribe tres o cuatro oraciones que respalden o cuenten sobre cada titular.

¿DIOSES U HOMBRES? ¿QUIÉNES SON ESTOS EXTRAÑOS?

____

____

____

____

EL EMPERADOR ENVÍA OBSEQUIOS A LOS VISITANTES

____

____

____

LOS GENERALES DICEN QUE LAS ARMAS NUEVAS OCASIONARON SU DERROTA

____

____

____

CORTÉS RECIBE AYUDA DE LOS ENEMIGOS DE LOS AZTECAS

____

____

____

F. Los significados de palabras:

Encuentra para cada palabra de la columna A el significado correcto en la columna B. Escribe la letra de cada respuesta en el espacio en blanco.

Columna A	Columna B
_______ **1.** supremo	**a.** alguien que no cree
_______ **2.** leyenda	**b.** lo más alto en importancia o rango
_______ **3.** despiadado	**c.** lleno de personas
_______ **4.** pagano	**d.** una historia transmitida a través de los años
	e. sin piedad ni compasión; cruel

G. Para comprender la historia mundial:

En la página 118, leíste sobre tres factores de la historia mundial. ¿Cuál de estos factores corresponde a cada afirmación de abajo? Llena el espacio en blanco con el número de la afirmación correcta de la página 118.

_______ **1.** Cuando derrotaron a los toltecas, los aztecas adoptaron la creencia en uno de los dioses toltecas.

_______ **2.** Los aztecas finalmente se establecieron en una isla en la región del valle de México. Con el transcurso de los años, su imperio abarcó más que esta isla.

_______ **3.** Los españoles nunca comprendieron la cultura azteca. Creían que era inferior a su propia cultura.

Enriquecimiento:

Los españoles y los aztecas

Bernal Díaz del Castillo fue un historiador español que viajó con Hernán Cortés a México en 1519. Escribió una historia de la conquista española de México. Una gran parte de lo que sabemos sobre los aztecas se basa en las escrituras de Díaz del Castillo.

Dice que los españoles quedaron asombrados cuando vieron Tenochtitlán por primera vez. Algunos de los soldados creían que la ciudad era un sueño. Nadie esperaba ver algo como las grandes torres de Tenochtitlán. Tampoco esperaban encontrar palacios y jardines de grandes riquezas. Aunque los españoles habían oído del oro de los aztecas, no estaban preparados para verlo de verdad.

Díaz del Castillo y los otros españoles quedaron asombrados por las riquezas aztecas, pero quedaron horrorizados por los sacrificios humanos. Aunque los españoles estaban acostumbrados a la muerte en la guerra y a ciertas crueldades en su propio país, no podían creer la cantidad de calaveras humanas que los aztecas habían apilado en algunos lugares. Díaz del Castillo calculó que había visto más de 100.000 calaveras humanas en un solo lugar.

Los aztecas llevaban sus propios registros, pero no hay nada en ellos que explique por qué creían en el sacrificio humano. Los registros aztecas indican que ellos eran un pueblo que conquistaba a otros en la guerra, pero nunca hacía que los otros pueblos formaran parte de su imperio. El dominio azteca les aportó riquezas a los aztecas, pero no aportó nada a los pueblos conquistados. Claro está, los pueblos conquistados odiaban a los aztecas.

Los aztecas no habían gobernado por mucho tiempo cuando los españoles llegaron y los conquistaron. Moctezuma sólo era el noveno soberano del imperio. Al principio, los españoles se sorprendieron al ver que los pueblos gobernados por los aztecas los ayudaban. Cuando se enteraron de cómo los aztecas habían tratado a los pueblos conquistados, entendieron por qué.

Los registros aztecas nos han contado sobre algunas cosas que Bernal Díaz del Castillo no sabía. Los mapas de granjas aztecas nos cuentan mucho sobre su sistema de agricultura de riego. Estas granjas, regadas frecuentemente, podían producir casi siete cosechas al año. Las pinturas aztecas nos cuentan mucho sobre las ceremonias y la religión aztecas.

Los españoles, junto a los aztecas, nos han proporcionado una idea excelente del mundo azteca antes de que fuera destruido.

Los españoles luchan contra los aztecas.

Capítulo 14

La civilización sudamericana de los incas

Para comprender la historia mundial

Piensa en lo siguiente al leer sobre los incas.

1 Los alrededores físicos, la comunidad y la cultura constituyen el medio ambiente completo.

2 La gente usa el medio ambiente para lograr metas económicas.

3 Nuestra cultura influye en nuestra perspectiva de otras personas.

4 La interacción entre pueblos y naciones conduce a cambios culturales.

En esta fotografía se ven las ruinas de la ciudad incaica de Machu Picchu. Fíjate en las altas cumbres de la cordillera de los Andes.

Para aprender nuevos términos y palabras

En este capítulo se usan las siguientes palabras. Piensa en el significado de cada una.

totalitarismo: un sistema en que el gobierno tiene poder total sobre la vida del pueblo

agricultura en terrazas: el cultivo de parcelas de tierra planas sobre elevaciones

Piénsalo mientras lees

1. ¿Dónde se encontraba la civilización de los incas?
2. ¿Cómo se organizaban los incas?
3. ¿Qué produjo la caída de la civilización de los incas?
4. ¿Qué pensaban los españoles de esta cultura indígena americana?
5. ¿Cómo trataron los españoles a los incas derrotados?

El imperio de los incas

Mientras los aztecas construían un imperio en México, otro grupo de indígenas estaba creando un imperio en América del Sur. Este grupo eran los incas. El imperio inca se extendía por unas 2.500 millas (4.023 kilómetros), desde lo que hoy es Ecuador hasta el Perú, Bolivia, Chile y Argentina.

Los incas construyeron grandes ciudades en lo alto de las montañas de los Andes. Una de las ciudades era Machu Picchu, construida a más de 8.000 pies (cerca de 2.438 metros) sobre el nivel del mar. Hoy en día, sólo quedan las ruinas de esta ciudad antigua.

La civilización inca se desarrolló en los valles fértiles de la cordillera de los Andes. Los primeros incas probablemente vinieron al Perú alrededor del 2000 a.C. Para el 1500 a.C., las personas empezaron a vivir en aldeas sobre la costa peruana.

Con los años, la civilización inca creció. Para fines del siglo XV d.C., el imperio había llegado a ser grande y próspero. Su centro se ubicaba alrededor de la ciudad capital de Cuzco. Esta ciudad estaba en un área montañosa a 11.000 pies (2.352 metros) sobre el nivel del mar.

La religión y el gobierno incaicos

Los incas adoraban a muchos dioses, pero el dios del Sol era el más importante. Al soberano de los incas se lo consideraba el hijo del dios del Sol. Su título era "Inca". El Inca, que siempre era hombre, era un soberano absoluto. Tenía poder total.

Al soberano (en el centro) de los incas se lo llamaba Inca. El símbolo del Sol está en su manto. El símbolo del Sol también está en su yelmo.

El Templo del Sol era sagrado para los incas.

Debido a que el Inca tenía varias esposas y muchos hijos, la selección de un nuevo Inca a menudo ocasionaba problemas. Sólo un hijo podía llegar a ser el nuevo soberano. No es de sorprender que los hijos del Inca a menudo se peleaban enconadamente entre sí por el control. Estas disputas constantes contribuyeron a la caída de los incas.

Un pequeño grupo de nobles gobernaba el imperio Inca. Algunos de los nobles eran parientes del Inca. Otros eran los líderes de regiones que los ejércitos incas habían conquistado antes.

La sociedad de los incas

Debajo de los nobles, en el imperio inca había un gran número de personas. Esta gente no tenía poder y tenía que obedecer los mandatos del Inca y de sus nobles. La vida era difícil para la mayoría de los incas. Se les decía dónde y cuándo debían sembrar las cosechas y qué parte tenían que entregar al Inca y a sus nobles. A la gente se le obligaba a construir caminos, puentes, palacios y templos. Además, se le obligaba a servir como guerreros durante las guerras.

En el imperio, todos tenían que trabajar. A cambio, el gobierno les aseguraba alimentos, ropa y vivienda. Este sistema de control completo por un gobierno se llama **totalitarismo.** Los incas vivían en una sociedad totalitaria que permitía pocas libertades personales.

La mayoría de las personas de la sociedad incaica permanecía en la clase en la que había nacido. Sin embargo, algunas mujeres podían mejorar su nivel social. Podían hacerse sacerdotes, al igual que los hombres. O podían casarse con un noble. A la mayoría de las mujeres jóvenes se las entrenaba para tejer telas finas. El Inca y sus nobles ricos utilizaban estas telas.

Los logros de los incas

Los incas eran hábiles agricultores e ingenieros. Utilizaban las laderas de las colinas para la **agricultura en terrazas**. Se construían estas terrazas, una arriba de la otra, por miles de pies de altura. Los granjeros incas cultivaban principalmente maíz y papas blancas. Estos alimentos no se conocieron en Europa hasta que los exploradores los llevaron allí.

Los incas construían grandes ciudades. Alzaban fortalezas y construían caminos. Edificaban templos y palacios en las laderas escarpadas de los Andes. Los incas utilizaban enormes bloques de piedra, y los encajaban sin cemento. Como los incas no utilizaban vehículos con ruedas, probablemente los esclavos y los obreros trasladaban estas piedras enormes mediante rodillos de troncos.

Aunque el imperio Inca se extendía por centenares de millas, los soberanos podían mantener control completo. Una razón era que había caminos y puentes excelentes que comunicaban a la ciudad capital de Cuzco con todas partes del imperio. Estos caminos eran utilizados por corredores especiales, puesto que los incas no tenían carretas. Una serie de corredores podía llevar mensajes de un extremo del imperio al otro.

Además del sistema de comunicaciones rápidas, las fortalezas de piedra construidas por los incas ayudaban a darles control sobre las áreas que habían conquistado. Noche y día, siempre había alguien haciendo guardia en la parte superior de cada estructura. Cuando un enemigo se acercaba a la fortaleza, los incas se preparaban para el ataque.

El poder de los incas aumenta

El poder de los incas iba aumentando a medida que se apoderaban de las tierras vecinas. Al poco tiempo, habían difundido sus conocimientos como agricultores, tejedores y constructores en muchas otras regiones. Dentro del imperio, los incas capacitaban a muchos hombres jóvenes para que fueran artesanos. Con los años, ellos llegaron a ser hábiles en el uso de cobre, plata y oro. Para que tuvieran suficiente oro, los incas hicieron traer grandes cantidades del metal precioso a Cuzco desde todas partes del imperio.

Los incas utilizaban el oro para adornar los palacios y para fabricar objetos de arte. Hasta comían en platos de oro y bebían en vasos de oro. Como vas a leer, este tesoro de oro más adelante fue codiciado por los exploradores españoles.

La derrota de los incas

Cuando los primeros españoles llegaron en 1528, el soberano de los incas estaba perdiendo su poder. Cuatro años más tarde, una pequeña fuerza dirigida por Francisco Pizarro aplastó al enorme ejército de los incas. Los caballos, los fusiles y los cañones de los españoles aterrorizaron a los incas. Jamás habían visto esas cosas. Para peor, dos hijos del Inca sacudieron el gobierno al comenzar una pelea enconada por el derecho al trono.

Finalmente, Pizarro mató al Inca y a muchos de sus nobles. Sin el Inca para dirigirlo, todo el sistema de gobierno se desintegró. Los españoles rápidamente aplastaron al que antes fuera el gran Imperio Inca.

Como ya has leído, los españoles creían que los indígenas americanos eran inferiores. Obligaron a los incas a realizar los tipos de trabajos más despreciables. Hasta convirtieron a los incas en esclavos.

Los orfebres incas fabricaron muchos objetos hermosos de oro. Ésta es una máscara de oro.

Ejercicios

A. Busca las ideas principales:

Pon una marca al lado de las oraciones que expresan las ideas principales de lo que acabas de leer.

_______ **1.** Cuzco era la capital de los incas.

_______ **2.** El Inca era un soberano absoluto.

_______ **3.** Algunas mujeres incas se casaban con los hombres de la nobleza.

_______ **4.** Los incas vivían en una sociedad totalitaria.

_______ **5.** España destruyó la cultura inca.

B. ¿Qué leíste?

Escoge la respuesta que mejor complete cada oración. Escribe la letra de tu respuesta en el espacio en blanco.

_______ **1.** Las personas obedecían al Inca porque
a. era un hombre viejo.
b. tenía poco poder.
c. tenía poder absoluto.
d. era cruel.

_______ **2.** Las personas comunes de la civilización inca tenían que
a. servir como guerreros.
b. cultivar dónde y cuándo se les mandaba.
c. construir caminos y puentes.
d. todo lo anterior.

_______ **3.** Los incas eran todo lo siguiente, *menos*
a. agricultores.
b. constructores de caminos.
c. conquistadores.
d. cazadores.

_______ **4.** Pizarro utilizó todo lo siguiente para derrotar a los incas, *menos*
a. fusiles.
b. caballos.
c. cañones.
d. fuego.

C. ¿Quiénes eran estas personas?

Escribe el nombre de la persona o de las personas que se describen en cada una de las siguientes oraciones. Escribe tu respuesta en el espacio en blanco.

_______ **1.** Me llamaban el hijo del dios del Sol.

_______ **2.** Ayudamos a gobernar el estado incaico.

_______ **3.** Servimos como guerreros para el Inca.

_______ **4.** Llevamos mensajes de un lugar a otro.

_______ **5.** Éramos hábiles en el uso de oro, plata y cobre.

_______ **6.** Nos entrenaron como tejedoras hábiles.

_______ **7.** Deseamos todo el oro del Imperio Inca.

D. Comprueba los detalles:

Lee cada afirmación. Escribe C en el espacio en blanco si la afirmación es cierta. Escribe F en el espacio si es falsa. Escribe N si no puedes averiguar en la lectura si es cierta o falsa.

_______ **1.** Los incas eran más adelantados que los aztecas.

_______ **2.** Los incas construyeron fortalezas y caminos.

_______ **3.** Los incas aprendieron de los europeos sobre el maíz y las papas.

_______ **4.** Los incas vivían en una sociedad totalitaria.

_______ **5.** Machu Picchu era una ciudad inca.

_______ **6.** La muerte del Inca fue una de las razones de la caída del Imperio Inca.

_______ **7.** Cuzco era más grande que cualquier ciudad de España.

_______ **8.** El hijo más joven del Inca heredó el trono.

_______ **9.** Las fortalezas de piedra de los incas les ayudaban a controlar las áreas que habían conquistado.

_______ **10.** Los incas utilizaban la rueda para facilitar el traslado de piedras enormes.

E. Los significados de palabras:

Encuentra para cada palabra de la columna A el significado correcto en la columna B.

	Columna A	Columna B
_______	**1.** totalitarismo	**a.** hacerse menos poderoso
_______	**2.** soberano absoluto	**b.** un sistema en que el gobierno tiene poder total
_______	**3.** terraza	**c.** alguien que tiene control completo
		d. una parcela de tierra plana y sobre una elevación

F. Para comprender la historia mundial:

En la página 126, leíste sobre cuatro factores de la historia mundial. ¿Cuál de estos factores corresponde a cada afirmación de abajo? Llena el espacio en blanco con el número de la afirmación correcta de la página 126.

_______ **1.** La civilización de los incas se desarrolló en los valles fértiles de la cordillera de los Andes.

_______ **2.** Los conquistadores incas difundieron sus ideas y sus costumbres en los pueblos de la costa oriental de América del Sur.

_______ **3.** Los incas utilizaron las laderas de las colinas para la agricultura en terrazas.

_______ **4.** Los españoles destruyeron la civilización de los incas, una civilización que ellos creían que era pagana e inferior a la suya.

Enriquecimiento:

El misterio de los quipos incaicos

Los incas construyeron una gran red de caminos en todo su territorio. Muchos de estos caminos estaban a mucha altura. Los mensajeros especiales llevaban informaciones de una parada a otra. Cuando un mensajero llegaba a una parada, le pasaba la información al próximo mensajero. Los mensajeros llevaban mensajes especiales. Estos mensajes estaban en forma de "quipos".

El quipo era un conjunto de cuerdas o hilos. Los nudos de cada cuerda eran una especie de clave. La clave transmitía registros de cantidades. Podrían ser cantidades de alimentos o de otras provisiones o registros de los números de obreros disponibles para realizar ciertos tipos de trabajo. Los quipos se guardaban en los depósitos y en los edificios del gobierno. Se los consideraba de gran importancia.

El mensaje en clave del quipo era muy complicado. A la cuerda principal, se ataban cuerdas o hilos más pequeños. Distintos colores y tamaños de hilos formaban parte de la clave. El lugar donde se colocaba el hilo en la cuerda principal también formaba parte de la clave. Claro está, los nudos eran partes importantes de la clave.

No sabemos mucho sobre las claves de los incas. Pero sabemos que una gran parte del sistema de registros se basaba en el sistema decimal.

Los corredores incas que llevaban los quipos no sabían leer las claves. Su función era llevar los mensajes, no leerlos. Se enseñaba sólo a los funcionarios especiales a leer los secretos de los quipos. Puesto que no había una escritura incaica, los quipos eran los registros más importantes de los soberanos incas. Los funcionarios que podían leer los quipos eran personas muy importantes.

Aunque algunos científicos lo han intentado, todavía no han descubierto la clave de los quipos incaicos. Aún existen algunos quipos antiguos, pero nadie ha logado leer todos sus secretos.

La gente que actualmente vive en los Andes utiliza algo parecido a los quipos. Esa gente vive en áreas donde antes reinaban los incas. Los granjeros de esa región utilizan una especie de cuerdas anudadas para llevar sus propias cuentas. Tal vez, al estudiar los modos de los granjeros andinos actuales, los científicos puedan descifrar el misterio de los quipos incas.

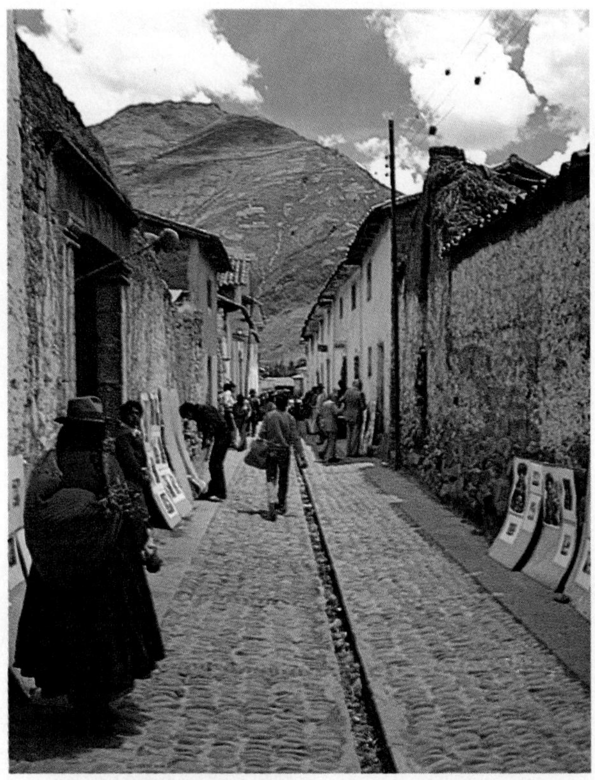

Los incas construyeron caminos por todo su imperio. Todavía existen algunos caminos de los incas. En esta foto se ve una calle de la ciudad actual de Cuzco. Los mensajeros incas probablemente llevaban los quipos por esta calle.

Unidad 3

El surgimiento del mundo moderno

Los modos de pensar y de actuar han cambiado desde el tiempo de las primeras civilizaciones. Con el transcurso de los años, surgió un mundo moderno. En la Unidad 3, leerás sobre el comienzo del mundo moderno.

A medida que leas sobre la vida en la antigua Grecia, aprenderás por qué nuestro mundo les debe tanto a los primeros griegos. La democracia —"el gobierno del pueblo—" comenzó en la ciudad estado griega de Atenas.

La siguiente civilización que vas a explorar es la de la antigua Roma. Aprenderás cómo Roma pasó de ser una ciudad estado a un imperio enorme. Aprenderás también cómo la influencia de Roma se siente hasta la fecha.

Después de la caída de Roma, Europa entró en una época que se denominó Edad Media. A medida que leas, aprenderás por qué Europa se dividió en muchos reinos pequeños. Explorarás también por qué las comunicaciones entre las personas estaban restringidas en aquella época.

Mientras Europa estaba dividida, una nueva fuerza surgía en el Oriente Medio. Ésta era la religión islámica. En esta unidad, aprenderás sobre las creencias y las enseñanzas del islamismo.

Durante los siglos XV y XVI, tuvo lugar, en Europa, un renacimiento del aprendizaje. Esta época se llamó el Renacimiento. Las personas volvieron a interesarse por el mundo que las rodeaba. Las escuelas aumentaban a medida que aumentaba el número de personas que querían aprender. En la página 134, se ve una de estas escuelas. También durante el siglo XVI, surgieron nuevas religiones.

Lentamente, Europa entró en la época moderna. Las ciudades se agrandaban a medida que aumentaban el comercio y las industrias. El interés por el comercio condujo a la Edad del Descubrimiento. Aprenderás cómo los exploradores descubrieron tierras fuera de Europa a fines del siglo XV y a principios del siglo XVI.

En la Unidad 3, leerás los siguientes capítulos:

1 La civilización de la antigua Grecia
2 El surgimiento y la caída de la antigua Roma
3 Europa durante los principios de la Edad Media
4 El surgimiento del islamismo
5 El fin de la Edad Media y el Renacimiento
6 La revolución en el comercio y la industria
7 La Edad del Descubrimiento

Capítulo 1

La civilización de la antigua Grecia

Para comprender la historia mundial

Piensa en lo siguiente al leer sobre la civilización de los antiguos griegos.

1. El medio ambiente físico puede facilitar o limitar el contacto entre personas.
2. La cultura del presente nace en el pasado.
3. La interacción entre pueblos y naciones conduce a cambios culturales.

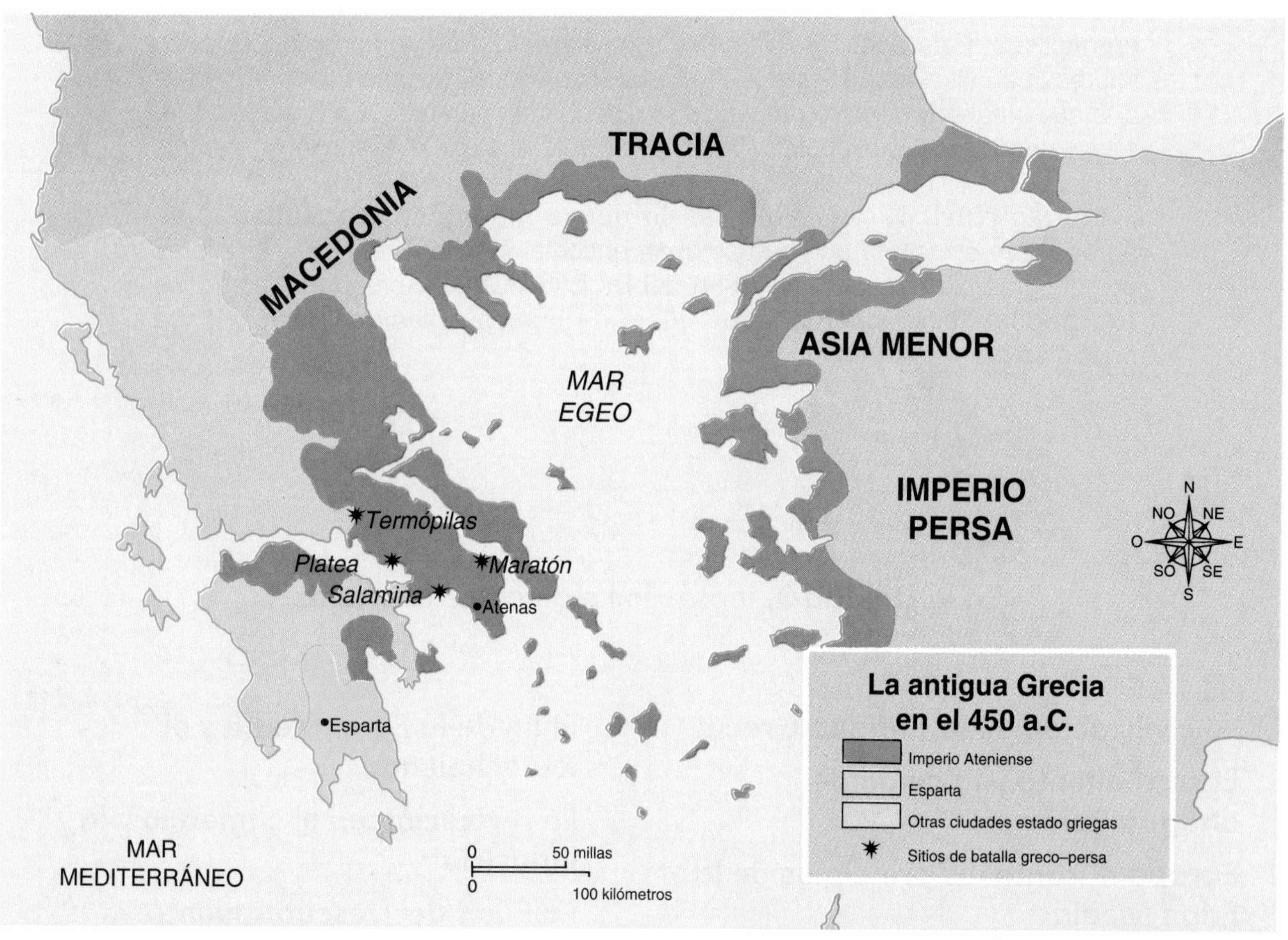

Para aprender nuevos términos y palabras

En este capítulo se usan las siguientes palabras. Piensa en el significado de cada una.

democracia: una forma de gobierno en que las personas se gobiernan a sí mismas, directamente o mediante funcionarios elegidos

filosofía: el estudio de las ideas

Piénsalo mientras lees

1. ¿Por qué nunca se unieron los griegos para formar un solo país?
2. ¿Por qué lucharon Atenas y Esparta?
3. ¿Cuáles fuéron los resultados de la guerra entre Atenas y Esparta?
4. ¿Cuáles fuerón algunos aportes de los antiguos griegos a la civilización?

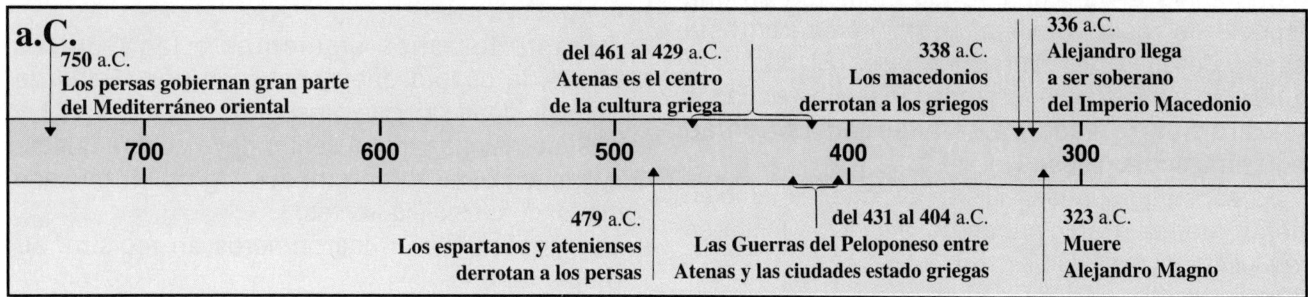

Se desarrolla una civilización en el Mediterráneo oriental

Hasta ahora has leído sobre el desarrollo de las primeras civilizaciones. Estas civilizaciones nacieron en los valles de los ríos del Oriente Medio, África y Asia. Ahora, leerás sobre otra región: la parte oriental del mar Mediterráneo. Aprenderás sobre la civilización que se desarrolló allí, en Grecia.

Después del 750 a.C., aproximadamente, un grupo de personas que se llamaban los persas gobernaron una gran parte del Mediterráneo oriental. Su imperio se extendía desde el Asia Menor hasta el valle del Indo. Unos 200 años más adelante, estallaron varias guerras entre los persas y los griegos. Los griegos salieron triunfantes. Durante el siglo V a.C., establecieron una gran civilización.

La geografía de la antigua Grecia

La antigua Grecia no era un solo país unificado (ver el mapa de la página 136). Grecia consiste en muchas islas y penínsulas pequeñas. El terreno es accidentado y está recubierto de montañas. Debido a su geografía, las comunicaciones entre las personas de Grecia estaban limitadas. Pero Grecia se ubica en un cruce de caminos hacia y desde Europa, Asia y África. Como resultado, los griegos navegaban los mares cercanos. Comerciaban con otros pueblos y eran influidos por distintas culturas.

Las montañas separaban a los pueblos de Grecia. Los primeros griegos se juntaban en las ciudades estado. Las más importantes eran Atenas y Esparta.

Dos ciudades estado: Atenas y Esparta

Atenas: En Atenas había grandes pensadores, artistas, empresarios y comerciantes. Allí se desarrolló una forma de gobierno que se llamaba **democracia.** La palabra *democracia* proviene de la palabra griega que significa "el gobierno del pueblo". Cada ciudadano de Atenas tenía derecho a votar y derecho a expresarse en las reuniones públicas.

Los ciudadanos de Atenas también tenían responsabilidades. Tenían que prometer que defenderían a la ciudad contra sus enemigos. También se les obligaba a ser miembros de jurados o a servir como funcionarios elegidos. Se les enseñaba a los jóvenes atenienses a ser buenos ciudadanos. Estudiaban gramática, historia y oratorio. El libre intercambio de ideas es un aspecto de una democracia. Se esperaba que los ciudadanos de Atenas participaran en debates y compartieran sus ideas sobre muchos asuntos.

Pero la democracia de Atenas estaba limitada en muchos aspectos. Se aplicaba sólo a los hombres, que eran ciudadanos de Atenas. Las mujeres no tenían derecho a votar, a ser funcionarias elegidas ni a ser dueñas de propiedades. Los esclavos no tenían derechos de ninguna clase.

Esparta: Los espartanos eran muy diferentes de los atenienses. Su gobierno no era una democracia. Un pequeño grupo de hombres dirigía el gobierno. Estos hombres querían que Esparta fuera un estado fuerte militar. Querían gobernar a los pueblos de los cuales se habían apoderado. Con este próposito, establecieron reglas estrictas para todos los ciudadanos.

Los niños espartanos dejaban sus hogares a los siete años para iniciar su duro entrenamiento en el ejército. Los niños recibían algunas prendas de vestir y muy poca comida. Se esperaba que fueran fuertes y valientes y que obedecieran órdenes sin preguntar. A los hombres espartanos se los mantenía en una especie de reserva militar. Permanecían en esta reserva desde la infancia hasta la vejez. El triunfo era lo más importante para los espartanos. Los soldados que eran derrotados en batallas jamás podían regresar a sus hogares.

Se esperaba que las mujeres espartanas también fueran fuertes. Participaban en ejercicios militares para defender la ciudad estado.

Los griegos se unen en contra de los persas

Hacia el 550 a.C., los persas empezaron a expandir su imperio. Se apoderaron de las ciudades estado a lo largo de la costa del Asia Menor. Luego, atacaron a los griegos del territorio continental. Durante la primera batalla, los atenienses aplastaron a la fuerza más grande de los persas. Pero sabían que los persas los volverían a atacar. Para poder sobrevivir, las ciudades estado griegas tendrían que unirse. Entonces, pasaron por alto sus diferencias, y los espartanos y los atenienses se unieron para luchar contra los persas. Estas guerras se llamaron las guerras Médicas. En el 479 a.C., los griegos derrotaron completamente a los poderosos persas. Los ejércitos persas jamás volverían a invadir el territorio continental de Grecia.

Los aportes griegos

Durante los años siguientes a las Guerras Médicas, la cultura griega entró en una "Edad de Oro". Las ideas griegas prosperaron entre el 461 y el 429 a.C. Atenas era el centro de la cultura griega. Los griegos alcanzaron grandes logros en muchos campos, como los siguientes:

- Los griegos fueron los primeros en registrar su propia historia.
- Les interesaba la **filosofía**. Se preguntaban sobre la vida y los significados de los actos humanos.
- Los griegos eran hábiles constructores y escultores.

El interior de una casa griega. ¿Qué tipos de actividades se ven en el dibujo?

El Partenón es uno de los edificios más famosos del mundo. Se construyó en honor a Atenea. Ella era la diosa patrona de Atenas.

El Partenón de Atenas es su edificio más famoso. Las estatuas griegas representan al cuerpo humano en su forma más bella.

- Los griegos estudiaron matemáticas y ciencias.
- Fueron unas de las primeras personas en estudiar las causas de las enfermedades.
- Los científicos griegos desarrollaron ideas sobre las estrellas y los planetas. Aunque más tarde resultaría que algunas de estas ideas eran equivocadas, fueron aceptadas por muchos años.
- Los griegos fueron los primeros en escribir obras de teatro sobre cómo las personas piensan y se comportan. Hoy en día, todavía se montan las obras teatrales de los primeros griegos.

Atenas y Esparta luchan

Atenas se convirtió en líder de Grecia como consecuencia de las Guerras Médicas. Había aportado una fuerza naval y buen liderazgo. Después de la derrota de los persas, sin embargo, los líderes atenienses empezaron a soñar con riquezas y grandeza en otras tierras. Querían extender su poder hasta el Oriente Medio.

Otras ciudades estado se oponían al poder ateniense. En el 431 a.C., estallaron guerras entre Atenas y sus aliados y las otras ciudades estado. Estas guerras se llamaron las Guerras del Peloponeso. Esparta dirigió a las ciudades estado que luchaban contra Atenas. Las guerras terminaron en el 404 a.C. cuando Atenas se rindió. Para entonces, toda Grecia estaba desunida. Aunque los espartanos habían ganado, no podían someter a todas las ciudades estado bajo su control.

Alejandro difunde la cultura griega

Debido a las guerras, las ciudades estado se habían debilitado. Además, en este momento, una nueva potencia amenazaba a Grecia. Al norte de Grecia había un territorio que se llamaba Macedonia (ver el mapa de la página 136). En el 359 a.C., Filipo II se convirtió en su rey. Después de apoderarse de muchas tierras, Filipo trasladó su ejército a Grecia. Por un tiempo, los griegos pudieron resistir a los invasores. Pero en el 338 a.C., los griegos finalmente fueron derrotados. Grecia ahora formaba parte del Imperio Macedonio. Después de dos años, Filipo fue asesinado. La tarea de agrandar su imperio cayó en manos de su hijo Alejandro, que tenía 20 años.

En el 334 a.C., Alejandro unió a su ejército para luchar contra el Imperio Persa. Después de la derrota de los persas, emprendió, con sus soldados, una marcha de más de 11.000 millas (17.703 kilómetros) hacia el este, hasta la India. Pero los soldados, cansados de Alejandro, se negaron a avanzar más. Alejandro fue obligado a regresar. Se enfermó y murió antes de poder regresar a Grecia. Tenía 33 años.

Antes de su muerte en el 323 a.C., Alejandro había conquistado Asia Menor, Egipto, la "Medialuna Fértil" y Persia. Durante los 13 años de su reino, Alejandro había difundido los conocimientos y la cultura de Grecia en las tierras orientales. Él también adoptó ciertos modos de vida y costumbres orientales. Una nueva civilización surgió de esta mezcla entre el oriente y el occidente.

Ejercicios

A. ¿Qué leíste?

Escoge la respuesta que mejor complete cada oración. Escribe la letra de tu respuesta en el espacio en blanco.

_______ **1.** La geografía de Grecia dio lugar a la formación de
a. clanes.
b. aldeas.
c. ciudades estado.
d. granjas.

_______ **2.** La primera democracia tuvo lugar en
a. Egipto.
b. Esparta.
c. Atenas.
d. Persia.

_______ **3.** En Atenas, se esperaba que los ciudadanos
a. fueran miembros de jurados.
b. debatieran asuntos políticos.
c. defendieran la ciudad estado.
d. hicieran todo lo anterior.

_______ **4.** A los espartanos se los conoce principalmente como
a. filósofos.
b. soldados.
c. artistas.
d. científicos.

B. Comprueba los detalles:

Lee cada afirmación. Escribe C en el espacio junto a cada afirmación si es cierta. Escribe F en ese espacio si es falsa. Si la afirmación es falsa, vuelve a escribirla de manera que sea cierta.

_______ **1.** Las ciudades estado griegas se unieron más después de la derrota de los persas.

____

_______ **2.** Los atenienses querían extender su poder por todo el Oriente Medio.

____

_______ **3.** Las Guerras del Peloponeso fueron entre Grecia y Macedonia.

____

_______ **4.** Después del 338 a.C., Grecia fue gobernada por Macedonia.

____

_______ **5.** Alejandro conquistó el Imperio Persa.

____

_______ **6.** Atenas y Esparta se unieron para derrotar a Persia.

____

_______ **7.** Macedonia quedaba al sur de Grecia.

____

_______ **8.** Los hombres y las mujeres recibían el mismo trato en Atenas.

____

C. Completa la oración:

Escribe la palabra o el término que complete mejor cada una de las siguientes oraciones.

1. La victoria sobre ____________________ le dio poder a Atenas.
2. Atenas luchó contra ____________________ por el control de Grecia.
3. Grecia fue desafiada por ____________________ al norte.
4. Los antiguos griegos se juntaban en las ____________________.
5. Los ____________________ querían extender su poder por todo el Oriente Medio.
6. Filipo II dirigió a ____________________ en su triunfo sobre Grecia.
7. Los líderes de ____________________ querían un estado fuerte.
8. ____________________ difundió la cultura griega en las tierras que él había conquistado.
9. Los hombres espartanos servían como ____________________ desde la infancia hasta la vejez.
10. El gobierno en el cual participan todos los ciudadanos se conoce como una ____________________.

D. Detrás de los titulares:

Escribe dos o tres oraciones que respalden o cuenten sobre cada uno de los siguientes titulares. Usa una hoja de papel en blanco.

ATENAS Y ESPARTA SE UNEN CONTRA PERSIA

ALEJANDRO MUERE A LOS 33 AÑOS

ATENAS QUIERE EXTENDER SU PODER

E. Para comprender la historia mundial:

En la página 136 leíste sobre tres factores de la historia mundial. ¿Cuál de estos factores corresponde a cada afirmación de abajo? Llena el espacio en blanco con el número de la afirmación correcta de la página 136. Si no corresponde ningún factor, escribe la palabra NINGUNO.

_______ **1.** Los griegos aportaron muchas ideas e inventos a las civilizaciones posteriores.

_______ **2.** Alejandro llevó la cultura griega a las tierras de las cuales se apoderó.

_______ **3.** Atenas y Esparta se unieron para derrotar a Persia.

_______ **4.** Debido a sus montañas escarpadas, Grecia se dividió en muchas ciudades estado.

Capítulo 2

El surgimiento y la caída de la antigua Roma

Para comprender la historia mundial

Piensa en lo siguiente al leer sobre el surgimiento y la caída de la antigua Roma.

1. Los sucesos en una parte del mundo han influido en los desarrollos en otras partes del mundo.
2. La cultura del presente nace en el pasado.
3. La interacción entre pueblos y naciones conduce a cambios culturales.
4. Los países adoptan y adaptan ideas e instituciones de otros países.

Un hombre y una mujer de la antigua Roma. La mujer tiene en la mano un estilo. Éste se usaba para tallar letras en las tablillas hechas de cera. El hombre tiene un rollo de escritura.

Para aprender nuevos términos y palabras

En este capítulo se usan las siguientes palabras. Piensa en el significado de cada una.

república: un sistema de gobierno en el que los ciudadanos que tienen derecho al voto eligen a sus líderes

Senado: el grupo de patricios romanos que promulgaban las leyes en la República Romana

patricios: los terratenientes ricos que dirigían el gobierno de Roma

plebeyos: el pueblo común de Roma

Piénsalo mientras lees

1. ¿Qué aprendieron los romanos de los griegos, los fenicios y los etruscos?
2. ¿Cuáles eran los grupos de personas que constituían la sociedad romana? ¿Cuál tenía mayor poder? ¿Por qué tenía el poder?
3. ¿Cuáles fueron algunos de los problemas de Roma que condujeron a su decadencia y caída?
4. ¿Qué contribuyó Roma a la civilización?

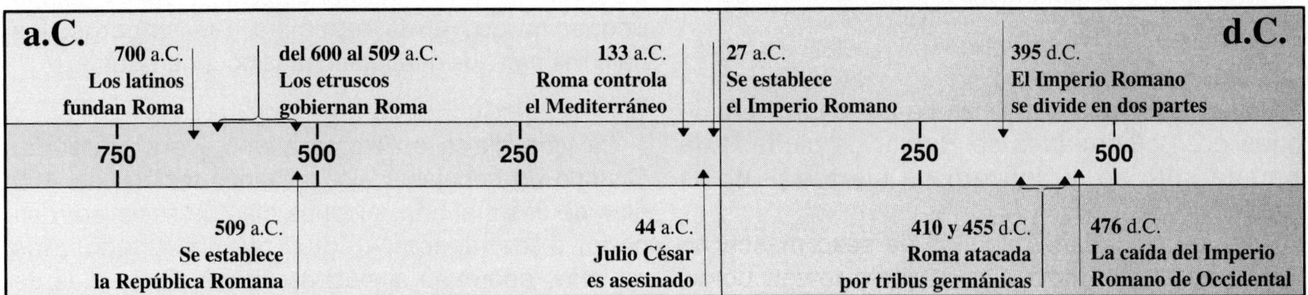

Se funda Roma

Alrededor del 1000 a.C., muchos pueblos que vivían en el centro de Europa se trasladaron a la península italiana (ver el mapa de esta página). Los latinos eran los más importantes de estos grupos. Se establecieron cerca del río Tíber y fundaron la ciudad estado de Roma cerca del 700 a.C.

La ubicación de Roma era buena para el comercio y las comunicaciones con otros pueblos. Se ubicaba en la costa occidental de Italia donde el suelo era bueno para la agricultura. Los barcos podían navegar el río Tíber para entregar y recoger los alimentos. Los romanos conocían a los griegos y a los fenicios que tenían colonias comerciales en Sicilia e Italia. De ellos, los romanos aprendieron sobre el cultivo de uvas y aceitunas.

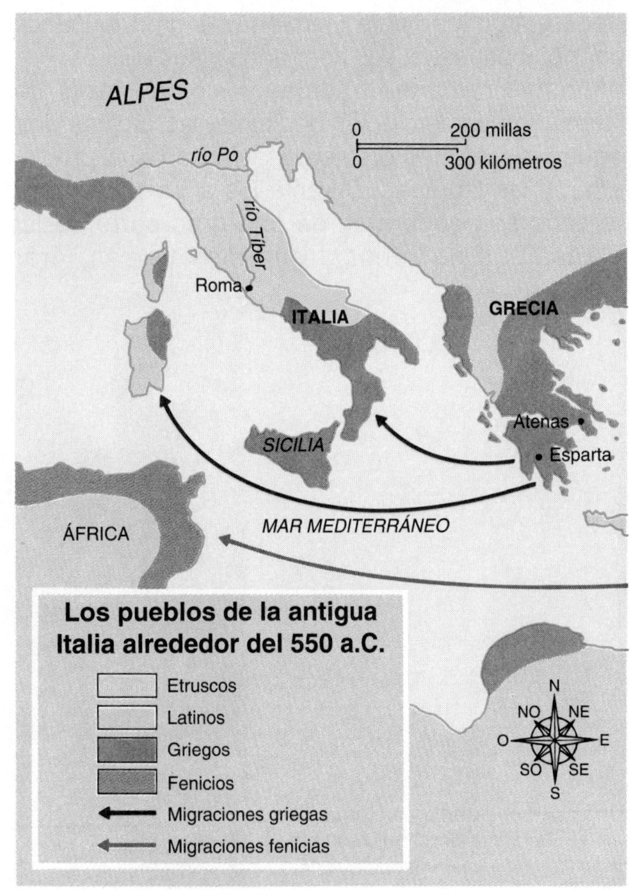

Los pueblos de la antigua Italia alrededor del 550 a.C.

La República Romana

Los latinos, o romanos, eran agricultores y pastores. No eran belicosos. Por eso, un pueblo llamado los etruscos los derrotó. Los etruscos se habían establecido al norte del Tíber. Hacia el 600 a.C., se apoderaron de Roma. Los reyes etruscos gobernaron a los romanos hasta el 509 a.C. Durante ese tiempo, los romanos adoptaron el alfabeto etrusco y aprendieron las habilidades etruscas para la construcción y la agricultura.

Después del 509 a.C., Roma estableció una **república.** Una república es un sistema de gobierno en el que los ciudadanos que tienen derecho al voto eligen a las personas que gobiernan. Dos cónsules elegidos encabezaban la república. Dirigían el ejército y el gobierno. Pero los cónsules sólo duraban un año y, por consiguiente, tenían poco poder. El poder verdadero yacía en el **Senado.** Los cónsules nombraban a los senadores (los miembros del Senado) de por vida. El Senado promulgaba las leyes de la república.

Después de liberarse de los etruscos, los romanos construyeron un ejército fuerte. Al poco tiempo, controlaron toda Italia. Luego, extendieron su poder a otras partes del mundo. Durante más de 500 años, Roma derrotó y gobernó a muchas tierras y a muchos grupos de personas.

La sociedad romana

Roma gobernaba a millones de personas. Pero no todas eran ciudadanos de Roma. La ciudadanía romana sólo se le concedía a ciertos pueblos derrotados.

Sólo los ciudadanos adultos de sexo masculino podían votar en Roma. Las mujeres tenían pocos derechos, pero tenían más libertad que las mujeres griegas. Algunas hasta ejercían una gran influencia sobre sus esposos, sus hermanos y sus hijos.

Muchos romanos trabajaban como granjeros. Durante los primeros días de Roma, las granjas eran pequeñas. Muchos granjeros vivían en sus propias tierras y las labraban. Durante los años posteriores, los ricos se apoderaron de una gran parte de las tierras. Sus haciendas, enormes tierras, eran trabajadas por esclavos o granjeros que le alquilaban la tierra a los dueños ricos. A medida que la población romana crecía, crecía la necesidad de alimentos. La población de Roma y sus alrededores, de casi un millón de personas, conseguía alimentos y otros bienes de las tierras conquistadas.

Como has leído, la antigua Roma era una república. Los ricos dueños de tierras, que se llamaban **patricios,** dirigían Roma. Los patricios eran los únicos que podían llegar a cónsules o miembros del Senado. Además, se encargaban de la mayoría de los puestos en el gobierno. Las personas comunes se conocían como **plebeyos.** Ellos tenían poco poder en el gobierno. Con los años, los plebeyos empezaron a demandar más derechos. Para el 250 a.C., los plebeyos habían ganado el derecho al voto y podían ocupar cargos en la república. Sin embargo, los patricios eran los que tenían más poder en Roma.

La vida diaria

La vida diaria en Roma siempre era atareada. Cuando no trabajaban, los romanos tenían casi 100 días de fiesta al año. Algunos días de fiesta eran en honor a los dioses. Al igual que los griegos, los romanos adoraban a muchos dioses. Otros días de fiesta honraban a los héroes militares o las conquistas. Entre las diversiones había carreras de carros. Con los años, estos juegos se hacían más violentos. En algunos juegos había peleas. Los luchadores, llamados gladiadores, a veces luchaban contra animales. Pero a menudo luchaban unos contra otros. Las multitudes festejaban cuando las peleas terminaban en la muerte de un gladiador o de los dos.

Una calle en la antigua Roma. El edificio del dibujo es una peluquería.

Los problemas de Roma

Los romanos creían que su poder duraría para siempre. Para el 133 a.C., los ejércitos romanos se habían apoderado de todas las tierras del Mediterráneo occidental y oriental (ver el mapa de la página 147). Pero Roma todavía tenía problemas graves. En la política, los plebeyos querían más derechos, algo que conducía a discusiones que a menudo se hacían violentas.

Roma también se enfrentaba con el problema de pagarle a su ejército grande. El gobierno siempre necesitaba dinero. Como resultado, los granjeros y funcionarios municipales romanos tenían que pagar impuestos altos. Los patricios ganaban tierras y riquezas en las guerras. Pero el romano común ganaba poco. De hecho, muchos romanos no tenían empleo. Los esclavos traídos de las tierras conquistadas los reemplazaban en muchos de los empleos de Roma. Los romanos se empobrecían mientras sus ejércitos se apoderaban del mundo. Para el 100 a.C., Roma estaba dividida.

Termina la república y empieza el imperio

Los generales y políticos romanos peleaban entre sí para determinar quién iba a gobernar Roma. Uno de los generales más famosos era Julio César. Él ganó la pelea y llegó a ser el soberano de por vida. Julio César trató de iniciar cambios, pero muchos se le oponían. Fue asesinado por un grupo de senadores en el 44 a.C. Estalló la guerra civil en Roma, y varios líderes se pelearon por el poder. Por fin, un joven patricio que se llamaba Octavio ganó el control. Recibió el nombre de Augusto y fue el líder de los ejércitos romanos. Augusto fue el primer emperador. A partir del 27 a.C. Roma dejó de ser una república. Se convirtió en un imperio gobernado por una serie de emperadores.

Una nueva religión

Durante la época de los primeros emperadores, un creciente número de personas en el imperio recurrió a una nueva religión. Ésta era el cristianismo. Fue fundada por Jesús, un judío que vivía en el sector romano de Palestina (ver el mapa de la página 147). Sus seguidores llegaron a conocerse como cristianos. Jesús enseñó a la gente a creer en un Dios y a amar a las otras personas.

Los primeros emperadores intentaron reprimir el cristianismo, pero fracasaron. Los cristianos se negaron a tratar al emperador como a un dios. Debido a esto, los emperadores creían que los cristianos querían causar problemas. Mataron a muchos cristianos por su fe. Finalmente, en el 313 d.C., un emperador romano que se llamaba Constantino permitió que los cristianos practicaran su fe. En el 395 d.C., otro emperador convirtió al cristianismo en la religión oficial del Imperio Romano. Sin embargo, la aprobación del cristianismo como religión nacional llegó demasiado tarde para unir al pueblo romano.

Julio César fue un general famoso antes de llegar a ser el soberano de Roma. Dirigió a los ejércitos romanos hasta Galia (los países actuales de Francia y Bélgica) y Alemania. También llegó hasta Gran Bretaña.

La Pax Romana

El emperador Augusto gobernó del 27 a.C. al 14 d.C. Durante este período, trató de mejorar al gobierno dentro del imperio. Una de sus metas era hacer que los gobiernos de los territorios derrotados fueran más honestos. De esta forma, los pueblos no tendrían una razón para oponerse al dominio romano. El plan de Augusto tuvo éxito. Por casi 200 años, el Imperio Romano fue pacífico, fuerte y próspero. A este período se le llama la *Pax Romana,* o la Paz de Roma.

Augusto fue el primer emperador romano.

Los emperadores después de Augusto

Algunos de los emperadores que le siguieron a Augusto también fueron soberanos buenos. Gobernaron Roma con sabiduría. Otros emperadores no gobernaron bien. Surgieron conflictos dentro del imperio durante 100 años a partir del 180 d.C. El ejército se debilitó y se permitió que los hombres que no eran romanos se hicieran soldados. Algunos hasta llegaron a puestos altos como oficiales y generales del ejército. El ejército se debilitó porque estos hombres no tenían tantas razones para defender Roma.

El imperio se divide

Un emperador tras otro fracasó en resolver los problemas de Roma. En el 395 d.C., el imperio se dividió en dos partes, con dos capitales. Roma gobernaba la parte occidental del imperio. Desde Constantinopla, se gobernaba la parte oriental. Pero este acto tampoco logró acabar con los problemas del imperio. Roma se debilitaba constantemente por las luchas dentro del imperio y por los ataques de los pueblos del centro y del norte de Europa. Durante años, estas tribus habían avanzado hasta las fronteras del Imperio Romano. Luego, empezaron a abalanzarse hacia el imperio mismo.

La caída de Roma

Alrededor del 360 d.C., los hunos, un pueblo bravo de Asia, invadieron Europa. Las tribus germánicas del centro de Europa entraron como chorros en el Imperio Romano para salvarse de los hunos. A medida que cada una de estas tribus entraba en el imperio, destruía edificios y otras propiedades. Cuando los hunos llegaron a las tierras romanas, los romanos pudieron derrotarlos. Pero otros invasores seguían entrando en el imperio. Las tribus germánicas atacaron a Roma en el 410 d.C. y luego en el 455 d.C.

El golpe final se le dio a Roma en el 476 d.C. En ese año, uno de los jefes germánicos se apoderó del Imperio Romano de occidente. Generalmente se dice que esto marcó la caída de Roma.

Las guerras civiles y los otros problemas ayudaron a destruir al imperio desde su interior. Los ataques de las tribus germánicas debilitaron al imperio aún más. Poco a poco, el imperio occidental se deshizo. En su lugar surgieron muchos reinos pequeños.

Los aportes de Roma

Como has leído en el Capítulo 1, Alejandro Magno llevó la cultura griega a las tierras orientales. La cultura griega también llegó hasta Italia. Allí, los romanos adoptaron y adaptaron las ideas, el arte, la arquitectura y la religión de los griegos. Por ejemplo, los romanos adoraban a los mismos dioses que los griegos. Pero, les pusieron nombres diferentes. A medida que Roma se iba apoderando de tierras nuevas, los ejércitos y los comerciantes romanos llevaban la cultura griega hasta los rincones lejanos del imperio.

Roma también hizo sus propios aportes a la vida en Europa, el norte de África y el Oriente Medio. La antigua Roma contribuyó a la civilización de las siguientes maneras:

- *Gobierno:* El Imperio Romano duró más de 500 años, del 27 a.C. al 476 d.C. Gobernó un territorio enorme por mucho tiempo. Muchos pueblos distintos formaban parte del Imperio Romano. En Roma, el gobierno central tenía los poderes más importantes. Pero el imperio no intentaba dirigir los gobiernos de los pueblos conquistados ni cambiar las costumbres de la gente. Muchas de las formas del gobierno romano continuaron por mucho tiempo después de la caída de Roma. De alguna manera, el senado de los Estados Unidos se basa en el senado de Roma.
- *Leyes:* Los romanos desarrollaron leyes y un sistema de justicia. Su único sistema legal fue

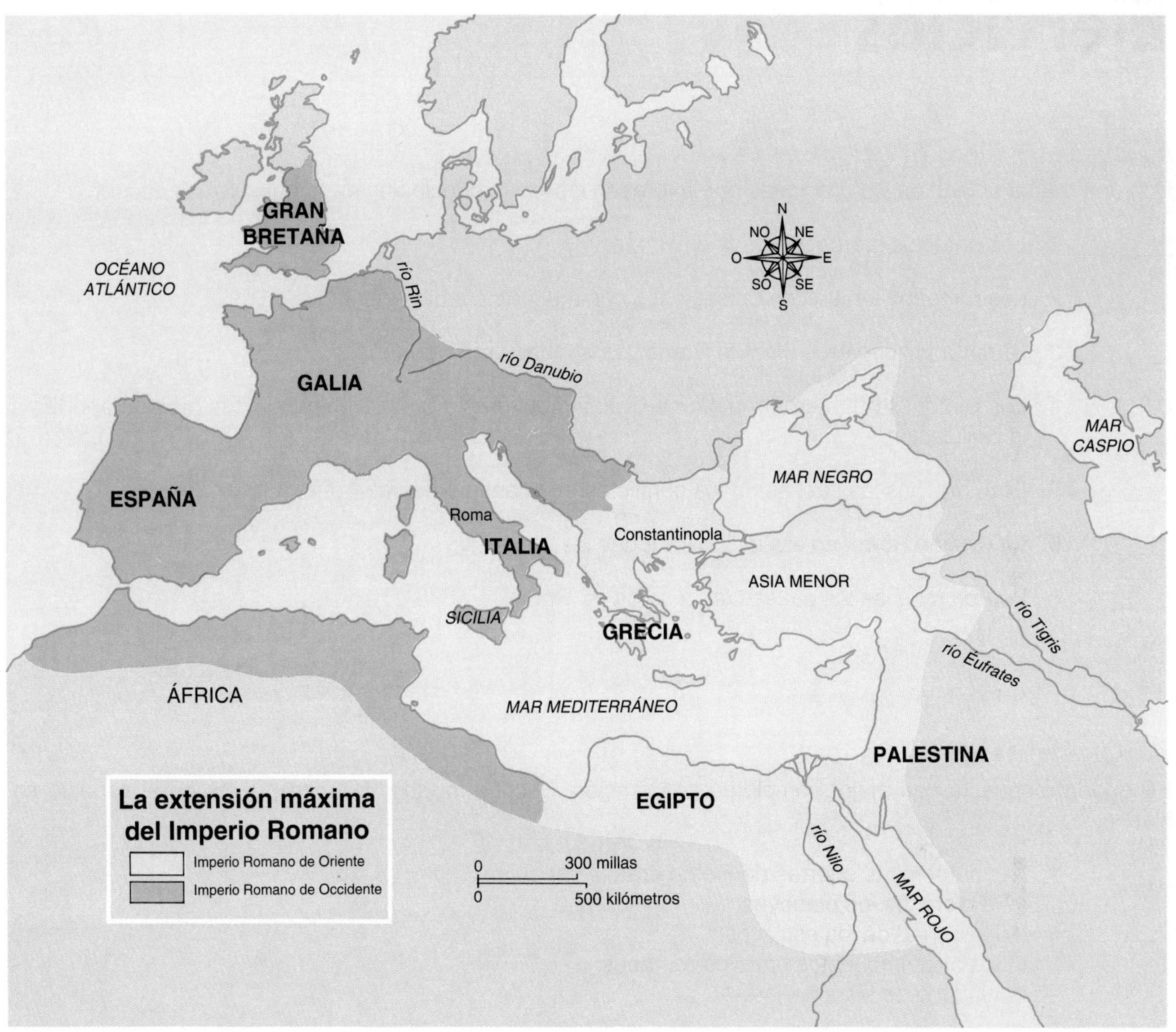

utilizado por todo el imperio. También, las leyes romanas se publicaban para que todos las conocieran. Muchas de nuestras ideas sobre las leyes y la justicia se basan en las leyes de Roma. Por ejemplo, bajo la ley romana, al acusado se lo consideraba inocente hasta que se probara lo contrario.

- *Arquitectura:* Los ingenieros romanos construyeron caminos, puentes, acueductos (estructuras para transportar el agua) y edificios en todas partes de Europa, el norte de África y el Oriente Medio. Muchas estructuras siguen existiendo hoy en día.
- *Lengua:* Los romanos llevaron su idioma, el latín, a muchas partes de Europa. Del latín nacieron las lenguas romances o neolatinas. Entre ellas figuran el italiano, el francés, el español, el portugués y el rumano. Además, una gran parte del idioma inglés se basa en las palabras latinas.
- *Literatura:* Los romanos escribieron obras teatrales, poemas y registros históricos. El poeta romano más famoso es Virgilio. Su poema relata la historia del comienzo de Roma.

La influencia de Roma, al igual que la de la antigua Grecia, se percibe hasta la fecha. Los romanos contribuyeron a las lenguas y culturas de las naciones de Europa y las Américas del Norte y del Sur. Las ideas romanas, al igual que las griegas, se difundieron en partes del mundo que jamás tuvieron comunicaciones directas ni con la antigua Grecia ni con la antigua Roma.

Ejercicios

A. Busca las ideas principales:

Pon una marca al lado de las oraciones que expresan las ideas principales de lo que acabas de leer.

_______ **1.** Los patricios eran poderosos en Roma.

_______ **2.** Los romanos tenían comunicaciones con muchos pueblos distintos.

_______ **3.** Durante los primeros días de Roma, las granjas eran pequeñas.

_______ **4.** Los romanos adoptaron mucho de distintas culturas y también hicieron sus propios aportes a la civilización.

_______ **5.** Eran muchas las causas de los conflictos en la antigua Roma.

_______ **6.** La vida en Roma no era fácil para todas las personas.

_______ **7.** Fueron muchas las causas de la caída de Roma.

B. ¿Qué leíste?

Escoge la respuesta que mejor complete cada oración. Escribe la letra de tu respuesta en el espacio en blanco.

_______ **1.** Las numerosas guerras de Roma eran la causa de
a. la gloria de los plebeyos.
b. la libertad de los esclavos.
c. los altos impuestos para los romanos.
d. ninguno de los anteriores.

_______ **2.** Uno de los problemas graves con el que se enfrentaba Roma era
a. la falta de caminos buenos.
b. la falta de generales buenos.
c. su forma de gobierno.
d. el número creciente de esclavos que realizaban los trabajos de los obreros romanos.

_______ **3.** Durante el fin de la república, los generales y políticos romanos
a. trabajaron bien en conjunto.
b. se pelearon entre sí por gobernar Roma.
c. le cayeron bien a la gente.
d. trataron de traer el cristianismo a Roma.

_______ **4.** Las tribus germánicas contribuyeron a
a. la difusión del cristianismo.
b. la libertad de los esclavos.
c. la caída de los etruscos.
d. la caída de Roma.

C. Comprueba los detalles:

Lee cada afirmación. Escribe C en el espacio en blanco si la afirmación es cierta. Escribe F en el espacio si es falsa. Escribe N si no puedes averiguar en la lectura si es cierta o falsa.

_______ **1.** Roma se convirtió en república después de liberarse de los etruscos.

_______ **2.** Los plebeyos reclamaban demasiado por sus derechos.

_______ **3.** El cristianismo fue aceptado directamente por los emperadores romanos.

_______ **4.** El cristianismo no logró mantener unido al Imperio Romano.

_______ **5.** La ciudadanía romana no se le concedía a todos los que estaban bajo el poder de Roma.

_______ **6.** Las mujeres romanas tenían pocos derechos.

_______ **7.** Roma comenzó como una república dirigida por los patricios.

_______ **8.** La mayoría de los romanos se oponía a las guerras en otras tierras.

_______ **9.** Los hunos eran mejores soldados que los romanos.

_______ **10.** Roma y Constantinopla eran las capitales del Imperio Romano.

D. Habilidad cartográfica:

Mira el siguiente contorno del mapa del Imperio Romano. Identifica las regiones indicadas por las letras del mapa. Escribe la letra correcta en el espacio en blanco.

_______ **1.** España

_______ **2.** Grecia

_______ **3.** Egipto

_______ **4.** Galia

_______ **5.** Gran Bretaña

_______ **6.** Asia Menor

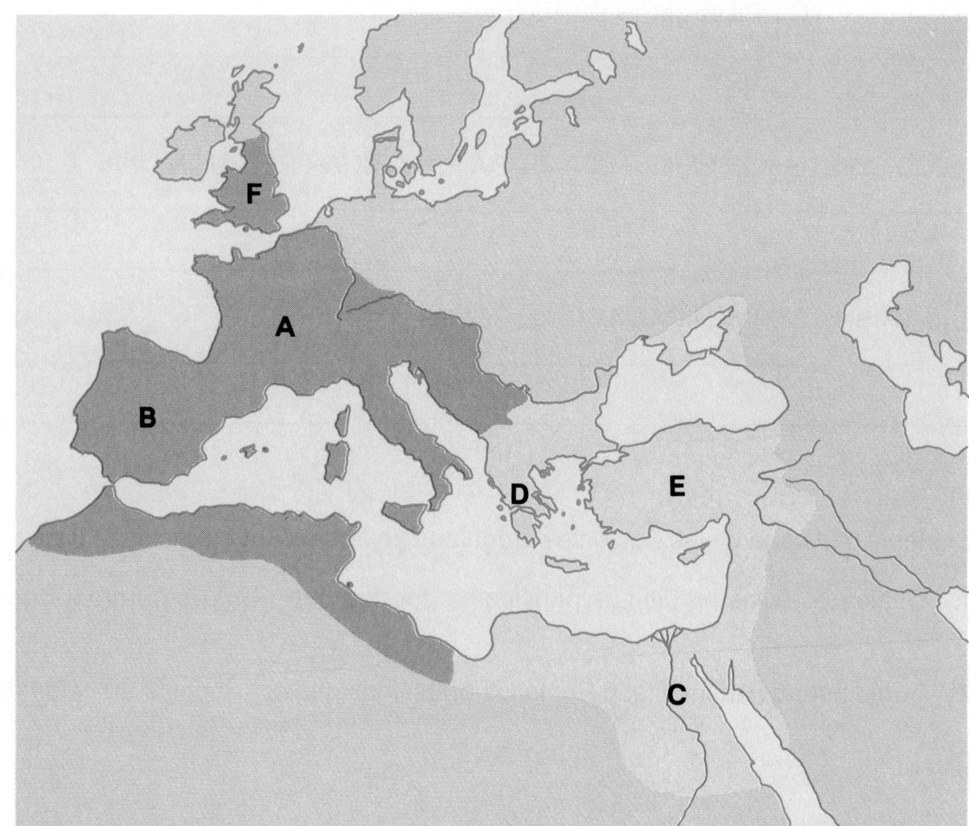

E. Habilidad con la cronología:

¿En qué período sucedió cada uno de los siguientes acontecimientos? Puedes mirar el texto y la línea cronológica de la página 143 de este capítulo. Escribe la fecha correspondiente en el espacio en blanco.

_______ **1.** Los latinos se trasladan a Italia.

_______ **2.** Los etruscos se apoderan de Roma.

_______ **3.** Comienza el Imperio Romano.

_______ **4.** Los plebeyos ganan el derecho al voto.

_______ **5.** Los romanos establecen una república.

_______ **6.** Se funda Roma.

F. Para comprender lo que has leído:

Indica si cada uno de los siguientes acontecimientos afectó a Roma en una forma militar (M), política (P) o económica (E). Escribe la letra correcta en el espacio en blanco.

_______ **1.** Los hunos atacan los territorios romanos.

_______ **2.** Los esclavos realizan muchos trabajos en Roma.

_______ **3.** Los granjeros y los obreros pagan altos impuestos.

_______ **4.** Se establece una república en Roma.

_______ **5.** Roma tiene dos capitales.

_______ **6.** Un emperador gobierna Roma.

_______ **7.** Muchos romanos quedan sin empleo.

_______ **8.** Los patricios son ricos dueños de tierras.

G. Detrás de los titulares:

Escribe dos o tres oraciones que respalden o cuenten sobre cada uno de los siguientes titulares.

LOS PLEBEYOS PIDEN MÁS DERECHOS

____

____

A LOS CRISTIANOS SE LES PERMITIRÁ PRACTICAR RELIGIÓN

____

____

LAS TRIBUS GERMÁNICAS ATACAN ROMA

____

____

H. Piénsalo de nuevo:

Contesta cada una de las siguientes preguntas en tres o cuatro oraciones. Usa un papel en blanco.

1. ¿Cuáles eran los problemas principales con los que Roma se enfrentó después de liberarse de los etruscos?

2. ¿Cómo podría haber evitado Roma los problemas que ocasionaron su caída en el 476 d.C.?

I. Los significados de palabras:

Encuentra para cada palabra de la columna A el significado correcto en la columna B. Escribe la letra de cada respuesta en el espacio en blanco.

Columna A	Columna B
______ **1.** república	**a.** luchadores entrenados
______ **2.** cónsules	**b.** un gobierno dirigido por funcionarios elegidos
______ **3.** senadores	**c.** elegidos por el plazo de un año en la República de Roma
______ **4.** gladiadores	**d.** el primer emperador romano
______ **5.** *Pax Romana*	**e.** una época de paz y bienestar en el imperio
	f. promulgaban las leyes en Roma

J. ¿Quiénes eran?

Escribe el nombre de la persona o del grupo de personas que se describe en cada oración. Escribe la respuesta en el espacio en blanco.

______________________ **1.** Gobernaron Roma hasta el 509 a.C.

______________________ **2.** Eran los únicos romanos autorizados a ser miembros del Senado.

______________________ **3.** Trajeron una nueva religión a Roma.

______________________ **4.** Fue un soberano romano asesinado en el 44 a.C.

______________________ **5.** Vinieron de Asia e invadieron Europa hacia el 360 d.C.

______________________ **6.** Eran la gente común de Roma.

K. Para comprender la historia mundial:

En la página 142 leíste sobre cuatro factores de la historia mundial. ¿Cuál de estos factores corresponde a cada afirmación de abajo? Llena el espacio en blanco con el número de la afirmación correcta de la página 142.

______ **1.** Los romanos adoraban a muchos de los dioses de los antiguos griegos. Los romanos, sin embargo, les pusieron a los dioses nombres distintos.

______ **2.** Nuestra creencia en que el acusado es inocente hasta que se demuestre lo contrario era parte del sistema de leyes romano.

______ **3.** Los primeros romanos aprendieron sobre el cultivo de uvas y aceitunas por medio de los griegos y fenicios que tenían colonias en Italia.

______ **4.** El Imperio Romano se debilitó cuando sus tierras fueron invadidas por las tribus germánicas. Estas tribus huían de los hunos asiáticos bravos.

Europa durante los principios de la Edad Media

Para comprender la historia mundial

Piensa en lo siguiente al leer sobre Europa después de la caida del Imperio Romano

1. La interacción entre pueblos y naciones conduce a cambios culturales.
2. Satisfacer las necesidades del individuo y del grupo es una meta universal

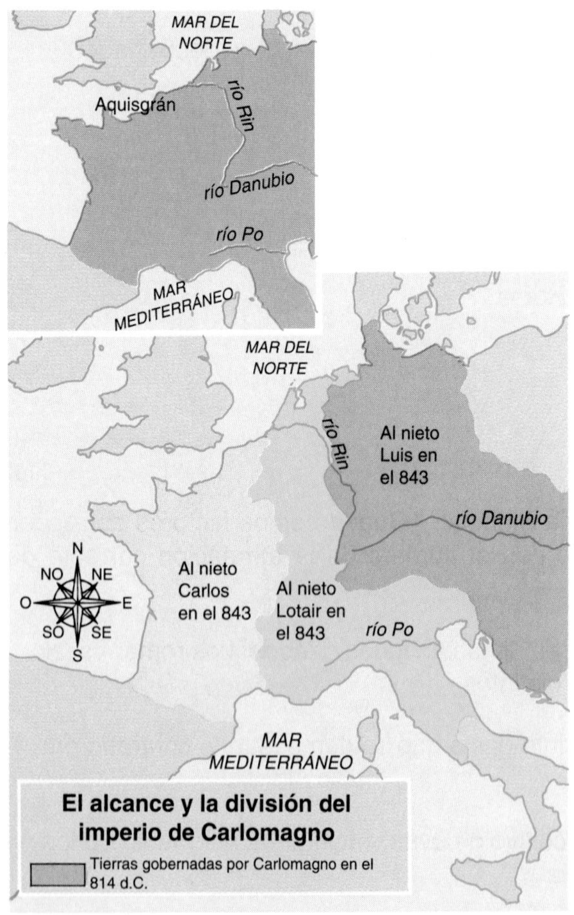

Carlomagno construyó un gran imperio en Europa.

Para aprender nuevos términos y palabras

En este capítulo se usan las siguientes palabras. Piensa en el significado de cada una.

medieval: del período de la Edad Media
vasallo: alguien que recibe tierras de un señor y que le da a cambio su lealtad y servicio
feudalismo: un sistema de gobierno que resultó del arreglo entre los señores y los vasallos
trueque: el intercambio de bienes y servicios
feudo: las tierras, incluso una aldea y sus alrededores, que un noble poseía
siervos: campesinos del feudo
autosuficiente: capaz de satisfacer todas sus necesidades por sí mismo
parroquia: el pueblo o la aldea a cargo de un sacerdote
Papa: el líder de la Iglesia Católica Romana
patriarcas: los líderes de las iglesias en la Iglesia Ortodoxa Oriental

Piénsalo mientras lees

1. En la sociedad feudal, ¿qué debían los vasallos a sus señores? ¿Qué les daban los señores a sus vasallos a cambio?
2. ¿Cómo influyó la caída del Imperio Romano en la vida económica de Europa?
3. ¿Cuáles eran las clases de personas que constituían la sociedad medieval?
4. ¿Cuál era otro nombre del Imperio Romano Oriental?

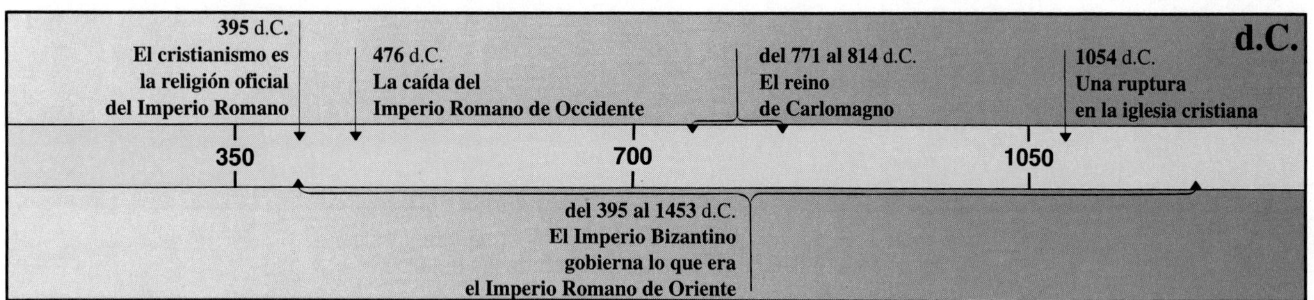

Las épocas medievales

Como leíste en el Capítulo 2, la parte occidental del Imperio Romano cayó en el 476 d.C. Como resultado, la vida en Europa cambió muchísimo. En algunos casos, los mil años siguientes al 476 d.C. se dividen en dos períodos. Uno es el de los principios de la Edad Media (del 450 d.C. al 850 d.C.) y el otro es el de fines de la Edad Media (del 850 d.C. al 1450 d.C.). A menudo se le llama al período entero la época **medieval.** La época medieval abarca el período entre los tiempos antiguos y los modernos.

En las siguientes páginas, leerás sobre el modo de vida en los principios de la Edad Media.

Nuevos reinos

El Imperio Romano decayó en Europa después del 476 d.C. Las bandas de tribus belicosas germánicas del centro y del norte de Europa entraron a chorros en las tierras romanas. A medida que entraban, destruían el sistema de control de Roma. Luego, estas personas nuevas establecieron sus propios reinos. Para el siglo IX, había muchos reinos pequeños por toda Europa.

El soberano más poderoso de la Edad Media temprana era Carlomagno. Él gobernó del 771 al 814 d.C. Su reino abarcó lo que hoy son Francia, Alemania y parte de Italia. Carlomagno estableció un fuerte gobierno central. Promulgó leyes y exigió a los jueces locales que las llevaran a cabo. Difundió la fe cristiana y adelantó los conocimientos. Se juntaron la forma de vida romana y la alemana en el reino de Carlomagno. De estas formas de vida nació una nueva cultura. Era la cultura europea.

Después de su muerte, el reino de Carlomagno fue repartido entre sus tres nietos. Una parte abarcaba casi toda Francia; otra abarcaba casi toda Alemania. Una tercera parte se extendía desde Italia hasta el Mar del Norte. De estas tres partes, nacieron lentamente los países de la Europa actual.

El feudalismo

No todos los gobernantes medievales fueron tan fuertes como Carlomagno. Muchos no podían defender

Los caballeros medievales llevaban puestos armadura y trajes de cota de mallas para protegerse durante las batallas.

sus tierras de los invasores. Cuando los reyes tenían que defender sus tierras, les pedían ayuda a los otros nobles. Estos nobles juntaban sus ejércitos con los del rey. Los ejércitos consistían en soldados montados a caballo. Se llamaban caballeros. Juntos, el rey y sus nobles podían derrotar a sus enemigos. Pero los reyes no tenían dinero para pagarles a los hombres por su ayuda durante las épocas de guerra. La única cosa que tenían eran tierras.

A cambio de su ayuda en la guerra, el rey les daba a sus nobles tierras para su uso personal. La persona que recibía tierras de esta forma se convertía en **vasallo.** Debía lealtad y servicio a su señor. El señor también tenía ciertos deberes. Tenía que proteger a sus vasallos.

La práctica de ceder tierras a cambio de servicio llegó a ser corriente en Europa. Al poco tiempo, surgió un sistema de gobierno de arreglo entre los señores y sus vasallos. Se llamaba **feudalismo.** El sistema feudal puso orden en Europa después de la caída del Imperio Romano.

En lo más alto de la sociedad feudal estaba el rey. Luego le seguían sus señores principales. Estos señores principales eran los vasallos del rey. Los señores principales también tenían sus propios vasallos. Luego, seguían los caballeros. Ellos también eran los vasallos de algún señor. Todos pertenecían a la clase noble. Por debajo de todos estaban los campesinos.

El comercio se disminuye

La caída de Roma provocó la disminución del comercio en Europa. Las ciudades y los caminos de Europa fueron destruidos por las tribus invasoras y por las guerras. Las ciudades que quedaban construyeron murallas altas para protegerse contra los enemigos. La interrupción del comercio implicaba menos necesidad de dinero. Las personas utilizaban el **trueque** en lugar de dinero. El trueque es el intercambio directo de bienes y servicios. Por ejemplo, un granjero podría cambiar huevos por zapatos, o cantidades de avena por un becerro. En estos intercambios el dinero no era necesario.

El sistema feudal

La agricultura era la forma principal de ganarse la vida durante la Edad Media. La mayor parte de las tierras pertenecía a los nobles. Como te acuerdas, los nobles recibían sus tierras de un señor. Las tierras que poseían los nobles se llamaban el **feudo.** El feudo podía abarcar una aldea y las tierras vecinas. O podía abarcar dos o tres aldeas.

Los nobles no labraban las tierras de su feudo. Generalmente, estaban luchando en batallas lejanas y no les quedaba tiempo para la agricultura. Los campesinos realizaban el trabajo en los feudos. En tiempos más antiguos, estos campesinos entregaban sus tierras a un señor y, a cambio, él los protegería. Los campesinos no tenían con qué defenderse durante épocas de guerra o desorden. Con los años, estos campesinos llegaban a vincularse con las tierras del feudo. Se conocían como **siervos.** Los siervos no podían salir del feudo. Debido al sistema de feudos, había pocas oportunidades para comunicarse con otros pueblos a principios de la Edad Media.

Un feudo medieval. Los siervos siembran vides y cosechan uvas.

Por lo general, un señor repartía sus tierras entre sus siervos. Pero siempre retenía algunas tierras para sí mismo. Para recibir protección del señor, los siervos tenían que labrar sus tierras. Además cada familia campesina tenía que pagar renta por las tierras que ellos mismos cultivaban.

En gran parte, las personas de un feudo eran **autosuficientes.** Satisfacían sus propias necesidades. Por ejemplo, los campesinos cultivaban trigo para alimentarse. También criaban ovejas y hacían hilos de la lana. Los obreros aldeanos fabricaban herramientas. Sin embargo, las personas de los feudos tenían que dar cosas a cambio de otras que ellos mismos no podían fabricar. Entre estas cosas estaban la sal y el hierro.

La Iglesia

En el 395 d.C. el cristianismo se convirtió en la religión del Imperio Romano. Fue la religión de Europa durante la Edad Media. Después de alrededor del 500 d.C., el gobierno romano perdió su control sobre muchas partes del imperio occidental. En esos casos, las personas acudían a la Iglesia Católica Romana para protegerse.

La Iglesia jugó un rol importante en la vida medieval.

- La Iglesia llevaba registros de los nacimientos, las muertes y las ventas de tierras.
- La Iglesia enseñaba lectura y escritura a los que querían hacerse sacerdotes. Sin embargo, ofrecía enseñar a otros también. Los monasterios, o sea, los lugares donde la gente podía vivir alejada de los demás para orar, eran centros de enseñanza importantes.
- La Iglesia cuidaba de los enfermos y los pobres.

La organización de la Iglesia se amplió durante la Edad Media. Los sacerdotes estaban a cargo de una **parroquia.** Un obispo gobernaba muchas parroquias. El **Papa** en Roma, era el líder de la iglesia cristiana. Se encargaba de todos los obispos.

Las clases sociales

Las personas de la Europa medieval se dividían en tres clases principales: los nobles, los siervos y los hombres y las mujeres libres. Había pocos nobles. Pero ellos tenían la mayor parte del poder. Los siervos eran la mayoría. Pero casi no tenían poderes ni derechos. Había pocas personas libres en la Europa medieval. Eran o campesinos o gente de la ciudad. Tenían más derechos que los siervos. Pero tenían menos derechos que los nobles.

La vida de los nobles

El modo de vida de los nobles era muy diferente del modo de vida de los siervos y del de la gente libre. Como eran caballeros al servicio de su señor, pasaban una gran parte del tiempo en la guerra o entrenándose para la guerra. De jóvenes, a los nobles se los entrenaba para llegar a ser caballeros. Un niño noble podía comenzar como ayudante de un caballero. Luego, a los 14 ó 15 años, aprendía a montar a caballo y a utilizar las armas. Al terminar su entrenamiento, podría recibir el título de caballero.

Cuando no luchaban, los nobles llevaban su propio modo de vida. Cazaban y participaban en torneos, que eran juegos de destrezas militares. Los nobles también entretenían a los visitantes.

La vida de los nobles se centraba en el castillo. Éste era un edificio con torres altas y muros gruesos. Se construía el castillo para proteger al señor, su familia y sus siervos contra ataques. Aunque el castillo medieval los protegía, no era un hogar acogedor. Estaba frío, oscuro y húmedo.

La vida de las personas comunes

Los siervos y los hombres y las mujeres libres llevaban vidas más sencillas. Trabajaban día y noche. Sus casas eran simples chozas hechas de paja y lodo. La vida campesina se basaba en las estaciones. En la primavera, los campesinos sembraban semillas para granos. El verano y el comienzo del otoño eran épocas de cosecha de cultivos. Durante el invierno, se quedaban dentro de sus casas. Fabricaban velas, tejían telas y realizaban otras labores.

El Imperio Bizantino

A medida que el feudalismo se desarrollaba en Europa, la parte oriental del Imperio Romano seguía en marcha. Como te acordarás del Capítulo 2, el Imperio Romano fue dividido en dos partes durante el siglo V d.C. A medida que el Imperio Romano occidental se debilitaba, el imperio oriental permanecía fuerte. Su capital, Constantinopla, se enriquecía con el comercio.

Muchas veces, al Imperio Romano oriental se lo llama el Imperio Bizantino. Recibe su nombre de la antigua ciudad de Bizancio. Más adelante, esta ciudad se llamó Constantinopla. El Imperio Bizantino duró del 395 al 1453 d.C. Grecia y el Asia Menor formaban parte del imperio. Los habitantes del imperio hablaban griego y eran cristianos.

La emperatriz Teodora del Imperio Bizantino.

Los soberanos bizantinos seguían algunas de las formas de vida romanas. Una de éstas era el sistema de leyes iniciado por los romanos. A principios de la Edad Media, la ley romana se había dejado de lado en Europa. Pero seguía funcionando en el Imperio Bizantino. El imperio de oriente también practicaba modos de vida que eran diferentes de los de Roma. Por ejemplo, el soberano bizantino no aceptaba al Papa como el líder de la iglesia cristiana. En el Imperio Bizantino, el soberano nombraba a **patriarcas** como líderes de las iglesias en distintas ciudades. Además, la forma de devoción en las iglesias era diferente en el imperio de oriente. El griego, y no el latín, llegó a ser el idioma de la iglesia oriental. Las diferencias entre las formas de devoción resultaron en una ruptura en la iglesia cristiana en 1054. En el occidente, la iglesia cristiana se conocía como la Iglesia Católica Romana. En el oriente, se conocía como la Iglesia Ortodoxa Oriental.

Ejercicios

A. Busca las ideas principales:

Pon una marca al lado de las oraciones que expresan las ideas principales de lo que acabas de leer.

______ **1.** Europa consistía en muchos reinos pequeños durante la época medieval.

______ **2.** Un sistema de feudalismo se desarrolló en Europa durante la época medieval.

______ **3.** La Iglesia promovió la educación durante la Edad Media.

______ **4.** Los nobles eran dueños de las tierras durante la Edad Media.

______ **5.** Se construyeron castillos para la protección durante la época medieval.

B. ¿Qué leíste?

Escoge la respuesta que mejor complete cada oración. Escribe la letra de tu respuesta en el espacio en blanco.

______ **1.** Algunas consecuencias de la caída de Roma fueron
a. la decadencia de las ciudades.
b. la disminución del comercio.
c. el comienzo de muchos reinos pequeños.
d. todo lo anterior.

______ **2.** El trueque es un término que se usa para hablar
a. del comercio.
b. de la religión.
c. de la guerra.
d. de la vida política.

______ **3.** Durante la Edad Media, muchos de las obligaciones que antes correspondían al gobierno romano ahora correspondían a
a. los feudos.
b. la Iglesia.
c. las ciudades.
d. los invasores.

______ **4.** Durante la Edad Media, un señor le daba tierras a un noble que servía en épocas de guerra. Este noble se convertía en
a. el mercader del señor.
b. el siervo del señor.
c. el vasallo del señor.
d. un hombre libre.

C. Comprueba los detalles:

Lee cada afirmación. Escribe C en el espacio en blanco si la afirmación es cierta. Escribe F en el espacio si es falsa. Escribe N si no puedes averiguar en la lectura si es cierta o falsa.

_______ **1.** El Imperio Romano se desintegró después del 476 d.C.

_______ **2.** Los nobles gobernaron muchos reinos durante la Edad Media.

_______ **3.** La Iglesia ejerció poca influencia durante la Edad Media.

_______ **4.** Las ciudades se agrandaron durante la Edad Media.

_______ **5.** Los nobles tenían más derechos que las personas libres.

_______ **6.** Los servicios proporcionados por la iglesia formaban una parte importante de la vida medieval.

_______ **7.** Los reyes pudieron pagar a sus ejércitos con dinero.

_______ **8.** La agricultura era la actividad principal de un feudo.

_______ **9.** Los siervos estaban bajo el control de la Iglesia.

_______ **10.** La educación dejó de existir durante la Edad Media.

D. ¿Quiénes eran?

Escribe el nombre del grupo de personas que podría haber dicho lo siguiente durante la Edad Media. Escribe la respuesta en el espacio en blanco.

_______________________ **1.** Debíamos a nuestro señor lealtad y servicio en épocas de guerra.

_______________________ **2.** Llevábamos registros durante la época medieval.

_______________________ **3.** No éramos nobles pero sí teníamos más derechos que los siervos.

_______________________ **4.** Cuidábamos de los pobres.

_______________________ **5.** Éramos los soldados montados a caballo durante la Edad Media.

_______________________ **6.** Realizábamos el trabajo en los feudos.

E. Para comprender lo que has leído:

Indica si cada una de las siguientes oraciones tiene que ver con aspectos (P) políticos, (E) económicos, (R) religiosos o (S) sociales de la vida medieval. Escribe la letra correcta en el espacio en blanco.

_______ **1.** Como había poco dinero, las personas de la Edad Media cambiaban bienes por servicios.

_______ **2.** Carlomagno estableció un fuerte gobierno central.

_______ **3.** Había poco comercio durante la Edad Media.

______ **4.** Los siervos pertenecían a la clase más baja durante la Edad Media.

______ **5.** La iglesia les proporcionaba educación a las personas durante la Edad Media.

______ **6.** Los feudos satisfacían casi todas sus necesidades.

______ **7.** El soberano bizantino no aceptaba al Papa como líder de la iglesia cristiana.

______ **8.** Carlomagno promulgó leyes y exigió que los jueces las llevaran a cabo.

F. Los significados de palabras:

Encuentra para cada palabra de la columna A el significado correcto en la columna B. Escribe la letra de cada respuesta en el espacio en blanco.

Columna A	Columna B
______ **1.** trueque	**a.** un líder de una iglesia para la Iglesia Ortodoxa Oriental
______ **2.** vasallo	**b.** el líder de la Iglesia Católica Romana
______ **3.** Papa	**c.** las tierras que pertenecían a un noble
______ **4.** feudo	**d.** una persona que recibía tierras de un noble o de un rey
______ **6.** patriarca	**f.** el área de una iglesia local
	g. una persona obligada a labrar la tierra en forma de servicio a otra persona

G. Para comprender la historia mundial:

En la página 152 leíste sobre dos factores de la historia mundial. ¿Cuál de estos factores corresponde a cada afirmación de abajo? Llena el espacio en blanco con el número de la afirmación correcta de la página 152.

______ **1.** Las costumbres germánicas se mezclaron con las tradiciones del Imperio Romano en el reino de Carlomagno. De esta mezcla nació una nueva cultura.

______ **2.** Los señores y los campesinos medievales se ganaban la vida en los feudos. Se satisfacía la mayoría de sus necesidades. Los señores tenían que darles protección a los siervos, y los siervos tenían que cultivar las tierras que pertenecían al señor.

Capítulo 4

El surgimiento del islamismo

Para comprender la historia mundial

Piensa en lo siguiente al leer sobre el surgimiento del islamismo.

1. Los países adoptan y adaptan ideas e instituciones de otros países.
2. La cultura del presente nace en el pasado.
3. La interacción entre pueblos y naciones lleva a cambios culturales.

Meca, la ciudad más sagrada del islam. Mahoma nació en Meca.

Para aprender nuevos términos y palabras

En este capítulo se usan las siguientes palabras. Piensa en el significado de cada una.

islamismo: una palabra árabe que significa "someterse a la voluntad de Dios"; la religión fundada por Mahoma
hégira: la huida de Mahoma de Meca a Medina
profeta: alguien que presenta creencias religiosas tales como las recibió de Dios
limosna: el dinero o los bienes que se regalan a los pobres
Corán: el libro sagrado del islamismo
mezquita: el lugar de devoción islámico

Piénsalo mientras lees

1. ¿Dónde se inició el islamismo?
2. ¿Cuáles son las enseñanzas del islamismo?
3. ¿Por qué se difundió el islamismo tan rápidamente?

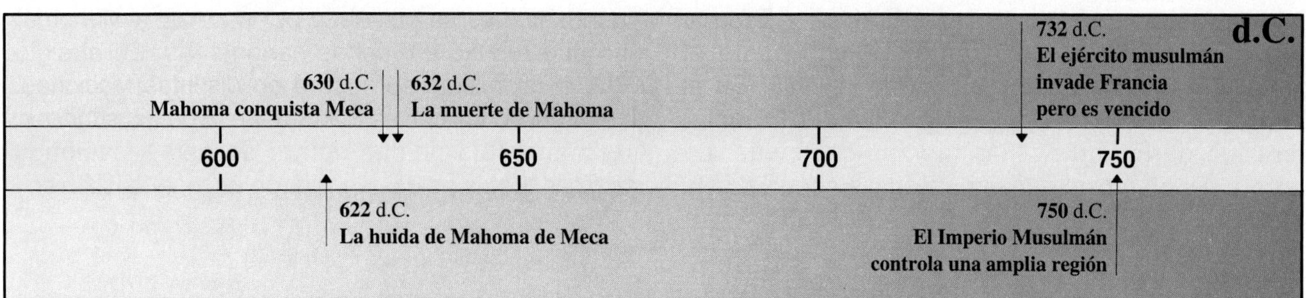

Mahoma funda una nueva religión

La primera religión en enseñar la creencia en un solo dios fue el judaísmo. Otra fe, el cristianismo, nació del judaísmo. Surgió por la época de los primeros emperadores romanos. Éste también propagó la creencia en un solo dios. El cristianismo se difundió en casi toda Europa alrededor del 600 d.C. Sin embargo, tenía menos practicantes en varias partes del Oriente Medio. Las antiguas religiones permanecían fuertes allí. Por ejemplo, las personas de Arabia creían en muchos dioses. Pero fue en Arabia donde surgió una nueva religión a principios del siglo VII d.C. Esta religión enseñó la creencia en un solo dios.

El fundador de la nueva religión era un hombre que se llamaba Mahoma. Nació en Arabia en la ciudad de Meca. A la edad aproximada de 40 años, Mahoma rechazó la creencia en muchos dioses. Pidió a la gente que creyera en un solo dios, Alá. Las ideas de Mahoma se basaban parcialmente en las enseñanzas del judaísmo y del cristianismo. Pero muchas de sus ideas eran nuevas. Mahoma llamó a la nueva religión el **islamismo.** Ésta es una palabra árabe que significa someterse, o sujetarse, a la voluntad de Dios. Los practicantes del islamismo se llaman musulmanes.

Mahoma se escapa

Los que adoraban a los dioses antiguos se oponían a Mahoma. Él fue obligado a huir de Meca en el 622 d.C. Mahoma y sus seguidores fueron a la ciudad de Medina. La huida de Meca a Medina se llama la **hégira.** El año de la huida, el 622 d.C., se convirtió en el primer año del calendario musulmán.

En el 630 d.C., Mahoma regresó a Meca con un ejército. Se apoderó de la ciudad y destrozó a los ídolos de la fe antigua. Meca y Medina llegaron a ser las ciudades sagradas del islamismo. Pero Meca es la ciudad más sagrada de la religión.

Las enseñanzas del islamismo

Los musulmanes no adoraban a Mahoma como un dios. Le consideraban un **profeta.** Mahoma profesó las creencias religiosas del islamismo tal como las había recibido de Alá.

Éstas son las enseñanzas del islamismo:

- Creer que no existe otro dios sino Alá y que Mahoma es el profeta de Alá
- Rezar cinco veces al día, mirando en dirección a Meca
- Darles **limosna** a los pobres
- No comer desde la salida del sol hasta la puesta del sol durante un mes sagrado del año. Este mes se llama Ramadán.

- Hacer un viaje a la ciudad sagrada de Meca por lo menos una vez

Las enseñanzas del islamismo están recopiladas en el **Corán.** Éste es el libro sagrado del islamismo. Contiene todas las reglas religiosas que los musulmanes tienen que seguir. Los musulmanes creen que el Corán es la palabra sagrada de Dios.

La difusión del islamismo

Mahoma murió en el 632 d.C., dos años después de haberse apoderado de Meca. Para entonces, su ejército se había apoderado de la mayor parte de Arabia. Durante los 100 años siguientes, el islamismo se difundió desde Arabia por todo el Oriente Medio, Egipto, el norte de África y España (ver el mapa de abajo). También llegó hasta el centro de África, Persia y partes de la India. En el 732 d.C., un ejército musulmán invadió Francia, pero fue derrotado por las fuerzas cristianas. La derrota de los musulmanes en Francia acabó con la difusión del islamismo en el oeste de Europa.

El islamismo se difundió rápidamente. Había muchas razones por las cuales la gente lo apoyaba. Por ejemplo, los musulmanes decían que todos los creyentes eran iguales. No necesitaban ni sacerdotes ni iglesias para practicar su religión. Además, el islamismo unía a todos los árabes por primera vez. Ellos luchaban por su dios único y para difundir el islamismo.

Las disputas dentro del islamismo

Para el 750 d.C., los ejércitos musulmanes se habían apoderado de una región muy grande. Pero había problemas dentro del imperio musulmán. Algunos líderes se peleaban por suceder a Mahoma, algo que resultó en luchas sangrientas. En el siglo XVIII, el islamismo se separó en distintas facciones. Una fue la de los chiítas. La otra fue la de los sunnitas. Además, había peleas dentro de estas facciones islámicas. Estas peleas debilitaron al Imperio Islámico.

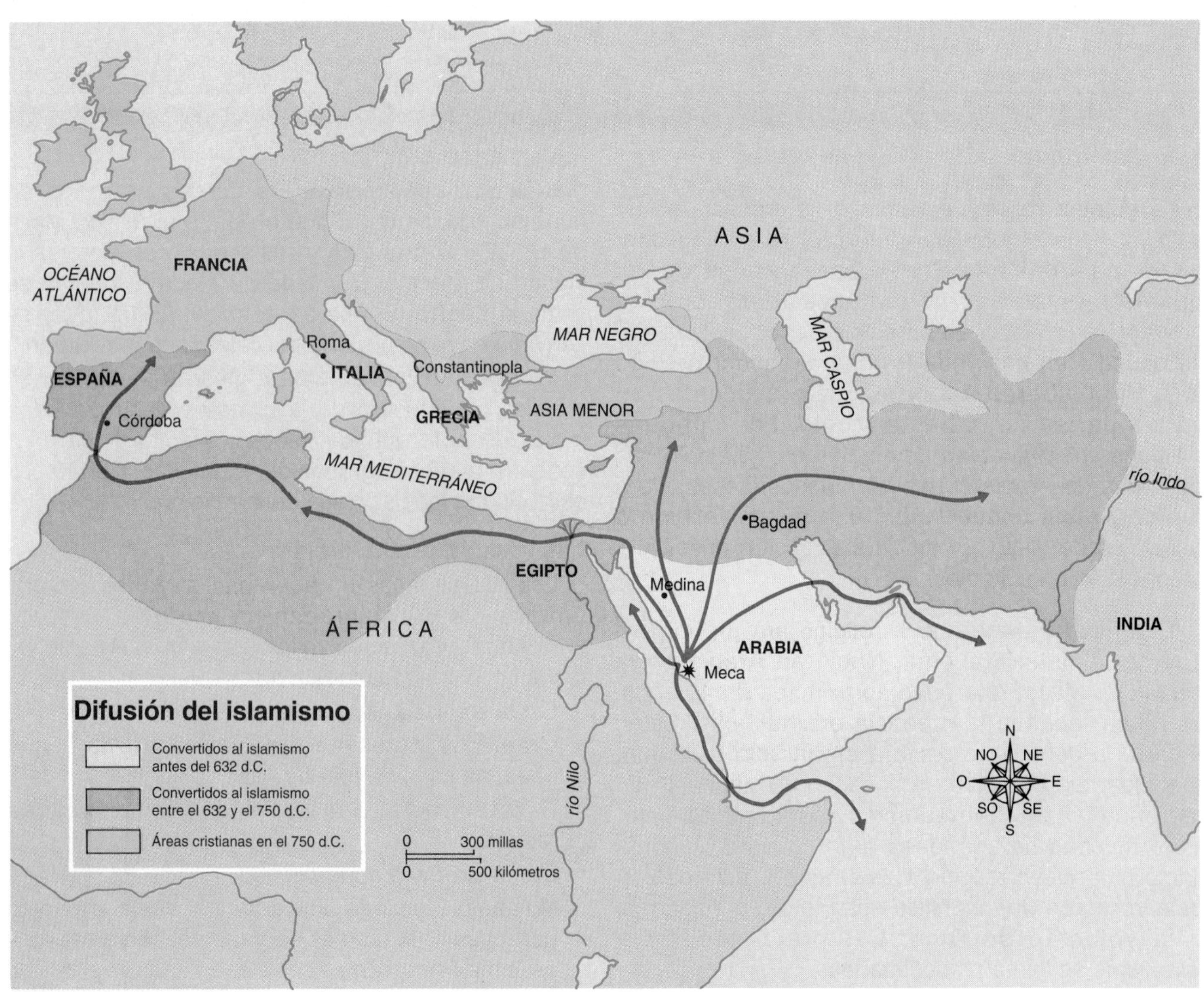

Los aportes del islamismo

El islamismo fue una fuerza poderosa cuando Europa estaba en desorden. Durante el comienzo de la Edad Media en Europa, floreció la cultura musulmana. Mediante el comercio, la gente de Europa aprendió mucho sobre las ciencias, el arte y los productos musulmanes. Los pueblos islámicos hicieron grandes contribuciones en muchos campos. Por ejemplo:

- Los eruditos musulmanes mantenían vivas las ideas de los primeros filósofos griegos. También estudiaban las escrituras de los romanos.
- Los médicos musulmanes estudiaban las enfermedades y encontraban maneras de tratarlas. Un médico, Avicena, explicó cómo las enfermedades se propagaban por medio del agua sucia.
- Los musulmanes adoptaron el sistema numérico de la India. Más adelante, este sistema llegó a conocerse como los "números arábigos".
- Los musulmanes favorecían mucho a la educación. Fundaron escuelas donde se enseñaba medicina, leyes y religión.
- Los musulmanes construyeron **mezquitas** y palacios. A menudo, estos edificios estaban recubiertos de dibujos hermosos.
- Los mercaderes musulmanes comerciaban con África, Asia y Europa. Las ciudades árabes se llenaron de telas finas, alfombras, productos de cuero y otras riquezas.

Un musulmán enseñando el Corán a la gente.

El Alhambra en España. Los musulmanes construyeron este palacio. Invadieron España en el siglo VIII d.C.

Ejercicios

A. Busca las ideas principales:

Pon una marca al lado de las oraciones que expresan las ideas principales de lo que acabas de leer.

_______ **1.** Antes de Mahoma, los pueblos del Oriente Medio adoraban a muchos dioses.

_______ **2.** El islamismo nació y creció durante los siglos VII y VIII.

_______ **3.** Mahoma huyó a Medina en el 622 d.C.

_______ **4.** El islamismo enseña la creencia en un solo dios.

_______ **5.** Después de la muerte de Mahoma, el islamismo se separó en diferentes facciones.

_______ **6.** Meca es la ciudad más sagrada del islamismo.

B. ¿Qué leíste?

Escoge la respuesta que mejor complete cada oración. Escribe la letra de tu respuesta en el espacio en blanco.

_______ **1.** Mahoma nació en
a. Egipto.
b. Arabia.
c. España.
d. ninguno de los anteriores.

_______ **2.** El Corán es el nombre
a. de una ciudad sagrada islámica.
b. de un líder religioso islámico.
c. del libro sagrado del islamismo.
d. de un profeta islámico.

_______ **3.** En el 732 d.C., un ejército musulmán invadió
a. España.
b. Persia.
c. Egipto.
d. Francia.

_______ **4.** Los musulmanes consideran a Mahoma como
a. un líder militar.
b. un profeta.
c. el fundador del islamismo.
d. todo lo anterior.

C. Comprueba los detalles:

Lee cada afirmación. Escribe C en el espacio en blanco si la afirmación es cierta. Escribe F en el espacio si es falsa. Escribe N si no puedes averiguar en la lectura si es cierta o falsa.

_______ **1.** La religión islámica comenzó en Arabia.

_______ **2.** El judaísmo fue la primera religión en enseñar la creencia en un solo dios.

_______ **3.** Todos los habitantes de Meca aceptaron de inmediato las enseñanzas de Mahoma.

_______ **4.** Los problemas del islam surgieron debido a su rápida difusión en todas partes del mundo.

_______ **5.** Dar limosna a los pobres no es una de las creencias del islamismo.

_______ **6.** Los musulmanes formularon ideas sobre las causas de las enfermedades.

_______ **7.** La mayoría de las personas del Oriente Medio estaban descontentas con su religión en la época de Mahoma.

_______ **8.** Las guerras no hicieron un papel importante en la difusión del islamismo.

_______ **9.** Los musulmanes se interesaban por la educación.

_______ **10.** Las peleas entre los chiítas y los sunnitas fraccionaron al islamismo.

D. Detrás de los titulares:

Escribe dos o tres oraciones que respalden o cuenten sobre cada uno de los siguientes titulares. Usa una hoja de papel en blanco.

MECA CAE ANTE MAHOMA

LOS MUSULMANES DERROTADOS EN FRANCIA

DISPUTAS RELIGIOSAS DENTRO DEL ISLAMISMO

E. Los significados de palabras:

Encuentra para cada palabra de la columna A el significado correcto en la columna B. Escribe la letra de cada respuesta en el espacio en blanco.

Columna A	Columna B
_______ **1.** Alá	**a.** la huida de Mahoma de Meca a Medina
_______ **2.** mezquita	**b.** el único Dios
_______ **3.** profeta	**c.** dinero o bienes regalados a los pobres
_______ **4.** limosna	**d.** el lugar musulmán para las adoraciones
_______ **5.** hégira	**e.** la persona que profesa las creencias tales como las recibió de Dios
	f. el libro sagrado del islamismo

F. Para comprender la historia mundial:

En la página 160 leíste sobre tres factores de la historia mundial. ¿Cuál de estos factores corresponde a cada afirmación de abajo? Llena el espacio en blanco con el número de la afirmación correcta de la página 160.

_______ **1.** Las personas de Europa aprendieron mucho sobre las matemáticas, las ciencias y la medicina mediante los comerciantes musulmanes.

_______ **2.** Las distintas facciones del islamismo actual surgieron después de la muerte de Mahoma.

_______ **3.** Al igual que las enseñanzas del judaísmo y del cristianismo, el islamismo enseña la creencia en un solo dios.

Capítulo 5

El fin de la Edad Media y el Renacimiento

Para comprender la historia mundial

Piensa en lo siguiente al leer sobre Europa durante los últimos años de la Edad Media y el Renacimiento.

1 La cultura del presente nace en el pasado.
2 Los países adoptan y adaptan ideas e instituciones de otros países.
3 La interacción entre pueblos y naciones conduce a cambios culturales.
4 Los sucesos en una parte del mundo han influido en los desarrollos en otras partes del mundo.

Los pueblos de la Edad Media y del Renacimiento fueron lugares de mucha actividad.

Para aprender nuevos términos y palabras

En este capítulo se usan las siguientes palabras. Piensa en el significado de cada una.

Cruzadas: las guerras ocasionadas por el deseo de liberar a la Tierra Santa del control musulmán

manufactura: la fabricación de productos a mano o a máquina

humanistas: el nombre dado a los eruditos del Renacimiento; se interesaban por todos los aspectos de la vida humana

Renacimiento: el período que va desde el siglo XIV al siglo XVII aproximadamente; un término que significa que una civilización "ha vuelto a nacer"

reformar: ocasionar cambios para mejorar algo

mecenas: las personas que patrocinan las artes

Piénsalo mientras lees

1. ¿Por qué empezaron a crecer los pueblos a fines de la Edad Media?
2. ¿Qué fueron las Cruzadas? ¿Qué cambios ocasionaron en Europa?
3. ¿Qué significa la palabra "Renacimiento"?
4. ¿Qué fue la Reforma Protestante?
5. ¿Qué cambios fueron ocasionados por el Renacimiento?

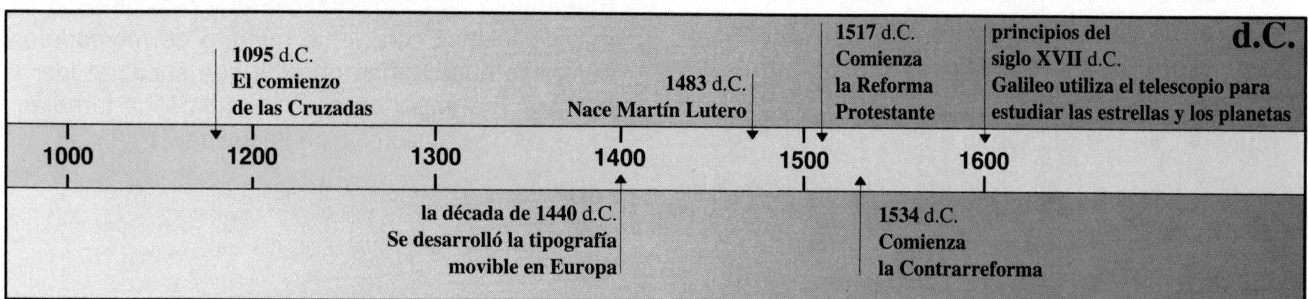

Renace la vida en los pueblos

A principios de la Edad Media, casi no había vida en los pueblos en Europa. La gente vivía cerca de los feudos de los nobles. Allí recibían protección contra las guerras y los peligros de la época.

Hacia el 900 d.C., los pueblos comenzaron a crecer lentamente. A menudo surgían donde la gente se reunía para comerciar. Muchos pueblos se fundaban cerca de los ríos. En estos pueblos fue fácil que los mercaderes enviaran y vendieran sus bienes. Los pueblos también crecían alrededor, o cerca, de los castillos.

Como leíste en el Capítulo 3, se construían los castillos para proteger a los nobles y a sus hogares. Al poco tiempo, las personas del castillo querían más espacio. Empezaron a mudarse fuera del castillo. En épocas de peligro, sin embargo, regresaban al castillo para protegerse.

Hubo otro factor que hizo que los pueblos crecieran. La población de Europa empezó a aumentar entre el 500 y el 1000 d.C. Esto significaba que había más gente en busca de empleo. Debido a que había más obreros, no se necesitaban a tantos campesinos para cultivar la tierra. Algunos campesinos se fueron a los pueblos. Sus destrezas en el tejido y otros trabajos ayudaban a ampliar el comercio en los pueblos. El comercio se extendía por toda Europa a medida que el número de personas en los pueblos que fabricaban y vendían bienes aumentaba.

Las Cruzadas

Durante toda la Edad Media, los cristianos fueron y vinieron entre Europa y el Oriente Medio. Visitaron la región donde Jesús había vivido y predicado. Esta parte del mundo se llamaba la Tierra Santa. Fue sagrada para los cristianos.

Como te acordarás del Capítulo 4, el Oriente Medio estaba bajo el control de los árabes musulmanes en el siglo VIII. Pero los árabes musulmanes eran imparciales con respecto a los cristianos. Permitían que los cristianos fueran y vinieran libremente por la Tierra Santa. Pero esto cambió en 1071. En ese año, los turcos selyúcidos belicosos se apoderaron de la Tierra Santa.

Los turcos musulmanes no fueron abiertos hacia los cristianos. Los peregrinos que regresaron a Europa de la Tierra Santa contaron cómo los cristianos fueron asesinados y los lugares sagrados fueron destruidos. Los turcos también estuvieron a punto de apoderarse de Constantinopla, la capital del Imperio Bizantino. El patriarca de Constantinopla le pidió ayuda al Papa de Roma. En 1095, el Papa Urbano II proclamó una guerra sagrada contra los musulmanes. Quería capturar la Tierra Santa y salvar al imperio.

Miles de personas participaron en las **Cruzadas,** el nombre puesto a las guerras para liberar la Tierra Santa. Las Cruzadas duraron unos 150 años. Había muchas razones por las cuales la gente participaba en las Cruzadas. Algunas personas fueron verdaderamente religiosas. Esperaban liberar la Tierra Santa. Otras buscaban aventuras y gloria. Los siervos se alistaban a las Cruzadas para escaparse de la vida dura. Los nobles participaban para ganar tierras, riquezas y poder.

Las Cruzadas ocasionan cambios

Las Cruzadas no recuperaron la Tierra Santa por mucho tiempo. Pero tuvieron consecuencias importantes. Por ejemplo:

- Muchos nobles murieron en las batallas de las Cruzadas. Sin su competencia por el poder, los reyes ganaron aún más poder.
- Los europeos empezaron a interesarse por otras partes del mundo.
- Los cruzados traían especias y otros objetos del Oriente Medio. Estas cosas mejoraban la vida europea. Las especias daban más sabor a los alimentos. Los perfumes, las alfombras y los espejos de cristal se traían a Europa del Oriente Medio.
- Las **manufacturas** comenzaron a aumentar en Europa. Los ejércitos necesitaban armas y provisiones para poder seguir luchando.
- Las ciudades se hacían ricas por el comercio entre Europa y el Oriente Medio. Venecia era la ciudad comercial más famosa. Venecia está en el norte Italia.
- El aumento de las manufacturas y del comercio en la educación. El creciente número de mercaderes europeos necesitaban obreros que supieran leer y escribir. Era importante saber aritmética también. Sin esos conocimientos era imposible comerciar.

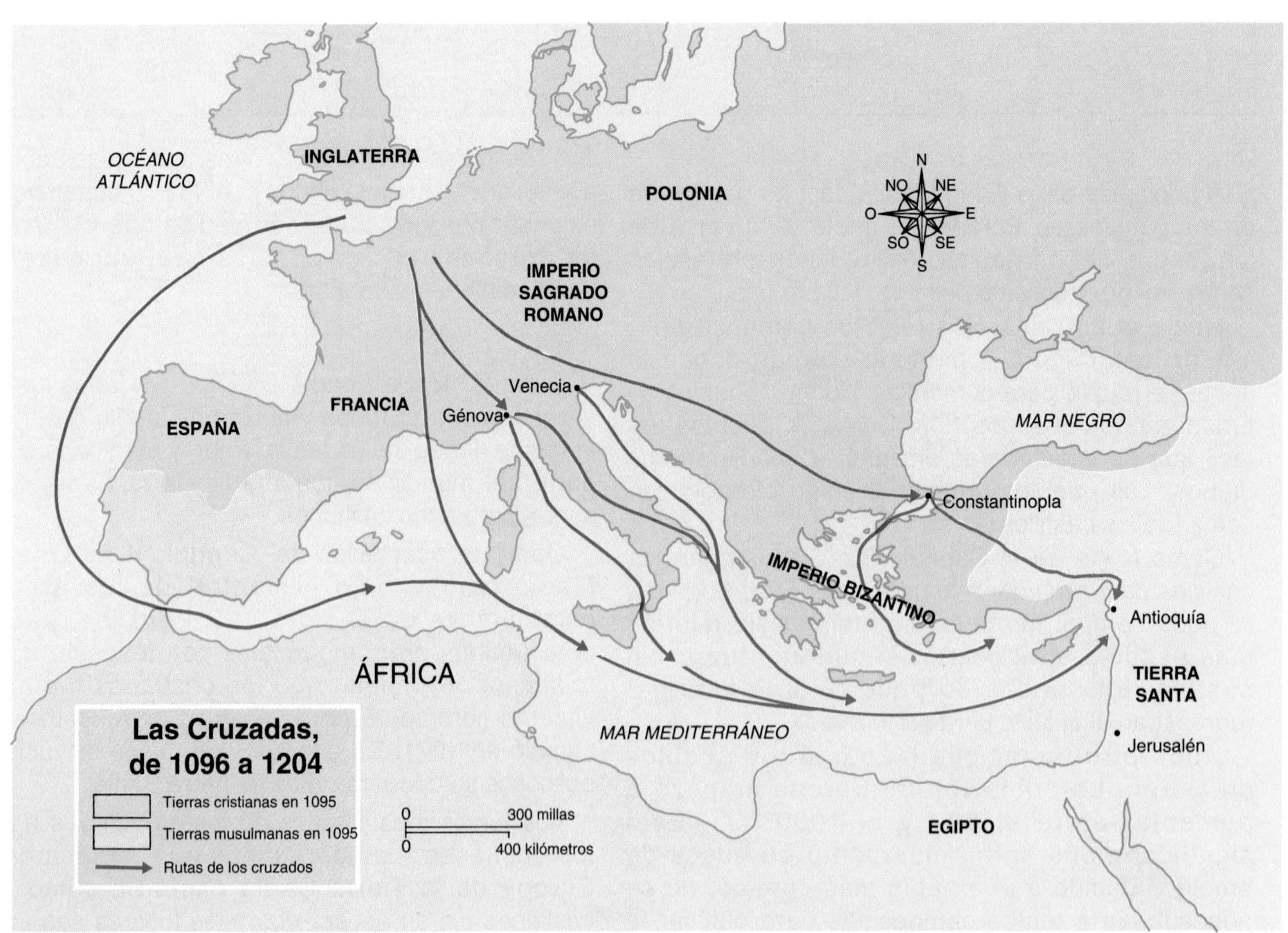

Crece el deseo por conocimientos

Durante el siglo XIV, algunos europeos querían aprender más que el oficio del comercio. También querían aprender más sobre el mundo en que vivían. Querían saber sobre el pasado. Algunas personas creían que, al aprender sobre el pasado, podrían comprender mejor sus propias vidas.

El interés por el pasado condujo a los eruditos a estudiar las escrituras de los griegos y los romanos. Estos eruditos se llamaban a sí mismos **humanistas**. Se interesaban en todo sobre los seres humanos. Los humanistas estudiaban libros y cartas de la Grecia y Roma antiguas. Los eruditos musulmanes y bizantinos habían guardado estas escrituras cuando Europa estaba en decadencia. También había escrituras antiguas en los monasterios, los castillos y las bibliotecas de los ricos.

Llegó a ser importante saber griego y latín. Los que tenían dinero empleaban a maestros para que les enseñaran idiomas antiguos. De esta forma, podían conversar sobre las ideas del pasado. Mediante la lectura y la conversación, se renovaban las ideas y creencias de los tiempos antiguos. Este período de la historia se llama el **Renacimiento.** La palabra significa "nacer de nuevo". Se refiere al renacimiento de las ideas griegas y romanas.

Los humanistas inician el Renacimiento

Los humanistas iniciaron el Renacimiento. Se interesaban por las personas. Querían saber más sobre la naturaleza y el mundo a sus alrededores. Los humanistas despertaron este deseo por aprender en la vida europea. En la Edad Media, las personas se preocupaban más por la religión y la vida futura. La iglesia fue el centro de la vida. Durante el Renacimiento, el individuo llegó a ser el centro de la atención.

Los humanistas pusieron en marcha el Renacimiento. El Renacimiento se inició en las ciudades del norte de Italia en el siglo XIV. Alcanzó su apogeo en el siglo XVI. Las ideas de los humanistas se difundieron por toda Europa durante los siglos XVI y XVII.

Se desarrollan las lenguas modernas

Durante el Renacimiento, la cultura y la enseñanza en Europa volvieron a nacer. Pero la gente leía más que sólo los libros de la Grecia y Roma antiguas. Se reunieron libros del Oriente Medio y de distintas partes de Europa. Estos libros fueron traducidos al italiano, inglés, español y francés. De esta forma, cada vez más personas podían aprender en su propia lengua. No tenían que saber ni griego ni latín.

Erasmo fue un humanista famoso. Nació en Holanda.

Las lenguas de la vida cotidiana se utilizaban en poesías y documentos gubernamentales. Se escribían cuentos y comedias en muchas lenguas también. En España, por ejemplo, Miguel de Cervantes escribió una novela sobre un viejo caballero. Esta novela se titulaba *Don Quijote.*

La prensa difunde los conocimientos

El deseo por aprender fue una parte importante del Renacimiento. Se traducían y copiaban centenares de libros y documentos. Sin embargo, el sistema antiguo de copiar los libros a mano era demasiado lento. Además los libros costaban demasiado. Tenía que descubrirse una nueva forma de copiar los libros.

El arte de fabricar el papel se inventó primero en China. Llegó a Europa por medio de Arabia. Para el siglo XV había nuevos tipos de tintas. Durante esta época también se había inventado una prensa —una forma de imprimir el papel con tipografía entintada. Pero el problema era que la imprenta era un proceso incómodo. Se tenían que tallar las palabras de una página en un bloque de madera antes de poder imprimir la página. Esto tardaba mucho.

Para la década de 1440, la tipografía movible se había desarrollado en Europa. La idea fue sencilla.

Se hacían letras de metal por separado. Se colocaban las letras, una al lado de la otra, para formar palabras y oraciones. Luego, éstas se colocaban en un marco. El marco se convertía en la página de tipografía que se iba a imprimir. Más adelante, se podrían utilizar las letras de nuevo para hacer las páginas de otros libros. Este sistema hacía posible copiar un libro a un costo bajo.

Nadie sabe con seguridad quién pensó en la idea de la tipografía movible. Pero sí sabemos que Johannes Gutenberg, un impresor alemán, fue el primero en fabricar un tipo de metal para hacer tipografía movible. Así se podía montar la tipografía rápida y fácilmente. Gutenberg también fue el primero en imprimir una edición completa de la Biblia. Se considera el fundador de la imprenta moderna.

Surgen nuevas ideas

Los europeos eruditos descubrieron más que las obras de los primeros griegos y romanos. También descubrieron nuevas ideas en las ciencias, las matemáticas, la filosofía y la medicina.

Dos de los científicos más famosos del Renacimiento fueron Copérnico y Galileo. Copérnico fue polaco. En 1543, dijo que la Tierra giraba alrededor del Sol. Antes, las personas creían que la Tierra fue el centro del universo.

A principios del siglo XVII, Galileo, un italiano, hizo aún más descubrimientos. Mejoró un antiguo invento holandés: el telescopio. Galileo utilizó el telescopio mejorado para observar las estrellas y los planetas. Descubrió que los planetas no fueron cuerpos perfectos. En realidad, tenían superficies accidentadas. En tiempos anteriores, los científicos creían que los planetas y las estrellas fueron perfectos. Los hallazgos de Galileo ayudaron a respaldar las teorías de Copérnico.

La necesidad de una reforma

El Renacimiento ocasionó cambios en la vida de Europa. La gente comenzó a hacer preguntas sobre el mundo que la rodeaba. La religión también empezó a cambiar. Como has leído, la Iglesia Católica Romana se había hecho poderosa durante la época medieval. Muchos europeos estaban conformes con la iglesia. Aceptaban lo que les enseñaba. Pero había otros que querían que la iglesia se **reformara,** o cambiara. Durante el Renacimiento, algunos empezaron a hacer preguntas sobre ciertas prácticas de la iglesia. Martín Lutero fue uno de ellos.

Martín Lutero, centro, encabezó la Reforma Protestante.

Martín Lutero

Martín Lutero nació en Alemania en 1483. Fue monje y maestro. Se había elogiado a Lutero por sus enseñanzas en la Universidad de Wittenberg en Alemania. Pero él no estaba satisfecho con lo que pasaba dentro de la iglesia. Lutero se oponía a que la iglesia vendiera indulgencias. Una indulgencia era la disminución del castigo que un pecador sufriría después de morirse. No debían de venderse las indulgencias. Pero muchas personas le daban dinero a la iglesia a cambio de indulgencias. Lutero y otros en la iglesia creían que esta práctica no era correcta. En 1517, Lutero clavó una lista de sus ideas en la puerta de la iglesia de Wittenberg. Atacaba la venta de indulgencias. Lutero proclamaba que sólo Dios, no la iglesia, podía perdonar los pecados.

La Reforma Protestante

Las acciones de Lutero desagradaron a los líderes de la iglesia en Roma. Llamaron a Lutero a Roma para que explicara sus acciones al Papa. Después de varios años de debates, los líderes de la Iglesia expulsaron a Lutero de la misma. Lutero y sus seguidores fundaron una nueva Iglesia. Pedían a los cristianos europeos que estaban de acuerdo con ellos que se hicieran miembros de esta nueva iglesia. Al poco tiempo, la gente que estaba completamente o parcialmente de acuerdo con Lutero fundó nuevas iglesias en muchas partes de Europa.

Martín Lutero y sus seguidores habían pedido la reforma de la Iglesia Católica Romana. Debido a sus protestas, a los seguidores de Lutero se los llamó protestantes. El movimiento que Martín Lutero había iniciado se conoció como la Reforma Protestante.

Los resultados de la Reforma

La Reforma Protestante condujo a una ruptura en el mundo cristiano. Para el siglo XVII, había dos grupos de iglesias en Europa occidental. Un grupo fue la Iglesia Católica Romana. El nuevo grupo consistía en muchos grupos pequeños protestantes. Los luteranos y los anglicanos figuran entre estos grupos protestantes. Estos grupos todavía existen hasta la fecha. Más adelante, se fundaron otras iglesias protestantes.

La Reforma tuvo otras consecuencias. Ocasionó un cambio en la Iglesia Católica Romana. La iglesia decidió reformarse. Además se formó una orden religiosa llamada los jesuitas. Los jesuitas trataron de volver a atraer a las personas a la Iglesia Católica Romana. Este movimiento por reforma se llamó la Contrarreforma. Comenzó en 1534 y duró hasta el siglo XVII.

Los logros en las artes

El Renacimiento fue una época de grandes adelantos en el arte y la literatura. Los artistas del Renacimiento crearon pinturas, esculturas y edificios hermosos. Estas obras de arte están entre las más renombradas del mundo.

Durante el Renacimiento, el arte cambió. Los artistas ya no se limitaban a las pinturas y esculturas de temas religiosos. Empezaron a representar a las personas verdaderas tales como fueron.

Leonardo de Vinci fue uno de los artistas más sobresalientes del Renacimiento. Era pintor, ingeniero, inventor y músico.

Los escritores también lograron mucho durante el Renacimiento. En Inglaterra, William Shakespeare escribió obras para su teatro en Londres. Estas obras todavía se representan en el presente. Son las más grandes obras de la lengua inglesa.

Las obras de los artistas y escritores del Renacimiento fueron posibles gracias a los **mecenas.** Ellos eran ricos que querían embellecer sus palacios e iglesias. Ayudaban a los artistas y escritores de la época. De este modo, los artistas podían dedicar todo su tiempo a crear obras bellas. Los primeros mecenas fueron las familias ricas de las ciudades italianas. A medida que se difundía el Renacimiento en Europa, los reyes y las reinas también se hacían mecenas de las artes.

Cómo cambió la vida

Tal vez el mayor cambio del Renacimiento fue la forma de pensar de las personas. Más personas podían leer y aprender porque había más libros. Las ideas se difundían con más rapidez. Las personas empezaron a pensar en temas distintos, tales como las ciencias y la medicina.

Imagínate, si puedes, que te quedaste dormido en el año 1300 y te despertaste en el año 1600. Sólo habrían pasado 300 años. Pero te habrías despertado en un nuevo mundo. Durante esos 300 años, la gente de Europa había cambiado. Ya no estaba atada a los modos de vida de la antigüedad. Se parecía cada vez más a la gente de nuestra época.

La "Mona Lisa" es la pintura más famosa de Leonardo da Vinci.

Ejercicios

A. Busca las ideas principales:

Pon una marca al lado de las oraciones que expresan las ideas principales de lo que acabas de leer.

_______ **1.** La vida en los pueblos empezó a aumentar a fines de la Edad Media.

_______ **2.** El Renacimiento cambió la vida en Europa de muchas maneras.

_______ **3.** Los libros formaban una parte importante de la vida durante el Renacimiento.

_______ **4.** Las Cruzadas ejercieron un gran efecto sobre la vida en Europa.

_______ **5.** La gente empezó a escribir en sus propias lenguas durante el Renacimiento.

_______ **6.** Leonardo de Vinci fue una persona famosa en el Renacimiento.

B. ¿Qué leíste?

Escoge la respuesta que mejor complete cada oración. Escribe la letra de tu respuesta en el espacio en blanco.

_______ **1.** Hacia el 900 d.C., los pueblos en Europa empezaron a
a. aparecer poco a poco.
b. desarrollarse cerca de los ríos y los castillos.
c. comerciar con otros pueblos.
d. hacer todo lo anterior.

_______ **2.** Una importante consecuencia de las Cruzadas fue
a. el descubrimiento de la Tierra Santa.
b. la derrota de los musulmanes.
c. el comienzo del interés de los europeos por otros lugares.
d. la derrota de los cristianos en España.

_______ **3.** Durante el Renacimiento, las personas se interesaban por
a. estudiar la religión.
b. aprender más sobre el mundo que las rodeaba.
c. la vida después de la muerte.
d. ninguno de los anteriores.

_______ **4.** El inventor de la prensa fue
a. Copérnico.
b. Leonardo de Vinci.
c. Gutenberg.
d. Shakespeare.

C. Comprueba los detalles:

Lee cada oración. Escribe H en el espacio en blanco si la oración es un hecho. Escribe O en el espacio si es una opinión. Recuerda que los hechos se pueden comprobar, pero las opiniones, no.

______ **1.** El Renacimiento hizo felices a las personas de Europa.

______ **2.** Durante el Renacimiento, la gente podía comprar y leer libros escritos en sus propias lenguas.

______ **3.** Las Cruzadas ayudaron a aumentar las manufacturas en Europa.

______ **4.** A los artistas del Renacimiento se les pagaba bien por sus obras.

______ **5.** A los mercaderes del Renacimiento les interesaba más el dinero que la difusión de conocimientos.

______ **6.** Los cruzados trajeron especias y objetos de lujo a Europa desde el Oriente Medio.

______ **7.** La gente que quería leer las escrituras antiguas tenía que aprender el griego y el latín.

______ **8.** El Renacimiento se inició en las ciudades del norte de Italia.

______ **9.** El creciente número de mercaderes en Europa necesitaba obreros que supieran leer y escribir.

______ **10.** La vida en los pueblos medievales era mejor que la vida en los feudos.

______ **11.** Martín Lutero inició la Reforma Protestante.

D. Los significados de palabras:

Busca las siguientes palabras en el glosario. Escribe el significado al lado de cada palabra.

1. humanistas ____

2. manufactura ____

3. Renacimiento ____

E. Para comprender la historia mundial:

En la página 166 leíste sobre cuatro factores de la historia mundial. ¿Cuál de estos factores corresponde a cada afirmación de abajo? Llena el espacio en blanco con el número de la afirmación correcta de la página 166.

______ **1.** Las ideas del Renacimiento se difundieron desde el norte de Italia a través de toda Europa durante los siglos XVI y XVII.

______ **2.** Los sucesos en la Tierra Santa durante las Cruzadas ocasionaron en muchos cambios en Europa en el siglo XIV.

______ **3.** Durante el Renacimiento, los europeos querían saber más sobre las personas y los acontecimientos del pasado.

______ **4.** Los europeos aprendieron de China y Arabia cómo fabricar el papel.

Capítulo 6

La revolución en el comercio y la industria

Para comprender la historia mundial

Piensa en lo siguiente al leer sobre el aumento en el comercio y la industria en Europa entre los siglos XII y XV.

1 Las naciones se ligan por una red de interdependencia económica.
2 La gente usa el medio ambiente para lograr metas económicas.

Un banquero medieval y su esposa.

Para aprender nuevos términos y palabras

En este capítulo se usan las siguientes palabras. Piensa en el significado de cada una.

ciudades comerciales: ciudades cuyos negocios principales son el comercio y la banca
acuñar: fabricar monedas y papel moneda
arancel: un impuesto sobre bienes importados
gremios: grupos formados por mercaderes y artesanos
aprendiz: una persona que aprende una artesanía o un negocio con la ayuda de un maestro
ganancias: el dinero que sacan los dueños de negocios del funcionamiento de sus empresas
capital: el dinero usado para constituir un negocio
fábricas: los lugares donde se fabrican productos

Piénsalo mientras lees

1. ¿Cómo contribuyeron las Cruzadas a los negocios y el comercio en Europa?
2. ¿Por qué fue reemplazada la tierra por el oro y la plata como la forma principal de riqueza?
3. ¿Por qué querían los empresarios una forma de gobierno fuerte?
4. ¿Qué eran los gremios? ¿Qué era la clase media?

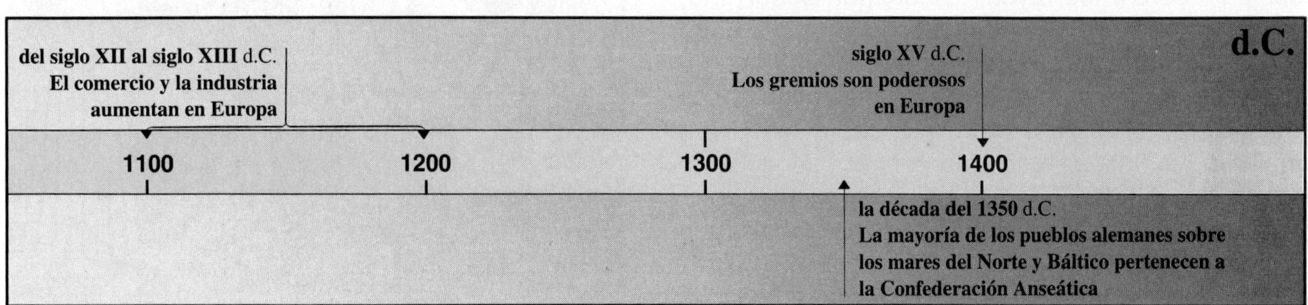

El comercio crece en las ciudades

Como leíste en el Capítulo 5, las Cruzadas ocasionaron cambios en el comercio en Europa. Durante los siglos XII y XIII, el comercio y los negocios aumentaron como consecuencia de las nuevas comunicaciones entre Europa y el Oriente Medio. Las primeras ciudades importantes en el comercio eran Venecia, Génova y Pisa en el norte de Italia. Comerciaban a través del Mediterráneo. Florencia era un centro de manufacturas y bancos. Realizaba negocios con muchas naciones de Europa. Todas estas ciudades italianas se hacían ricas y poderosas.

El comercio también aumentó en el norte de Europa. Muchas personas abandonaron las granjas y los feudos. Se mudaron a las ciudades para buscar empleos nuevos. Los ricos dueños de tierras no tenían tantas personas para labrar sus tierras. Entonces, tenían que vender o arrendar parcelas. A cambio, recibían dinero. Los dueños de tierras necesitaban el dinero para comprar las cantidades de productos nuevos que se vendían en los pueblos y las ciudades.

También había gente en los pueblos que podía ayudar a los dueños de tierras a conseguir el dinero. Éstos eran los prestamistas. Ellos prestaban dinero, pero cobraban intereses muy altos. Al poco tiempo, algunos prestamistas y cambistas se hacían banqueros.

Una nueva clase de riquezas

A principios de la Edad Media, la tierra era la medida de la riqueza personal. Durante el siglo XIII, el dinero, poco a poco, reemplazó a la tierra como símbolo de riqueza. Se necesitaba dinero para comprar productos y pagar a los obreros. El dinero que se usaba generalmente era el oro o la plata. Estos metales son valiosos porque son difíciles de hallar y porque la gente los desea.

Algunos mercaderes tenían grandes riquezas en oro y plata. Hasta vivían mejor de lo que habían vivido los nobles en sus feudos.

Los mercaderes demandan cambios

Los mercaderes tenían grandes problemas en el siglo XIII. Uno era que les podían robar. Alguien podría robarles el oro y la plata. Otro problema era transportar los bienes a través de Europa y el mar Mediterráneo. Europa consistía en muchos reinos pequeños. Se esperaba que cada reino cuidara de sus propios caminos y puentes, pero rara vez resultaba así. Los mercaderes empezaron a insistir en mejores formas de transporte. También querían una forma de gobierno central. Este gobierno se encargaría de los caminos y puentes y mejoraría el transporte.

Los mercaderes también querían proteger sus barcos de los ataques piratas. Varias **ciudades comerciales** a lo largo de los mares Báltico y del Norte fundaron la Confederación Anseática para protegerse de los piratas. Esta confederación de cerca de 80 ciudades mantenía sus propias fuerzas armadas. Se acabó con los piratas en el Mar del Norte. Después de hacerlo, los mercaderes podían enviar sus bienes sin peligro. La confederación también vigilaba las rutas de tierra entre Alemania e Italia. A veces, las ciudades de la confederación luchaban contra los reyes que querían poner fin a sus negocios.

No obstante, la Confederación Anseática no resolvió todos los problemas de los mercaderes. Los mercaderes todavía creían que debía existir un gobierno central. Un gobierno central podría hacer todo lo siguiente:

- **Acuñar** dinero y castigar a los que fabricaban moneda falsa.
- Construir y reparar caminos y puentes.
- Proteger a viajeros y mercaderes contra ladrones
- Iniciar una forma más sencilla de cobrar impuestos.
- Reservar dinero para pagar un ejército y una marina. Las fuerzas armadas podrían proteger a los ciudadanos y a sus propiedades.
- Establecer un código de leyes para todos
- Poner límites sobre los bienes baratos enviados desde otras tierras. Estos bienes se vendían a menos precio que los bienes locales. Los mercaderes querían un impuesto sobre los bienes importados. Este tipo de impuesto es un **arancel.** Los aranceles ayudan a los fabricantes locales.

Los artesanos y los mercaderes se organizan

El aumento del comercio y las industrias entre los siglos XII y XV dio lugar a nuevas clases sociales. Había un aumento constante del número de artesanos hábiles que vivían en las ciudades. Los artesanos podrían ser tejedores, sastres o zapateros, entre otros. Estos trabajadores fundaron **gremios.** Los gremios eran grupos de personas que trabajaban en el mismo oficio. Los gremios de los obreros, o de los artesanos, establecían rigurosas normas para el trabajo. También fijaban los precios, los sueldos y las horas de trabajo. Los gremios revisaban todo el trabajo para asegurarse de que fuera de alta calidad. También había gremios de mercaderes que protegían al comercio en los pueblos y les ponían límites a los mercaderes extranjeros.

Estos socios de un gremio saldan sus cuentas.

El entrenamiento para asociarse a un gremio

Los miembros de un gremio se llamaban maestros. Ellos eran muy hábiles en sus oficios. Los artesanos maestros dirigían las tiendas. También contrataban a los jóvenes para trabajar bajo su dirección.

La mayoría de los trabajadores especializados de la época eran hombres. A un niño de siete u ocho años que quería aprender un oficio se lo enviaba a un artesano maestro. El joven trabajador se llamaba **aprendiz.** El aprendiz generalmente recibía un cuarto, alimentos y ropa por parte del maestro, aunque no recibía un salario. Un aprendiz podía estudiar con un maestro entre tres y doce años. Al terminar su entrenamiento, se convertía en jornalero.

Un jornalero era un trabajador que recibía su pago por día. Todavía trabajaba con el maestro. Después de un período determinado, el jornalero podía dar un examen para llegar a ser un artesano maestro. Tenía que presentar a los miembros del gremio muestras de su trabajo. El jornalero que aprobaba el examen se hacía artesano maestro y socio del gremio. Podría abrir su propia tienda y tal vez enseñar el oficio a sus hijos. La mayoría de los gremios no permitía que las mujeres se hicieran socias. Sin embargo, muchas mujeres eran artesanas.

Los gremios eran muy poderosos durante el siglo XV. Establecían rigurosas normas, prometían buen trabajo y limitaban el número de personas que podían hacerse miembros del gremio. Así aseguraban la alta calidad de los bienes. Pero también se limitaba la cantidad de bienes que se podían fabricar. De esta manera, los precios siempre permanecían altos.

La clase media

Mientras tanto, surgió otra clase social. Ésta era la clase media. Los miembros de la clase media no eran artesanos ni dueños de tierras. Ellos eran las personas que planificaban la producción de bienes. Su meta principal era sacar **ganancias.** Cuánto más ganancias sacaban, más se enriquecían.

La clase media juntaba a los que producían los bienes con los que compraban los bienes. Ellos recaudaban el **capital** para comprar materias primas, como la lana, la madera y el cuero. Y contrataban a personas para fabricar productos con estos materiales. Al fabricar productos, los mercaderes de la clase media a menudo desobedecían las reglas de los gremios. Poco a poco, los gremios perdían poder a medida que aumentaba la producción de la clase media.

Muchas personas de la clase media vivían en las ciudades. A la clase media se le ponía distintos nombres en distintos países. En Holanda, se los llamaba burgueses. En Francia, se los llamaba burguesía. En Inglaterra, se conocían como factores. Más adelante, los edificios que los factores utilizaban para fabricar y almacenar los bienes se llamaron **fábricas.** Leerás más sobre los cambios en las fábricas en la Unidad 5.

La clase media de Europa produjo grandes cambios en el comercio y las industrias. Se acabaron las reglas de los gremios que limitaban la producción. La clase media tenía dinero, talento y conocimientos comerciales. Contribuyeron a desarrollar el comercio y las industrias en Europa.

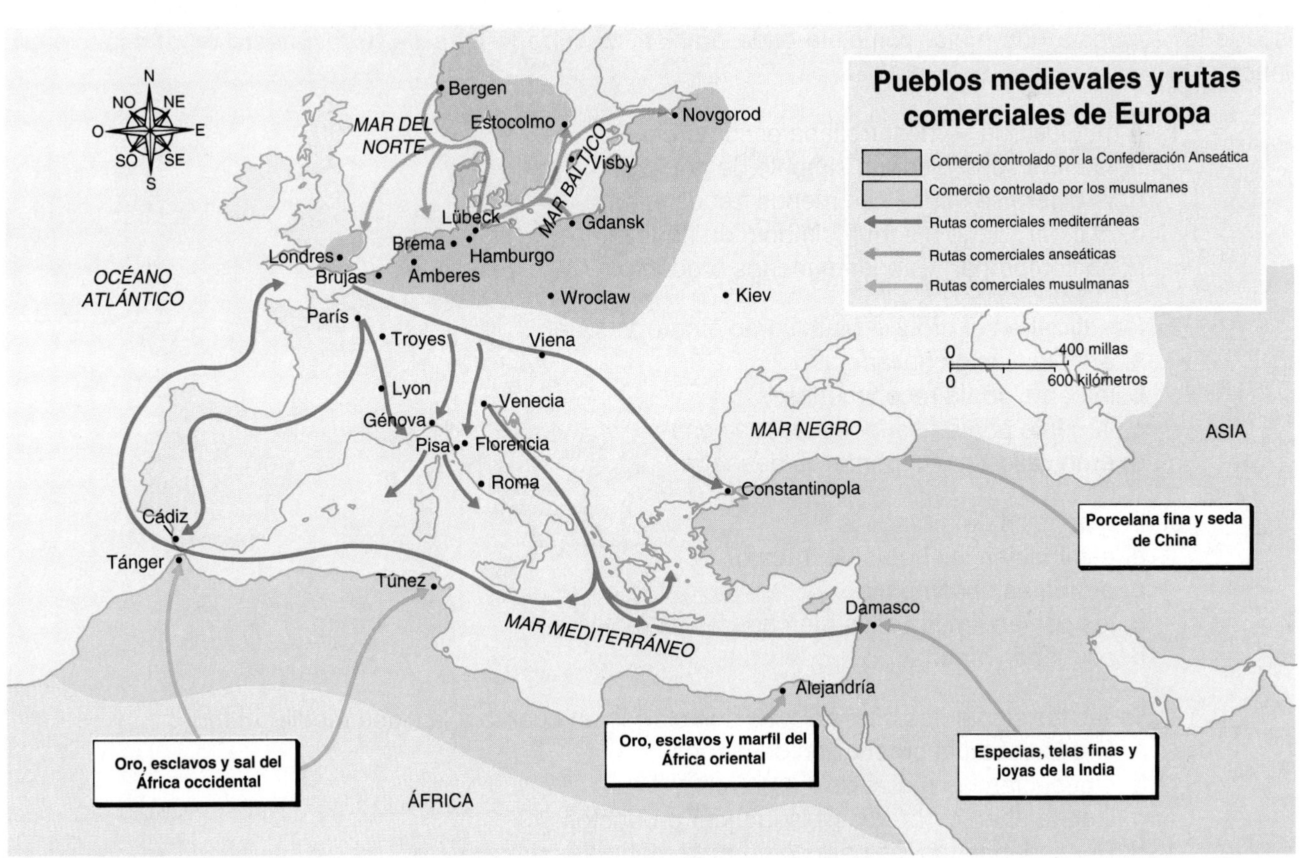

Ejercicios

A. Busca las ideas principales:

Pon una marca al lado de las oraciones que expresan las ideas principales de lo que acabas de leer.

_______ **1.** Los mercaderes querían aranceles para que los bienes de otros lugares no pudieran venderse más baratos.

_______ **2.** Los gremios formaban una parte importante de la vida comercial en las ciudades europeas.

_______ **3.** Las Cruzadas ayudaron a fomentar el comercio en Europa.

_______ **4.** Se acuñaban monedas de oro y plata en el siglo XIII.

_______ **5.** Los mercaderes europeos querían un gobierno central que protegiera el comercio.

B. ¿Qué leíste?

Escoge la respuesta que mejor complete cada oración. Escribe la letra de tu respuesta en el espacio en blanco.

_______ **1.** A medida que se desarrollaba el comercio durante los siglos XII y XIII,
a. la tierra llegó a ser un símbolo de riqueza.
b. el dinero se usaba con menos frecuencia.
c. el dinero llegó a ser un símbolo de riqueza.
d. se compraban y vendían menos productos.

_______ **2.** Se utilizaban el oro y la plata como dinero porque
a. eran fáciles de hallar.
b. la gente podía reconocerlos.
c. la gente podía usarlos en pocas cosas.
d. eran valiosos y la gente los deseaba.

_______ **3.** Los gremios de artesanos
a. establecían las horas de trabajo.
b. protegían el comercio.
c. les ponían límites a los mercaderes extranjeros.
d. acuñaban dinero.

_______ **4.** Todas las siguientes afirmaciones son ciertas en cuanto a la clase media, *menos:*
a. Organizaban la producción de bienes.
b. Obedecían las reglas de los gremios.
c. Contrataban a obreros para fabricar productos.
d. Recaudaban fondos para comprar la materias primas.

C. Para comprender lo que has leído:

Indica si cada oración tiene que ver con aspectos de la vida política (P), social (S) o económica (E). Escribe la respuesta correcta en el espacio en blanco.

______ **1.** Durante el siglo XIII, Europa consistía en muchos reinos pequeños.

______ **2.** Algunas personas abandonaron las granjas y los feudos para buscar empleos en las ciudades.

______ **3.** El comercio se desarrollaba en el norte de Europa durante los siglos XII y XIII.

______ **4.** Del siglo XII al siglo XV, el número de los artesanos hábiles que vivían en las ciudades se aumentó.

______ **5.** Los gremios revisaban todo el trabajo para asegurarse de que fuera de alta calidad.

______ **6.** Un gobierno central podría establecer un código de leyes para todos en un país.

______ **7.** La clase media quería sacar ganancias.

D. Piénsalo de nuevo:

Contesta la siguiente pregunta en tres o cuatro oraciones en un papel en blanco.

¿Qué hacía un aprendiz para llegar a ser un artesano maestro?

E. Los significados de palabras:

Encuentra para cada palabra de la columna A el significado correcto en la columna B. Escribe la letra de cada respuesta en el espacio en blanco.

	Columna A	Columna B
______	**1.** aprendi	**a.** hacer monedas y papel moneda
______	**2.** capital	**b.** los lugares donde se fabrican los productos
______	**3.** acuñar	**c.** alguien que aprende un oficio o una artesanía
______	**4.** ganancias	**d.** alguien que hace dinero falso
______	**5.** fábricas	**e.** el dinero usado por la clase media para empezar un negocio
		f. el dinero que el dueño de un negocio saca del funcionamiento del negocio

F. Para comprender la historia mundial:

En la página 174 leíste sobre dos factores de la historia mundial. ¿Cuál de estos factores corresponde a cada afirmación de abajo? Llena el espacio en blanco con el número de la afirmación correcta de la página 174.

______ **1.** Las ciudades del norte de Italia tenían vínculos con muchas partes del mundo. Venecia comerciaba con el Oriente Medio. Florencia funcionaba como un banco para las naciones europeas.

______ **2.** Debido a su ubicación cerca del mar, muchas ciudades del norte de Alemania recurrían al comercio. Con el tiempo, estas ciudades fundaron la Confederación Anseática. Querían proteger al transporte de bienes a través de los mares Báltico y del Norte.

Capítulo 7

La Edad del Descubrimiento

Para comprender la historia mundial

Piensa en lo siguiente al leer sobre las exploraciones entre el siglo XV y el siglo XVIII.

1 Las naciones escogen lo que adoptan y adaptan de otras naciones.

2 Los sucesos en una parte del mundo han influido en los desarrollos en otras partes del mundo.

3 Las personas deben aprender a comprender y a apreciar las culturas que son diferentes de la suya.

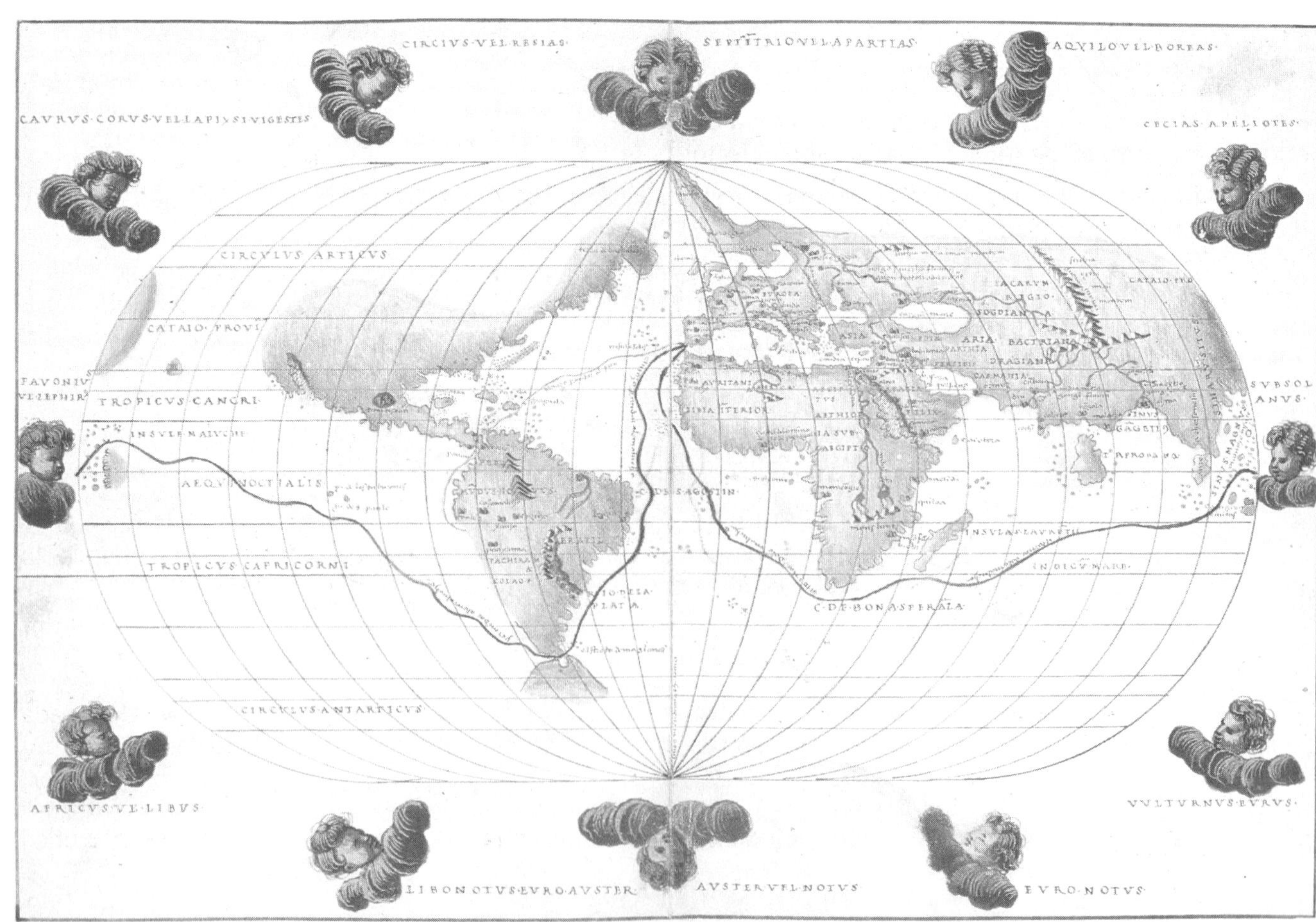

Este mapa fue trazado por un cartógrafo del Renacimiento. Muestra la ruta de Magallanes alrededor del mundo.

Para aprender nuevos términos y palabras

En este capítulo se usan las siguientes palabras. Piensa en el significado de cada una.

brújula: un instrumento utilizado por los marineros para ubicarse en el mar

colonias: lugares gobernados por otro país; las colonias generalmente se encuentran lejos de la madre patria

Piénsalo mientras lees

1. ¿Por qué querían los europeos ir a tierras lejanas durante los siglos XV y XVI?
2. ¿Cómo contribuyó el Renacimiento a una era de descubrimientos?
3. ¿Cómo influyeron en Europa y en el mundo los viajes de exploración?

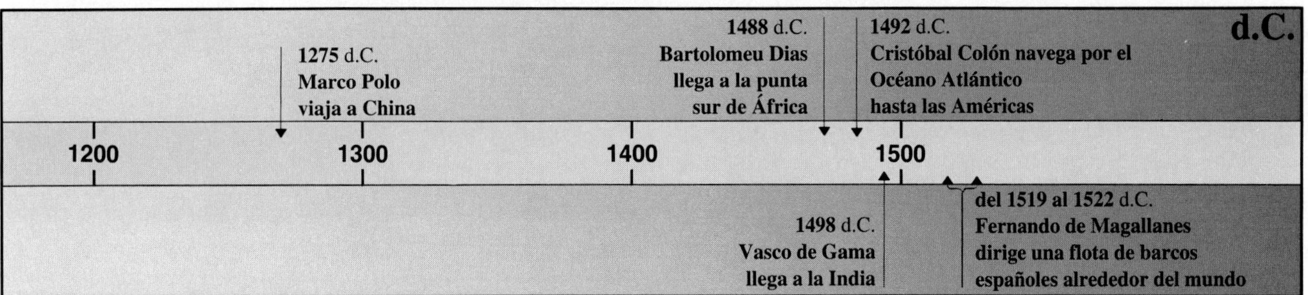

Aumenta el interés por tierras lejanas

Los cruzados que viajaron a la Tierra Santa durante los siglos XII y XIII regresaron a Europa con nuevos alimentos, especias y telas finas. Estos productos hicieron que los europeos se preguntaran sobre Asia y África. Algunos de estos bienes provenían de las tierras musulmanas del Oriente Medio. Otros provinieron de la India, China y las Islas de las Especias (la Indonesia actual). Los mercaderes islámicos habían ido a Asia por mar y por tierra. Regresaron al Oriente Medio con muchas cosas nuevas.

El Renacimiento también ayudó a que los europeos se interesaran por otras tierras. Como te acuerdas, Europa descubrió el pasado griego y romano durante el Renacimiento. A fines del siglo XV y a principios del siglo XVI, los europeos estaban dispuestos a descubrir el mundo fuera de sus propias tierras. Cuanto más aprendían las personas sobre lugares lejanos, más querían saber. La prensa ayudó a difundir conocimientos. Las personas leían libros sobre viajes y aventuras de comerciantes y aventureros. Los europeos querían atravesar tierras y océanos para aprender más sobre otros países.

Los europeos buscan riquezas

Muchos europeos querían viajar y ver las tierras de Asia y de África. Pero pocos europeos habían visitado estas tierras antes del siglo XV. Un mercader italiano,

Marco Polo ante el Kan Kubilai, el soberano de China.

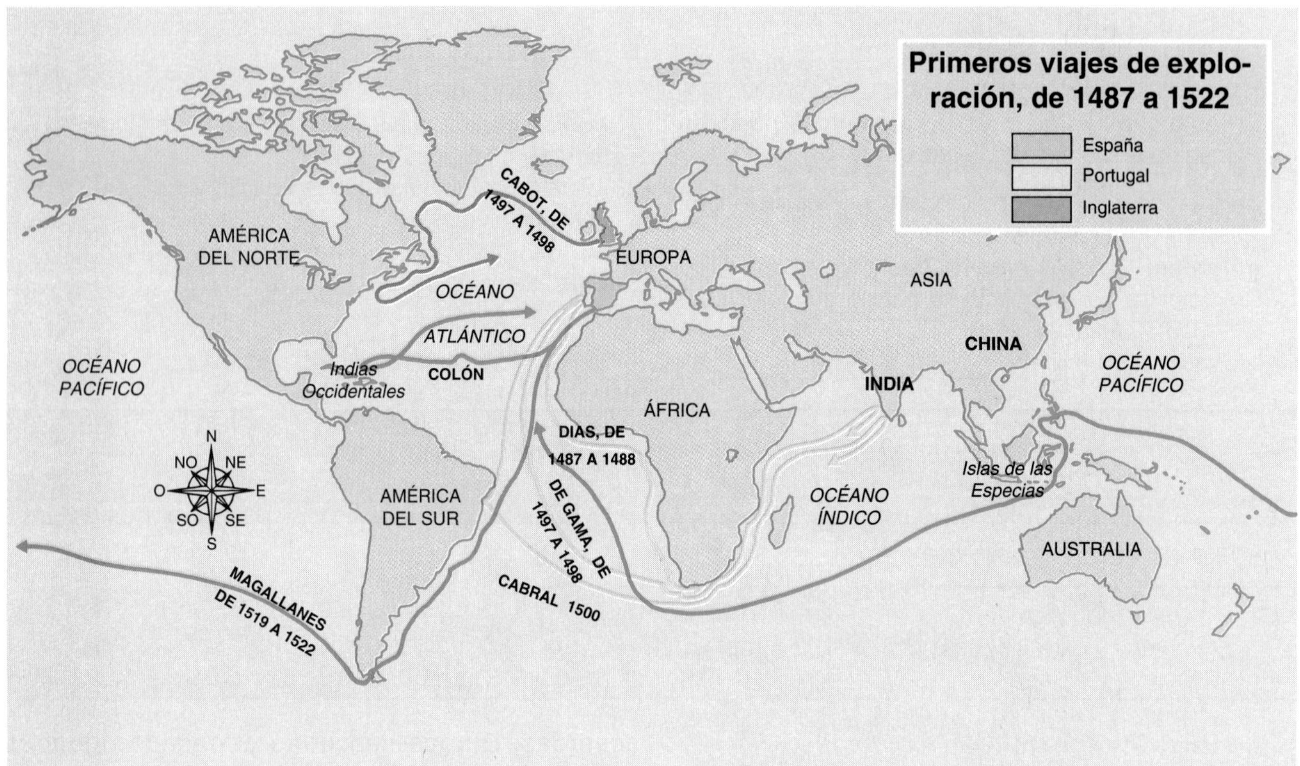

Marco Polo, había viajado a China en 1275. Escribió un libro sobre sus aventuras. Este libro llegó a ser muy renombrado en Europa. Contaba de las riquezas del soberano chino y de los modos de vida del país.

Las escrituras de Marco Polo y de otros viajeros les interesaban a muchos europeos. Los mercaderes esperaban encontrar oro, plata, especias y telas finas en las tierras fuera de Europa. Los reyes y los nobles querían oro y plata para comprar sedas y especias. Estos bienes se deseaban mucho en Europa. Los reyes también querían pólvora para utilizarla contra sus enemigos. Se habían enterado de la pólvora por los musulmanes que la traían a Europa. Los musulmanes se habían enterado de la pólvora por sus inventores, los chinos.

Los reyes fuertes pudieron llevar a cabo sus ideas. Pagaron a capitanes de la marina mercante para buscar y hallar las nuevas tierras de grandes riquezas. Esperaban gobernar esas tierras y luego construir imperios. Los capitanes y los soldados se unieron en la búsqueda de nuevas tierras. Esperaban hacerse ricos al encontrar rutas más rápidas y cortas a Asia y a África.

Una ruta marítima a las tierras de Asia

Los europeos se habían enterado de la lejana tierra de China mediante el libro de Marco Polo. Sin embargo, el viaje a China y al Asia oriental era muy largo y peligroso. Los viajeros tenían que ir por tierra. Transportar bienes por tierra era muy costoso. Y había otra cosa con la que se enfrentaban.

Unas pocas ciudades italianas realizaban la mayor parte del comercio con Asia. Si un país europeo quería bienes de Asia, tenía que comprarlos a los mercaderes en estas ciudades. Las ciudades italianas se encargaban de las rutas comerciales por tierra entre Europa y Asia. Debido a esto, los mercaderes italianos podían cobrar lo que querían por los bienes asiáticos. Si los europeos podían encontrar otra ruta a Asia, no tendrían que comerciar con sólo unos pocos mercaderes en una o dos ciudades. Podrían conseguir lo que querían a precios más bajos. Tal vez podrían encontrar una ruta marítima a Asia.

Para mediados del siglo XV, los europeos trataron de llegar a la India, China y otras tierras asiáticas por mar.

La ayuda de nuevos inventos y conocimientos

Durante el Renacimiento, los constructores de buques mejoraron los métodos de construir buques. Construyeron buques más grandes que podían navegar a través de los océanos. Podían transportar más alimentos y provisiones para viajes más largos. Los europeos aprendieron mucho de otros pueblos, lo que les ayudó a hacerse mejores exploradores. Por ejemplo, mejoraron la **brújula.** Ésta era un invento chino que facilitaba trazar una ruta para un buque y seguirla. El viaje por mar todavía era peligroso pero no era tan espantoso como antes.

Portugal abre el camino

En el siglo XV, Portugal abrió el camino para las exploraciones a otras tierras. El príncipe Enrique respaldaba las exploraciones. Se llamaba "el Navegante" debido a su interés por la exploración. El príncipe Enrique quería aumentar las riquezas de su país. Una forma de hacerlo era buscando una ruta a las Islas de las Especias de Asia. En busca de una ruta marítima a la India, los capitanes portugueses navegaron a lo largo de la costa occidental de África. Allí buscaban oro y esclavos. En 1488, Bartolomeu Dias llegó a la punta sur de África. Ahora, el paso a la India y a las especias de Asia estaba abierto a Portugal.

Algunos viajes famosos

En los años siguientes, muchos países hicieron viajes de descubrimientos. Entre ellos figuran:

- 1492 Cristóbal Colón navegó desde España a través del océano Atlántico. Esperaba encontrar una ruta corta a las tierras de Asia al navegar hacia el oeste. En cambio, llegó a las Américas, no a Asia.
- 1498 Vasco de Gama, de Portugal, llegó a la India.
- de 1519 a 1522 Fernando de Magallanes dirigió una flota de cinco buques españoles en un viaje alrededor del mundo. Navegó alrededor de la América del Sur y a través del océano Pacífico. Magallanes murió durante el viaje, pero un buque llegó a las Islas de las Especias y regresó a España. El viaje de Magallanes comprobó que era posible dar la vuelta al mundo en barco.

Los resultados de las exploraciones

Durante los siglos XV y XVI, los países europeos deseaban conseguir nuevas tierras por sí mismos. Francia, Inglaterra y Holanda querían participar en el rico comercio de especias que tenía lugar en Asia. Querían terminar con el dominio portugués sobre el comercio. Los europeos establecieron **colonias** y factorías en Asia, África y las Américas. España y Portugal empezaron a construir imperios en las Américas del Norte y del Sur. Incluso en el siglo XVIII, el capitán Cook buscó y reclamó los derechos brítanicos sobre Nueva Zelandia y Australia.

La llegada de Cristóbal Colón a las Américas.

Ejercicios

A. Busca las ideas principales:

Pon una marca al lado de las oraciones que expresan las ideas principales de lo que acabas de leer.

_______ **1.** El Renacimiento incentivó la exploración de otras tierras.

_______ **2.** Marco Polo escribió sobre las riquezas que se encontraban en Asia.

_______ **3.** La brújula fue mejorada en el siglo XV.

_______ **4.** Debido a las mejoras en la construcción de buques y en la navegación, eran posibles las exploraciones.

_______ **5.** Los cruzados regresaron a Europa con sedas y especias.

_______ **6.** Muchos países europeos realizaron exploraciones.

_______ **7.** Los capitanes portugueses fueron los primeros en buscar una ruta más corta al continente asiático.

B. ¿Qué leíste?

Escoge la respuesta que mejor complete cada oración. Escribe la letra de tu respuesta en el espacio en blanco.

_______ **1.** Antes del siglo XV, pocos europeos habían visitado
- **a.** Asia.
- **b.** África.
- **c.** las Islas de las Especias.
- **d.** todo lo anterior.

_______ **2.** El invento y las mejoras de la brújula ayudaron a
- **a.** los soldados.
- **b.** los aprendices.
- **c.** los marineros.
- **d.** los mercaderes.

_______ **3.** Un mercader italiano que viajó a China en el siglo XIII y escribió sobre sus aventuras era
- **a.** Vasco de Gama.
- **b.** Marco Polo.
- **c.** el príncipe Enrique.
- **d.** un cruzado.

_______ **4.** El primer viaje alrededor del mundo fue dirigido por
- **a.** el capitán Cook.
- **b.** Colón.
- **c.** Magallanes.
- **d.** ninguno de los anteriores.

C. Habilidad cartográfica:

Utiliza las letras del mapa para identificar las siguientes áreas. Escribe la letra correcta en el espacio.

______ **1.** África

______ **2.** Asia

______ **3.** Australia

______ **4.** el océano Índico

______ **5.** Europa

______ **6.** el océano Pacífico

______ **7.** América del Norte

______ **8.** el océano Atlántico

______ **9.** América del Sur

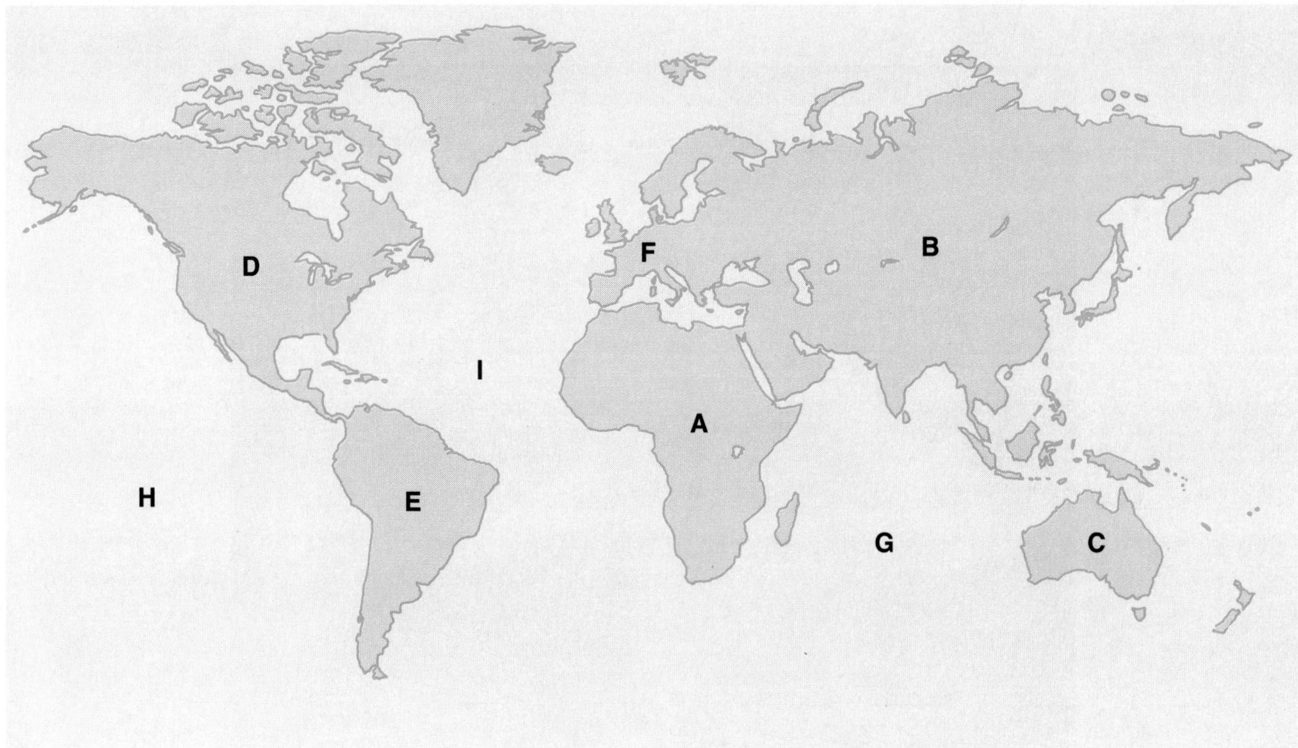

D. Para comprender la historia mundial:

En la página 180 leíste sobre tres factores de la historia mundial. ¿Cuál de estos factores corresponde a cada afirmación de abajo? Llena el espacio en blanco con el número de la afirmación correcta de la página 180.

______ **1.** Durante la edad de las exploraciones, los europeos descubrieron el mundo fuera de sus fronteras. Los asiáticos y los africanos también descubrieron a los europeos.

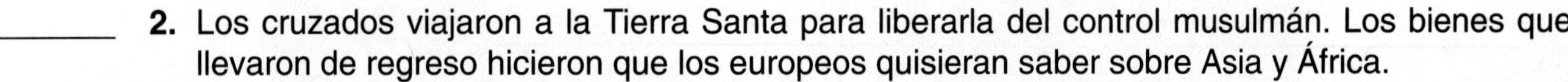

______ **2.** Los cruzados viajaron a la Tierra Santa para liberarla del control musulmán. Los bienes que llevaron de regreso hicieron que los europeos quisieran saber sobre Asia y África.

Unidad 4

La democracia y el nacionalismo se desarrollan en Europa

Los primeros soberanos de Inglaterra tenían poder sin límites. Con el tiempo, tuvieron que compartir algunos de sus poderes con la nobleza. En 1215, los nobles ingleses obligaron al Rey a firmar la Carta Magna. Este documento restringía los poderes del soberano. La Carta Magna señaló uno de los primeros pasos hacia el desarrollo de la democracia. En la Unidad 4, leerás sobre el desarrollo de la democracia.

Los poderes del soberano inglés quedaban limitados aún más después de la Carta Magna. Los soberanos se veían obligados a convocar a los nobles y a algunos de los plebeyos para pedirles dinero. Estas reuniones entre los nobles y los plebeyos condujeron a la creación del Parlamento. A principios del siglo XVIII, el poder de promulgar las leyes se había transmitido de los soberanos ingleses al Parlamento.

En Francia, no se desarrolló un gobierno parlamentario. El descontento en esa nación resultó en una revolución. El Rey fue derrocado y se estableció una república. El pueblo francés ganó sus derechos. El símbolo de la libertad se ve en la ilustración de la página 186. Pero la república no duró mucho. Napoleón Bonaparte se apoderó del gobierno de Francia. Luego, dirigió las fuerzas de Francia para conquistar a Europa. Esos intentos fracasaron.

El espíritu democrático de la Revolución Francesa condujo a reformas en Europa. En Inglaterra, las reformas del voto dejaron que el pueblo participara aún más en el gobierno. El nacionalismo —el espíritu de lealtad al país de uno— también se desarrolló durante el siglo XIX. En Europa, el espíritu de nacionalismo resultó en la unificación de Italia y de Alemania. En el sudeste de Europa y en el Oriente Medio, el nacionalismo ayudó a ocasionar la caída del Imperio Otomano. Aprenderás sobre el nacionalismo a medida que leas esta unidad.

En la Unidad 4, leerás los siguientes capítulos:

Capítulo 1

Los principios de la democracia en Inglaterra

Para comprender la historia mundial

Piensa en lo siguiente al leer sobre los comienzos de la democracia en Inglaterra.

1 La cultura del presente nace en el pasado.

2 La interacción entre pueblos y naciones conduce a cambios culturales.

El tapiz de Bayeux relata la historia de la conquista de Inglaterra por los normandos. El duque normando, Guillermo, está en el centro. Detrás de él, hay dos consejeros.

Para aprender nuevos términos y palabras

En este capítulo se usan las siguientes palabras. Piensa en el significado de cada una.

monarca: otra palabra que significa rey o reina; el soberano de una nación

Carta Magna: el tratado firmado por el rey Juan de Inglaterra en 1215; restringía los poderes del monarca inglés

Piénsalo mientras lees

1. ¿Cómo llegó Inglaterra a ser gobernada por un monarca con poder absoluto?
2. ¿De qué forma restringía la Carta Magna los poderes del monarca inglés?
3. ¿De qué forma señaló la Carta Magna el comienzo de la democracia en Inglaterra?

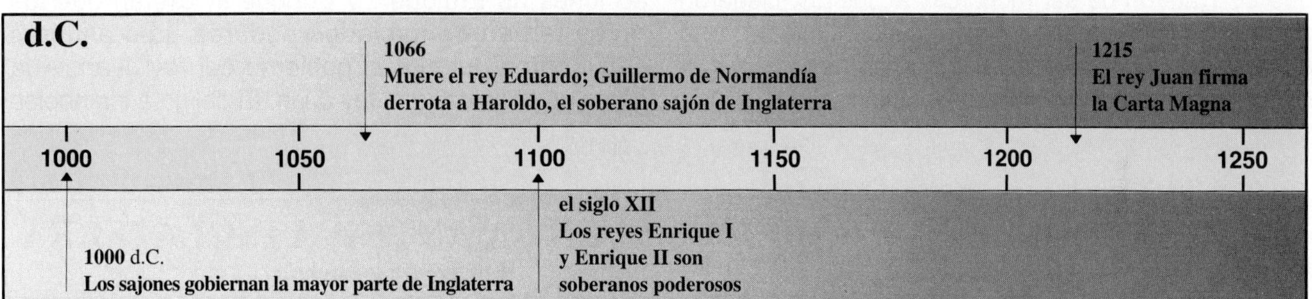

Los reyes y la nobleza comparten el poder

Has leído sobre muchos cambios que sucedieron en Europa después de la Edad Media. Los europeos querían saber más sobre el mundo fuera de sus fronteras. La Reforma ocasionó cambios en la vida religiosa. Una revolución comenzó en las industrias y el comercio. El arte y la literatura florecieron.

¿Cómo se reflejaban estos cambios en el gobierno? ¿Quién tenía el poder en Europa durante esos años? Para contestar estas preguntas, tienes que volver sobre la Edad Media.

Como te acordarás, durante la Edad Media, los europeos vivían bajo un sistema que se llamaba feudalismo. Bajo el sistema feudal, los nobles (la clase alta) dominaban al pueblo común (la clase baja). El pueblo común tenía pocos derechos y aún menos poderes.

Durante la Edad Media, Europa consistía en muchos reinos pequeños. Y cada reino consistía en muchos territorios. Cada territorio era gobernado por un noble local. Algunos de estos nobles eran tan poderosos como el **monarca.** Así se llamaba al rey o a la reina que supuestamente era su gobernante.

Los reyes sajones gobiernan Inglaterra

Ésta era la situación en Inglaterra hasta principios del siglo XI d.C. Antes de esa época, Inglaterra había sido gobernada por muchos pueblos distintos. Primero fue gobernada por los celtas. Luego, vinieron los romanos, después los daneses y luego, los anglosajones. Como leíste en las páginas 22 y 23, cada uno de estos pueblos agregó algo al idioma y al modo de vida en Inglaterra, y cada uno dejó sus huellas en el gobierno.

Para el 1000 d.C., los sajones gobernaban la mayor parte de Inglaterra. Los reyes sajones tenían que compartir sus poderes con los nobles. Debido a esto, ni un soberano de Inglaterra tenía el poder absoluto. Esta situación cambió en el 1066 d.C.

Los normandos conquistan Inglaterra

En 1066, murió el rey Eduardo, el soberano sajón de Inglaterra. En ese momento, su primo, el duque Guillermo, gobernaba Normandía. Actualmente, ésta forma parte de Francia. Guillermo afirmaba que el rey Eduardo lo había nombrado a él para ser el próximo rey de Inglaterra. Pero Haroldo, el rey sajón (después de la muerte de Eduardo), y los nobles sajones no estaban de acuerdo. Así que Guillermo reunió a un ejército y atravesó el canal de la Mancha.

Guillermo luchó contra Haroldo en la batalla de Hastings y lo derrotó. Esto sucedió en 1066. Debido a esta victoria, Guillermo, el duque de Normandía, llegó a conocerse como Guillermo el Conquistador. Su conquista de Inglaterra se llamó la Conquista Normanda.

Como el rey de Inglaterra, Guillermo quería tener poder absoluto. Se apoderó de las tierras de los nobles sajones. Guillermo se nombró a sí mismo dueño de todas las tierras de Inglaterra. Luego, cedió grandes áreas de tierras a los nobles que lo apoyaban. También exigió que los nobles le prometieran su lealtad.

Los reyes ingleses ganan más poder

Los reyes que siguieron a Guillermo el Conquistador trataron de gobernar de la misma forma que él. Trataron de ser monarcas absolutos. Llegaron a creer que gobernaban con el consentimiento, o la aprobación, de Dios. Pensaban que no necesitaban el consentimiento del pueblo ni de los nobles.

Enrique I y Enrique II fueron los reyes más poderosos de Inglaterra. Los dos reyes querían que los nobles tuvieran menos poderes. Tomaron medidas para que así fuera. Primero, promulgaron nuevas leyes. Según las nuevas leyes, la mayoría de los juicios serían juzgados por la corte del Rey. Antes, los casos eran juzgados por los tribunales de los nobles locales. También se fortaleció al ejército del Rey. Ahora, todos los hombres tenían que servir en el ejército del Rey. Si no servían, tenían que pagar dinero.

La Carta Magna: Un paso hacia "el gobierno por el pueblo"

A muchos nobles ingleses les desagradaban las acciones de Enrique I y Enrique II. Creían que los reyes tenían demasiados poderes. Los asuntos empeoraron durante el gobierno del rey Juan. A la gente no le gustaba el rey Juan. Él obligó a los nobles

EL DESARROLLO DEL PODER REAL EN LA ANTIGUA INGLATERRA

Fecha	Acontecimiento	Forma de gobierno
407 d.C.	Los romanos se retiran	No hay un gobierno organizado
400	Los anglosajones invaden. Establecen siete reinos separados.	Cada uno de los siete reinos controla su propio gobierno, tribunales, ejército y sistema de impuestos. A veces los reinos se unen bajo un solo rey para echar a los daneses y a los otros invasores.
1066	Los normandos conquistan Inglaterra. Guillermo I reclama el trono.	Se establece una monarquía absoluta.
1100	El rey Enrique I hereda el trono.	El rey Guillermo I y sus sucesores exigen poderes reales cada vez más fuertes hasta que la
1134	El rey Enrique II hereda el trono.	
1199	El rey Juan hereda el trono.	**Carta Magna**
1215	Los nobles obligan al rey Juan a firmar la Carta Magna.	establece límites sobre los poderes de los reyes y las reinas.

El rey Juan firmando la Carta Magna. Juan era hijo del rey Enrique II. Se llamaba "Juan Sin Tierras" porque era pobre y no poseía tierra alguna.

ingleses a pagar impuestos que ellos creían que eran injustos. A menudo se utilizaban estos impuestos para pagar los gastos de guerras inútiles

Muchos nobles de Inglaterra ahora creían que era el momento de que el Rey tuviera menos poder. Además, los nobles ingleses querían que sus derechos fueran aclarados.

En el 1215 d.C., los nobles quisieron que el rey Juan sacrificara algunos poderes. Él se negó. Los nobles decidieron tomar medidas. Un grupo de ellos se reunió con el rey Juan. Le dijeron que él tenía que cederles ciertos derechos. Si no lo hacía, ellos se pondrían en su contra.

El Rey tenía miedo. El 15 de junio de 1215, se reunió con los nobles en una pradera conocida como Runnymeade. Allí firmó un acuerdo con los nobles. Éste se llamaba la **Carta Magna,** o sea, la gran carta.

Cómo restringía la Carta Magna el poder de los soberanos

La Carta Magna era un gran paso hacia la restricción del poder de los monarcas ingleses. Establecía lo siguiente:

- Los nobles podían ser juzgados por un delito sólo por un jurado de sus pares.
- El rey o reina no podía exigir que la gente pagara más impuestos hasta que el Gran Consejo de nobles estuviera de acuerdo.
- El rey o reina no podía demorar ni negarle un juicio a un noble.

La Carta Magna significaba que el rey no estaba por encima de la ley. Tenía que obedecer las leyes al igual que todos los demás.

La Carta Magna fue redactada principalmente para los nobles. Hacía muy poco para el pueblo común. Con el transcurso de los años, sin embargo, las ideas establecidas en la Carta Magna llegaron a corresponder a todas las personas. La Carta Magna ayudó a promover la idea de la democracia, o el gobierno por el pueblo. Abrió el camino a los derechos que, más adelante, llegarían a conocerse como "los derechos de los ingleses". Después de muchos años, estas leyes se aplicaban tanto a las mujeres como a los hombres.

Desde la época de los griegos antiguos, no había existido una democracia en Europa. La Carta Magna era un paso de regreso al gobierno por el pueblo.

Ejercicios

A. Busca las ideas principales:

Pon una marca al lado de las oraciones que expresan las ideas principales de lo que acabas de leer.

_______ **1.** Los nobles de Inglaterra vivían bien.

_______ **2.** La Carta Magna contribuyó a la democracia en Inglaterra.

_______ **3.** La Carta Magna restringía los poderes de los reyes y las reinas de Inglaterra.

_______ **4.** Muchas disputas surgieron entre los reyes y los nobles de Inglaterra.

_______ **5.** Durante un período, los reyes de Inglaterra trataron de ser soberanos absolutos.

B. ¿Qué leíste?

Escoge la respuesta que mejor complete cada oración. Escribe la letra de tu respuesta en el espacio en blanco.

_______ **1.** El poder sin límites de los reyes fue introducido en Inglaterra por
- **a.** los romanos.
- **b.** Guillermo el Conquistador.
- **c.** los sajones.
- **d.** los celtas.

_______ **2.** Los reyes sajones de Inglaterra
- **a.** eran soberanos absolutos.
- **b.** derrotaron a los romanos.
- **c.** compartieron el poder con los nobles.
- **d.** derrotaron a los invasores normandos.

_______ **3.** Guillermo el Conquistador exigió que los nobles
- **a.** le prestaran dinero.
- **b.** aprobaran la Carta Magna.
- **c.** aceptaran el gobierno sajón.
- **d.** le entregaran sus tierras.

_______ **4.** Todo lo siguiente sobre la Edad Media es verdad, *menos*
- **a.** que el poder de algunos nobles era casi tan fuerte como el de sus reyes o sus reinas.
- **b.** que el pueblo común no tenía poderes algunos.
- **c.** que existía mayor democracia bajo el feudalismo.
- **d.** que los reinos de Europa se dividían en territorios pequeños.

C. Comprueba los detalles:

Lee cada oración. Escribe H en el espacio en blanco si la oración es un hecho. Escribe O en el espacio si es una opinión. Recuerda que los hechos se pueden comprobar, pero las opiniones no.

_______ **1.** Un soberano absoluto toma todas las decisiones.

_______ **2.** Los sajones fueron alguna vez el grupo más fuerte de Inglaterra.

_______ **3.** Guillermo el Conquistador era mejor soberano que el rey sajón.

_______ **4.** Los nobles ingleses tendrían que haber obligado al rey Juan a renunciar.

_______ **5.** La Carta Magna ayudó a promover las ideas democráticas.

_______ **6.** El rey Enrique I trató de aumentar sus poderes como monarca de Inglaterra.

_______ **7.** Guillermo merecía ser rey de Inglaterra.

_______ **8.** Los tribunales del Rey eran más justos que los de los nobles locales.

_______ **9.** Muchos reyes creían que gobernaban con el consentimiento de Dios.

_______ **10.** La Carta Magna se aplicaba principalmente a los nobles.

D. Piénsalo de nuevo:

Contesta cada una de las siguientes preguntas con dos o tres oraciones en un papel en blanco.

1. ¿Cómo llegó a Inglaterra el gobierno sin límites de los reyes?

2. ¿Cómo intentaron Enrique I, Enrique II y el rey Juan limitar el poder de los nobles en Inglaterra?

3. ¿Cómo perdieron el poder los reyes de Inglaterra debido a la Carta Magna?

E. Para comprender la historia mundial:

En la página 188 leíste sobre dos factores de la historia mundial. ¿Cuál de estos factores corresponde a cada afirmación de abajo? Llena el espacio en blanco con el número de la afirmación correcta de la página 188.

_______ **1.** El idioma y el sistema de gobierno sajones introdujeron cambios en la cultura inglesa.

_______ **2.** Después de muchos años, las ideas en la Carta Magna se aplicaron tanto a las mujeres como a los hombres.

_______ **3.** Los derechos propuestos en la Carta Magna llegaron a aplicarse tanto al pueblo común como a la clase alta.

Capítulo 2

Los reyes contra el Parlamento en Inglaterra

Para comprender la historia mundial

Piensa en lo siguiente al leer sobre el desarrollo de la democracia en Inglaterra.

1 La cultura del presente nace en el pasado.
2 Las naciones del mundo dependen económicamente unas de otras.
3 Los países adoptan y adaptan ideas e instituciones de otros países.

Después del derrocamiento del rey Carlos I, Inglaterra se convirtió en república. Se eligió a Oliver Cromwell para encabezar al nuevo gobierno. En 1653, Cromwell, quien se ve aquí parado en el centro, acabó con el Parlamento.

Para aprender nuevos términos y palabras

En este capítulo se usan las siguientes palabras. Piensa en el significado de cada una.

derecho divino: la creencia de un monarca de que Dios le ha dado el derecho de gobernar.

destronar: echar a alguien del trono a la fuerza

auto judicial: una orden escrita, extendida por un tribunal que permite un registro u otra acción

fianza: el dinero dado al tribunal para que la persona acusada pueda salir de la cárcel hasta la hora de su juicio

Piénsalo mientras lees

1. ¿Cómo surgió el Parlamento del Gran Consejo?
2. ¿Cuáles eran los derechos que los ingleses obtuvieron durante los siglos XVII y XVIII?
3. ¿Por qué fue aumentado el número de miembros en el Parlamento?
4. ¿Cómo influyó la guerra civil de Inglaterra de 1648 en las relaciones entre la monarquía y el Parlamento?
5. ¿Cómo ha influido el desarrollo de la democracia de Inglaterra en el mundo?

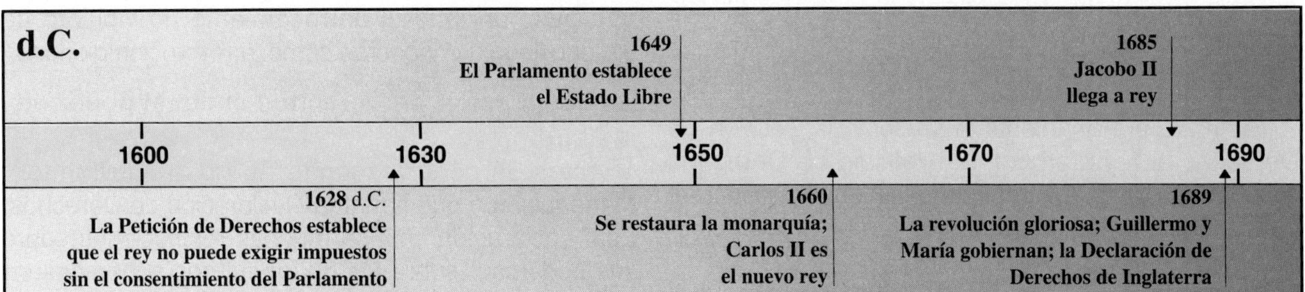

El origen del Parlamento inglés

Cuando el rey Juan firmó la Carta Magna en 1215, estuvo de acuerdo en restringir sus poderes. Una restricción tenía que ver con los impuestos. Anteriormente, cuando un monarca inglés necesitaba dinero, convocaba a los nobles principales a una reunión del Gran Consejo. Luego el monarca exigía que los nobles le dieran cierta cantidad de dinero al tesorero. La Carta Magna le quitó parte de su poder de exigir impuestos. Ahora, el rey o la reina necesitaba el consentimiento del Gran Consejo antes de exigir nuevos impuestos a los nobles.

Con el transcurso de los años, los monarcas necesitaban cada vez más dinero. Debido a esto, se convocaba al Gran Consejo más a menudo.

En 1272, Eduardo I se hizo rey de Inglaterra. El rey Eduardo necesitaba dinero para luchar en una guerra. Convocó al Gran Consejo. También invitó a varios caballeros, líderes comerciales y agricultores ricos de cada región. El Rey esperaba que su invitación hiciera que estas personas se creyeran importantes. Luego, ellos le ayudarían a recaudar los fondos que necesitaba para la guerra. Su idea dio resultados. Eduardo recibió la ayuda que necesitaba.

Desde entonces, los nobles, los caballeros, los empresarios y los agricultores ricos se reunían en el Gran Consejo. Después de muchos años, el consejo llegó a conocerse como el Parlamento. El nombre deriva de la palabra francesa *parler,* que significa "hablar". Y los miembros del Parlamento hablaban mucho. Hablaban de los asuntos importantes del día. Hacían preguntas sobre las políticas del Rey.

El poder del Parlamento aumenta

Al principio, todos los miembros del Parlamento se reunían en un solo grupo. Pero a partir de 1295, el Parlamento tenía dos cámaras separadas. Los nobles se reunían en la Cámara de los Lores. Los mercaderes, los empresarios y los agricultores ricos se reunían en la Cámara de los Comunes.

Durante los 300 años siguientes, los poderes del Parlamento se ampliaron. Por ejemplo:

- El Parlamento consiguió el derecho de establecer todos los impuestos. La Cámara de los Comunes podía proponer todos los impuestos nuevos.
- El Parlamento podía decirle al rey cómo gastar el dinero recaudado por medio de los impuestos.
- El Parlamento consiguió el poder de aprobar los cambios de leyes.

El rey contra el Parlamento

El creciente poder del Parlamento resultó en peleas con los reyes. El rey Carlos I, quien gobernó desde 1625 a 1649, tuvo problemas graves con el Parlamento. El rey Carlos creía que gobernaba por **derecho divino.** Creía que Dios le había dado el derecho de gobernar el país. Por consiguiente, el pueblo no tenía derecho a dudar de ninguna decisión que tomara.

El rey Carlos necesitaba dinero para luchar en varias guerras. El Parlamento no lo respaldaba. Así que él intentó exigir que las personas le prestaran el dinero. Cuando se lo negaban, Carlos los mandaba presos.

Las acciones de Carlos enfurecieron a los miembros del Parlamento. A fin de cuentas, él les estaba quitando su poder de establecer los impuestos. El Parlamento decidió tomar medidas.

La Petición del Derecho

En 1628, el Parlamento le presentó la Petición de Derechos al rey Carlos I. La Petición de Derechos establecía que el rey no podía exigir impuestos sin el consentimiento del Parlamento. También decía que nadie podía estar preso sin motivo.

El rey Carlos estuvo de acuerdo con las condiciones de la Petición de Derechos. Pero no las obedeció. Seguía subiendo los impuestos. Cuando el Parlamento protestó, él lo disolvió, o puso fin a sus sesiones.

Después de once años, Carlos convocó a una sesión del Parlamento. Necesitaba dinero para una guerra contra Escocia. Cuando el Parlamento tomó medidas para restringir el poder del rey, Carlos envió sus tropas al Parlamento y detuvo a los líderes.

La guerra civil en Inglaterra conduce al derrocamiento del Rey

Las acciones de Carlos condujeron a una guerra civil, o una guerra dentro de Inglaterra. La guerra duró de 1642 a 1649. Carlos I y los que lo apoyaban lucharon contra el Parlamento. La Cámara de los Comunes dirigió a los que apoyaban al Parlamento. El Parlamento triunfó, y el rey Carlos I fue condenado a muerte.

En 1649, el Parlamento estableció una república. Una república es un gobierno dirigido por la gente que el pueblo elige. La república se conocía como el Estado Libre. Duró hasta 1660. Durante este período, no hubo ni monarca ni Cámara de Lores. La Cámara de los Comunes y su líder, Oliver Cromwell, tenía todo el poder. Cromwell luchó con la Cámara de los Comunes y acabó con el Parlamento. Él solo gobernó Inglaterra durante la mayor parte del período de la república.

Se restauran los reyes en Inglaterra

En 1658, Cromwell murió. En 1660, Carlos II se hizo rey. Él se llevaba bien con el Parlamento. Cuando Carlos murió, su hermano Jacobo fue el nuevo rey. Jacobo II no se llevaba bien con el Parlamento. Jacobo enfureció al Parlamento al tratar de asumir demasiados poderes para sí mismo. Por eso, el Parlamento decidió **destronarlo,** o quitarle el trono a la fuerza.

El Parlamento invitó a María, la hija de Jacobo, y a su esposo, Guillermo de Orange, a ascender al trono. Guillermo era el líder de Holanda. En 1689, Guillermo y María pasaron a ser los soberanos de Inglaterra. Lo que pasó durante el derrocamiento no violento de Jacobo llegó a conocerse como la revolución gloriosa.

La Declaración de Derechos limita el poder de los monarcas

Antes de poder ascender al trono, Guillermo y María tuvieron que firmar la Declaración de Derechos. Esta declaración impuso muchas restricciones sobre sus poderes y sobre los de los futuros soberanos de Inglaterra. A partir de 1689, los monarcas ingleses tuvieron que aceptar al Parlamento como la fuerza principal del gobierno inglés. Las ideas de esta Declaración de Derechos fueron adoptadas por los estadounidenses en 1787 cuando redactaron su propia constitución.

Desde fines del siglo XVII, la Cámara de Lores en el Parlamento ha tenido cada vez menos poderes. La Cámara de los Comunes ha ganado cada vez más poderes. Los miembros de la Cámara de Lores heredan sus puestos. A los miembros de la Cámara de los Comunes los elige el pueblo. Por consiguiente, el poder de la Cámara de los Comunes aumentaba a medida que se les concedía a más ingleses el derecho al voto. Hoy en día, la Cámara de los Comunes tiene la mayor parte del poder gobernante en el Parlamento.

Los ingleses ganan más derechos

El pueblo inglés llegó a tener más poder mediante sus representantes elegidos. También llegó a tener más derechos. Para 1700, los ingleses tenían muchos derechos.

Entre estos derechos estaban la libertad de palabra y la libertad de publicar sus opiniones. También tenían el derecho de protegerse ante registros sin motivo. Sólo se podría efectuar el registro de una propiedad

La oferta de la corona de Inglaterra a Guillermo y a María. El derrocamiento de Jacobo II y los sucesos posteriores se conocen como la revolución gloriosa.

de una persona cuando el juez extendía un **auto judicial** orden de registro. El juez sólo puede extenderlo cuando existe una razón para creer que el registro resultará en encontrar algo ilegal.

Los derechos de los ingleses también se les concedieron a aquellos de quienes se sospechaba que habían violado la ley. Estas personas tenían el derecho de quedar en libertad bajo **fianza** hasta su juicio. Esto quería decir que una persona podría salir de la cárcel al dejarle dinero al tribunal y al prometer que regresaría para el juicio. Una persona acusada también tenía derecho a un abogado y a un juicio rápido por un jurado.

Con el paso de los siglos los derechos de los ingleses iban aumentando. Después de formulados, también fueron importantes para otras naciones. En la Declaración de Derechos de los Estados Unidos, figuran muchos de los mismos derechos.

El gobierno parlamentario y las monarquías limitadas se difunden en otros países

El sistema de gobierno de Inglaterra se ha difundido en otras tierras. Muchas naciones del mundo actual tienen gobiernos parlamentarios. Por ejemplo, Canadá tiene un Parlamento. Canadá estuvo gobernado por Inglaterra y ahora tiene un sistema parlamentario.

Otras naciones también han seguido el modo inglés de restringir los poderes de los soberanos. Muchos de los reyes y las reinas de la Europa actual gobiernan como monarcas constitucionales. No tienen poder verdadero de dirigir el gobierno. Los movimientos hacia la democracia en Europa deben mucho a los sucesos en Inglaterra durante los siglos XVII y XVIII.

Ejercicios

A. Busca las ideas principales:

Pon una marca al lado de las oraciones que expresan las ideas principales de lo que acabas de leer.

_______ **1.** La Carta Magna fue un documento importante.

_______ **2.** La Cámara de los Comunes llegó a ser la parte más poderosa del gobierno inglés.

_______ **3.** Los miembros de la Cámara de Lores heredan sus puestos.

_______ **4.** Durante los siglos XVII y XVIII, aumentaron los derechos ingleses y el poder del Parlamento.

_______ **5.** Empezando con la Carta Magna, se han puesto varias restricciones sobre los poderes de la monarquía inglesa.

B. ¿Qué leíste?

Escoge la respuesta que mejor complete cada oración. Escribe la letra de tu respuesta en el espacio en blanco.

_______ **1.** Un juez puede extender un auto judicial de registro sólo
a. para proteger a los funcionarios que están en servicio.
b. si hay razón para creer que un registro revelaría algo ilegal.
c. para asegurar a los derechos del acusado.
d. por todas las razones anteriores.

_______ **2.** Los derechos de los ingleses *no* incluyen el derecho
a. a la libertad de palabra.
b. a tener un abogado.
c. a trabajar.
d. a un juicio rápido.

_______ **3.** A partir de fines del siglo XVII, la Cámara de Lores en Inglaterra ha
a. ganado poderes.
b. retenido la mayoría de sus poderes.
c. perdido muchos de sus poderes.
d. sido eliminada.

_______ **4.** La creación del Parlamento
a. le dio más poderes al soberano inglés.
b. cedió todos los poderes a la clase media.
c. ayudó a los nobles a ganar más dinero.
d. ayudó a restringir el poder del soberano inglés.

C. Comprueba los detalles:

Lee cada afirmación. Escribe C en el espacio en blanco si la afirmación es cierta. Escribe F en el espacio si es falsa. Escribe N si no puedes averiguar en la lectura si es cierta o falsa.

______ **1.** Los impuestos en Inglaterra eran muy altos durante el siglo XIII.

______ **2.** Los jueces extienden los autos judiciales de registro.

______ **3.** Los mercaderes siempre han querido hacerse miembros del Parlamento.

______ **4.** Guillermo y María fueron invitados por el Parlamento a gobernar Inglaterra.

______ **5.** Los agricultores, los mercaderes y los empresarios eran miembros de la Cámara de los Comunes.

______ **6.** La Carta Magna protegía al rey inglés.

______ **7.** La guerra civil en Inglaterra fue el resultado de una lucha de poder entre el Parlamento y el Rey.

______ **8.** El Parlamento estableció una república en Inglaterra en el siglo XIII.

______ **9.** La fianza ayuda a algunas personas a evitar el castigo.

______ **10.** Carlos II gobernó Inglaterra después del fin del Estado Libre.

D. Termina la oración:

Escribe la palabra o el término que mejor complete cada oración de abajo. Escoge tu respuesta de la siguiente lista de palabras.

elegidos	acusadas	trono	destronado
dinero	abogado	monarca	mercaderes
república	democracia	elegida	impuesto

1. La Carta Magna obligó al ______________ a pedir autorización al Gran Consejo por cualquier ______________ nuevo.

2. La Declaración de Derechos concedió a las personas ______________ el derecho a tener un ______________ .

3. Después de muchos años, los ______________ fueron autorizados a hacerse miembros de la Cámara de los Comunes.

4. Las diferencias con el Rey hicieron que el Parlamento estableciera una ______________ en 1649.

5. Jacobo II fue ______________ como rey y tuvo que renunciar al ______________ .

6. En una democracia se les concede la mayoría de los poderes a los funcionarios ______________ .

E. Detrás de los titulares:

Detrás de cada titular hay una historia. Escribe dos o tres oraciones que respalden o cuenten sobre cada uno de los siguientes titulares. Usa una hoja de papel en blanco.

LA DECLARACIÓN DE DERECHOS FIRMADA POR GUILLERMO Y MARÍA

EL PARLAMENTO SE REÚNE EN DOS CÁMARAS

EL PUEBLO INGLÉS ESTÁ ORGULLOSO DE SUS DERECHOS

F. Correspondencias:

Encuentra para cada palabra de la columna A el significado correcto en la columna B. Escribe la letra de cada respuesta en el espacio en blanco.

	Columna A	Columna B
_______	**1.** fianza	**a.** finalizar la reunión de un grupo legislativo
_______	**2.** auto judicial	**b.** el derecho a gobernar cedido por Dios
_______	**3.** disolver	**c.** el dinero dado al tribunal para que el acusado pueda estar libre hasta su juicio
_______	**4.** destronar	**d.** el gobierno dirigido por representantes elegidos por el pueblo
_______	**5.** república	**e.** un mandamiento escrito extendido por el tribunal que permite un registro u otra acción
_______	**6.** derecho divino	**f.** quitar o destituir del puesto
		g. a una gran distancia

G. Para comprender la historia mundial:

En la página 194, leíste sobre tres factores de la historia mundial. ¿Cuál de estos factores corresponde a cada afirmación de abajo? Llena el espacio en blanco con el número de la afirmación correcta de la página 194.

_______ **1.** Los derechos de la Carta Magna primero se aplicaron a los nobles. Con el tiempo, esos derechos se extendieron a todos en Inglaterra.

_______ **2.** La forma de gobierno parlamentaria inglesa se difundió en otras partes del mundo y todavía existe en muchos lugares.

_______ **3.** El Parlamento destronó a Jacobo II. Luego, invitó a Guillermo y a María a venir de Holanda para gobernar Inglaterra.

_______ **4.** La Declaración de Derechos de los Estados Unidos contiene las mismas ideas proclamadas en la Declaración de Derechos de Inglaterra.

Enriquecimiento:

John Locke desafía la soberanía absoluta de los monarcas

¿Quién le dio al Parlamento inglés el derecho de destronar al rey Jacobo II? Mucha gente de la época se preguntaba esto. Pero John Locke, un filósofo, creía que sabía la respuesta. Sus ideas eran nuevas para el siglo XVII.

Locke pensaba que las personas comenzaron viviendo sin gobierno y sin leyes. Pero, la vida se hizo tan violenta que las personas escogieron a un líder para gobernarlas. Según Locke las personas sacrificaron algunas de sus libertades para que el líder pudiera gobernar. No obstante, las personas retenían sus derechos naturales. Éstos eran los derechos de vida, libertad y propiedad.

¿Qué tal si un soberano intentara quitarles a las personas sus derechos naturales? Entonces, según Locke, las personas deben echar al soberano y reemplazarlo por alguien que prometiera proteger los derechos del pueblo.

Muchas personas del Parlamento inglés aprobaron las ideas de Locke. Por eso, creían que tenían razón en destronar a Jacobo II y en invitar a Guillermo y María a reemplazarlo.

Las ideas de Locke influyeron mucho en otras naciones. Por ejemplo, en los Estados Unidos, Thomas Jefferson había leído sobre las ideas de Locke. Jefferson usó ideas parecidas a las de Locke cuando escribió la Declaración de la Independencia americana en 1776.

John Locke

Capítulo 3

La crisis y la revolución en Francia

Para comprender la historia mundial

Piensa en lo siguiente al leer sobre la Revolución Francesa.

1 Los sucesos en una parte del mundo han influido en los desarrollos en otras partes del mundo.

2 La cultura del presente nace en el pasado.

3 Los países adoptan y adaptan ideas e instituciones de otros países.

La toma de la Bastilla señaló el comienzo de una revolución en Francia. Sucedió el 14 de julio. Hoy en día, los franceses festejan el 14 de julio como día de fiesta nacional.

Para aprender nuevos términos y palabras

En este capítulo se usan las siguientes palabras. Piensa en el significado de cada una.

laissez-faire: "dejar hacer"; la idea de que el gobierno no debe regular ni interferir en los negocios

la Ilustración: el nombre puesto a la revolución del pensamiento que sucedió en el siglo XVIII; ilustración significa la capacidad de percibir y comprender muchas cosas

estados: el nombre puesto a los tres grupos de la asamblea representativa francesa

fraternidad: el sentido de unidad entre las personas

Piénsalo mientras lees

1. ¿Por qué apoyaba la clase media francesa la idea de menos regulación por el gobierno?
2. ¿Cómo influyó en Francia la Guerra de la Revolución norteamericana?
3. ¿Por qué convocó Luis XVI a los Estados Generales?
4. ¿Cuáles fueron las leyes importantes promulgadas por la Asamblea Nacional?
5. ¿Cuáles fueron algunas consecuencias de la época del terror?
6. ¿Cuáles fueron algunos de los aportes de Napoleón Bonaparte a Francia?

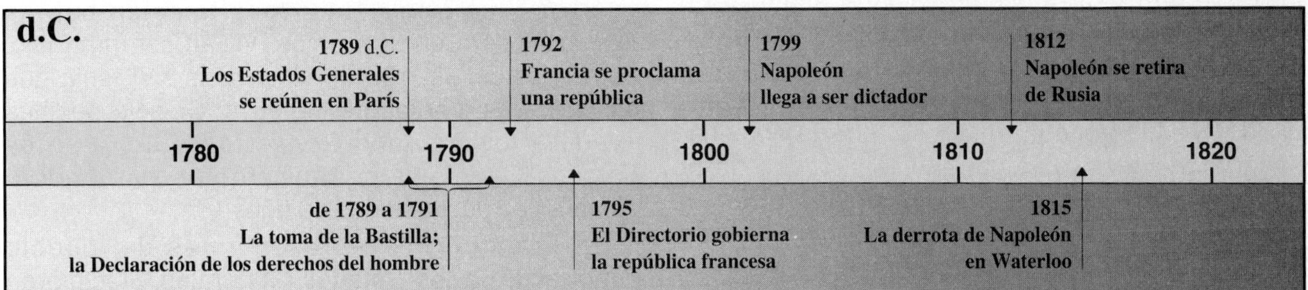

Los soberanos absolutos en Francia

Las ideas de democracia habían llegado a Inglaterra para principios del siglo XIV. Pero llegaron a otros países más tarde. Las ideas democráticas no se arraigaron en Francia hasta fines del siglo XVIII.

Francia se había unido a mediados del siglo XV después de varias guerras. Los monarcas franceses tomaron medidas para ganar poder absoluto, o total, en la nación unida francesa. Tuvieron el poder absoluto durante más de 300 años. Los monarcas franceses creían que gobernaban por derecho divino. Creían que Dios les había concedido el derecho de gobernar.

Durante la Edad Media, Francia tenía una asamblea que representaba al pueblo. Sin embargo, no llegó a ser poderosa como el Parlamento inglés. Para el siglo XVIII, el pueblo francés tenía pocos derechos. Además tenía poca experiencia con una forma de gobierno parlamentaria.

El rey Luis XIV gobernó Francia durante el siglo XVII. Construyó el palacio de Versalles. Allí, Luis y su corte vivían en gran lujo.

Los franceses no están satisfechos con su gobierno

Durante el siglo XVIII, muchos franceses no estaban satisfechos con el gobierno. Había varias razones para esto. El gobierno estaba dirigido por funcionarios que se dejaban sobornar. A veces, hasta robaban dinero de la tesorería. Además, el sistema de impuestos era abominable. La gente rica que poseía tierras pagaba muy pocos impuestos. Los campesinos y los que vivían en la ciudad estaban obligados a pagar la mayor parte de los impuestos.

La clase media se opone a la regulación por parte del gobierno

La clase media creciente en Francia estaba enfurecida con el gobierno. Creía que la regulación, o sea, las reglas, del gobierno la arruinaban. El gobierno establecía reglas sobre los precios y sobre lo que las personas podían ganar. También estaba encargado del comercio con los otros países.

Muchos franceses de la clase media creían en las ideas de un escocés que se llamaba Adam Smith. Smith había publicado un libro a fines del siglo XVIII. Se titulaba *La riqueza de las naciones.* Smith creía que si se dejaba que los comerciantes sacaran ganancias libremente, entonces toda la sociedad sacaría provecho. Las ganancias sacadas de un negocio pagarían los salarios de los obreros. Entonces, la nación se enriquecería. Por consiguiente, los gobiernos no debían regular ni interferir en los negocios. Smith y otros respaldaban un sistema económico de ***laissez-faire,*** un término francés.

La clase media francesa quería que el gobierno adoptara las ideas de Adam Smith. La clase media francesa quería que la dejara en paz.

Una revolución del pensamiento

La idea de Smith de *laissez-faire* era una de muchas ideas nuevas que iban adquiriendo renombre en Francia durante el siglo XVIII. Las ideas de John Locke también eran bien acogidas (ver la página 201). Otros pensadores de esta época eran el barón de Montesquieu, Jean Jacques Rousseau y Voltaire. A la revolución del pensamiento iniciada por estas personas se le ha llamado la época de **la Ilustración.** Otro nombre para la Ilustración es el Siglo de las Luces. "ilustración" significa la capacidad de percibir y comprender las cosas.

Las ideas de la guerra revolucionaria de América del Norte se difunden en Francia

La Guerra de la Revolución norteamericana estalló en 1775. Casi toda Francia estaba del lado de los colonos americanos. Hacia el fin de la guerra, Francia se unió abiertamente con los americanos en su lucha contra los ingleses. Las ideas tras la Guerra de la Revolución norteamericana y la Declaración de la Independencia se hicieron famosas entre muchos franceses.

Los nobles franceses estaban del lado de los colonos. Esperaban ver la derrota de Gran Bretaña. Esperaban que Gran Bretaña perdiera sus colonias en América del Norte. Los campesinos, los comerciantes y los mercaderes franceses apoyaban a los colonos porque estaban luchando por la libertad. Durante la revolución americana, la ideas de libertad de América llegaron a Francia.

El rey francés convoca a los Estados Generales

Para 1788, el gobierno francés se enfrentaba con graves problemas. La tesorería estaba quebrada. Los reyes anteriores habían gastado dinero en las guerras. Los reyes franceses también habían gastado dinero en sí mismos. Vivían con gran lujo. Para fines del siglo XVIII, el rey Luis XVI tenía que buscar otras fuentes de ingresos. Decidió pedirles ayuda a los Estados Generales. En 1789, los Estados Generales se reunieron en París por la primera vez después de 200 años.

En Francia, los representantes del pueblo pertenecían a los Estados Generales. Recibieron este nombre porque se había dividido al pueblo francés en tres grupos. Estos grupos se llamaban **estados.** El Primer Estado estaba formado por los funcionarios de la Iglesia. El Segundo Estado eran los nobles. El Tercer Estado se componía de los campesinos, los obreros urbanos y la clase media.

Se funda la Asamblea Nacional

Cuando los Estados Generales se reunieron en 1789, el Rey estableció que cada estado sólo tendría un voto. El Tercer Estado representaba a más del 96 por ciento de la población y tenía 600 diputados. Sin embargo, no tenía más votos que los otros estados.

El Tercer Estado se oponía a esto. Quería más votos. Pero el Rey no hacía nada. Por eso, el Tercer Estado decidió actuar. Los miembros del Tercer Estado y los otros que querían reformas se reunieron en una cancha de tenis. Allí prometieron no separarse como un grupo hasta que se redactara una constitución para Francia. En ese momento, el Rey se rindió. Permitió que los estados se reunieran juntos como una sola entidad. Esto fue la Asamblea Nacional. En la asamblea, se repartirían los votos más equitativamente entre los estados.

Esta caricatura muestra los problemas del Tercer Estado. El Primer y Segundo estado (el clero y la nobleza) han subido a las espaldas del Tercer Estado (el pueblo común).

Los comienzos de la revolución en Francia

El Rey finalmente aceptó la Asamblea Nacional. Sin embargo, cuando empezó a juntar a sus tropas cerca de la reunión de la asamblea, la gente de París se enojó. Temía que el Rey intentara detener a la Asamblea Nacional a la fuerza. El 14 de julio de 1789, un grupo de personas enfurecidas atacó la Bastilla. Ésta era una cárcel en París. Sólo había siete prisioneros en la Bastilla. Esta acción, sin embargo, sirvió de advertencia al Rey. Fue la primera vez que el pueblo francés se alzó en armas contra el Gobierno.

Los cambios ocasionados por la Asamblea Nacional

Durante los dos años siguientes (de 1789 a 1791), la Asamblea Nacional se reunió y redactó una nueva constitución. También promulgó una serie de leyes de reforma. Estas leyes le daban menos poderes al monarca. También establecieron un parlamento de una sola cámara. Las leyes también acabaron con el viejo sistema de impuestos. Los empresarios lograron mayor libertad.

La Asamblea Nacional también publicó la *Declaración de los derechos del hombre.* Este documento se fundaba parcialmente en la Declaración de Derechos de Inglaterra y la Declaración de la Independencia de los Estados Unidos. Proclamaba la igualdad de todos los ciudadanos franceses. También decía que se debía proteger a la propiedad particular.

Se difunde el temor a la revolución

Lo que sucedía en Francia provocó pavor en los soberanos de Europa. Temían que la revolución se difundiera por sus reinos. Austria y Prusia enviaron ejércitos a Francia para tratar de poner fin a la revolución. Los líderes de la revolución en Francia creían que el rey Luis XVI ayudaba a Prusia y a Austria. Destronaron al Rey y efectuaron elecciones para un nuevo parlamento.

Francia se convierte en república

El nuevo parlamento francés se llamó la Convención Nacional. En 1792 la convención declaró a Francia una república. Adoptó el lema "Libertad, igualdad, **fraternidad**". Se fundó un nuevo ejército. Se estableció un Comité de Salvación Pública. Su objetivo principal era el de deshacerse de los enemigos de la revolución.

El temor a sus enemigos llevo a la república a alejarse de las ideas democráticas. Luis XVI y su reina, María Antonieta, fueron condenados a muerte en 1793. Lo que siguió fue un período sangriento.

La época del terror

El nuevo ejército francés logró derrotar a los prusianos y austriacos. Sin embargo, los nuevos líderes de Francia todavía temían que la revolución fracasara. De 1793 a 1794, detuvieron y mataron a todos los que se oponían a la revolución. Esta época llegó a conocerse como la época del terror. Miles de personas fueron decapitadas durante el terror. Mataban a cualquiera que se oponía a la revolución.

La época del terror aplastó a los nobles franceses y a los partidarios de la monarquía. Pero, al mismo tiempo, perjudicó a la revolución. Al poco tiempo, los líderes de la revolución se acusaban unos a otros de intentar derrumbar al nuevo gobierno. Muchos fueron muertos.

Ahora el liderazgo de la revolución se le fue de las manos a la Convención Nacional. En 1795, un comité denominado Directorio se apoderó del gobierno de la república francesa. Los líderes de la revolución no podían controlar la nación. En 1799, un joven general del ejército, Napoleón Bonaparte, se apoderó del gobierno. Napoleón llegó a ser dictador de Francia.

Napoleón Bonaparte dirige Francia

Al principio, la Revolución Francesa fue salvada por el nuevo ejército que ésta había creado. El nuevo ejército era mucho mejor que el ejército anterior. Los nobles habían dirigido al viejo ejército. Cuando las tropas austriacas y prusianas invadieron Francia, el nuevo ejército logró derrotarlas.

En el nuevo ejército, centenares de oficiales jóvenes habían ascendido. Recibieron importantes puestos de mando. Un oficial joven del nuevo ejército era Napoleón Bonaparte. Tenía 24 años cuando Francia fue invadida por los que se oponían a la revolución. Napoleón avanzó rápidamente. Llegó a ser general a los 26 años. Ganó victorias contra los austriacos en Italia. Luego, dirigió a sus ejércitos contra las fuerzas inglesas en Egipto. Napoleón no logró tanto éxito en Egipto. No obstante, su renombre crecía.

Mientras que Napoleón lograba renombre en las batallas, el terror se difundía por toda Francia. En 1795, el poder del gobierno fue cedido al Directorio. Para entonces, las ideas democráticas de la revolución estaban en peligro.

Para 1799, la revolución estaba fuera de control. Debido a la condición debilitada del Gobierno, un líder fuerte podría entrar y apoderarse del mando. Resultó que Napoleón Bonaparte era ese líder. Regresó a Francia en 1799 como héroe de las guerras. Napoleón luego se apoderó del gobierno.

Napoleón se declara a sí mismo emperador de Francia

Napoleón no creía en la democracia. Sin embargo, había fingido creer en la república y en la revolución. La meta verdadera de Napoleón era gobernar toda Europa.

En 1804, Napoleón se nombró a sí mismo emperador de Francia. Tomó el mando personal del ejército. Al poco tiempo, Francia estaba en guerra contra la mayor parte de Europa y Gran Bretaña. Napoleón era un gran general y ganó muchas batallas. Sin embargo, no pudo derrotar a Gran Bretaña. La marina británica no dejó que invadiera su nación insular. Napoleón tuvo que quedarse en Europa.

El gobierno británico le temía a los objetivos de Napoleón. También temía que él difundiera las ideas

Napoleón primero logró renombre como un general joven durante la Revolución Francesa.

tras la Revolución Francesa. Por estas razones, seguían sus guerras contra Napoleón. Napoleón como emperador de Francia.

La derrota de Napoleón

En 1812, Napoleón cometió su error más grave. Mandó a medio millón de sus mejores soldados a apoderarse de Rusia. Luego de algunas victorias al comienzo, los franceses se encontraron atrapados en el interior de Rusia. Tenían pocos alimentos y alojamiento. Hacía un frío penetrante. Pequeños grupos de rusos atacaron por sorpresa a los franceses. Al mismo tiempo, el gobierno ruso se negaba a hablar de condiciones para la paz. Napoleón tuvo que ordenar una retirada. Perdió a la mayoría de su ejército durante la guerra rusa. Debido a esto, el poder de Napoleón quedó muy debilitado.

En 1814, Napoleón volvió a entrar en una guerra en Europa. Fue derrotado por las fuerzas unidas de Gran Bretaña, Austria, Rusia y Prusia. Napoleón fue tomado preso y enviado a vivir fuera de Francia.

Napoleón se escapó en 1815. Reunió a otro ejército para un nuevo intento. Sin embargo, sus esfuerzos fracasaron. El ejército de Napoleón fue derrotado en la

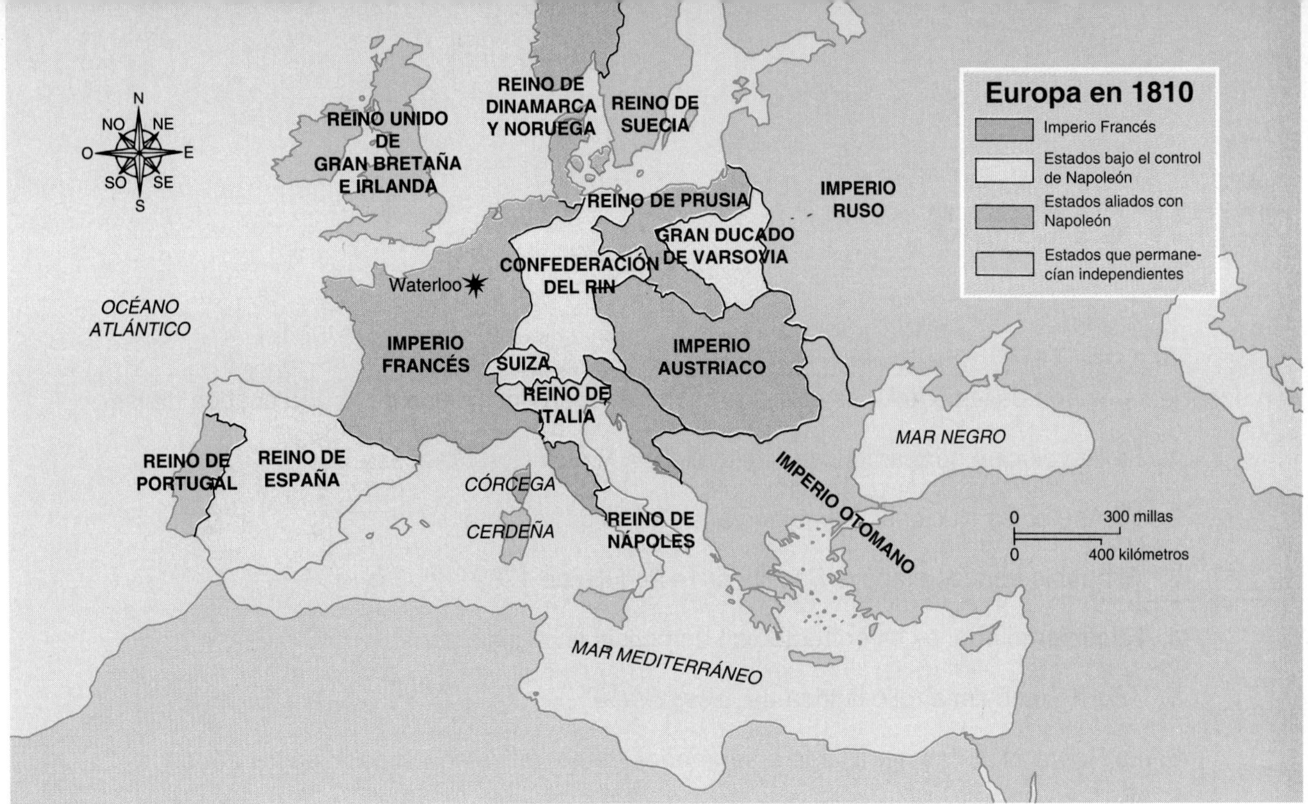

batalla de Waterloo (en la actual Bélgica). Esta vez Napoleón fue enviado a la isla de Santa Elena en el océano Atlántico sur. Murió allí en 1821.

Los factores que influyeron en la Revolución Francesa

Entre 1789 y 1815 hubo grandes cambios a Francia, Europa y muchas otras partes del mundo. Fueron los años de la Revolución Francesa y el reino de Napoleón Bonaparte.

Los líderes de la Revolución Francesa debían mucho a otras personas. Fueron influidos por los escritores y pensadores de la Ilustración. Las ideas económicas de Adam Smith también influyeron en muchos líderes de la Revolución Francesa. Los franceses también recibieron la influencia de la Revolución norteamericana (de 1775 a 1783).

Las consecuencias de la Revolución Francesa y la época de Napoleón

Estas numerosas influencias no evitaron que los líderes de la Revolución Francesa se equivocaran. Pero sí ayudaron a los líderes franceses a efectuar cambios importantes en la vida y el gobierno franceses. Lograron lo siguiente:

- Durante la revolución, el gobierno acabó con los derechos feudales de la nobleza. Concedió mayor libertad a los mercaderes y empresarios.
- El gobierno inició un sistema de impuestos nuevo que era más justo. Estos impuestos nuevos aliviaron la carga de los campesinos y los comerciantes.
- La Asamblea Nacional cambió el sistema del gobierno local. Estableció asambleas locales para gobernar a las personas en cada parte del país.
- El gobierno de la revolución publicó la *Declaración de los derechos del hombre.* Esta declaración cedió más derechos a todas las personas.
- La gran cantidad de tierras que habían pertenecido a la Iglesia fueron repartidas y vendidas a los campesinos. Por primera vez, muchos granjeros franceses podían ser dueños de su propia tierra.
- Se separaron los poderes de la Iglesia y del Gobierno. La Iglesia Católica Romana se oponía a esto fuertemente. Sin embargo, hasta la fecha, la iglesia sigue siendo una parte de la vida francesa.
- La esclavitud fue abolida, o prohibida, en Francia y en sus territorios. Este acto liberó a millares de personas negras.

Napoleón también introdujo muchas reformas.

- Ayudó a mejorar la educación pública.
- Introdujo cambios en el sistema financiero de Francia.
- Estableció el Código de Napoleón en 1804. Este código establecío un solo conjunto de leyes para Francia y los territorios que gobernaba. El Código de Napoleón influyó en los códigos de otros países.

Los líderes de la Revolución Francesa les debían mucho a las ideas de otras tierras. A su vez, las ideas de la Revolución Francesa han influido muchísimo en muchas personas en muchas otras partes del mundo a partir del siglo XIX.

Ejercicios

A. Busca las ideas principales:

Pon una marca al lado de las oraciones que expresan las ideas principales de lo que acabas de leer.

_______ **1.** La Revolución norteamericana influyó en la Revolución Francesa.

_______ **2.** La Asamblea Nacional promulgó varias leyes de reforma.

_______ **3.** El pueblo francés atacó la Bastilla el 14 de julio de 1789.

_______ **4.** El gobierno francés se enfrentó con una crisis en el siglo XVIII.

_______ **5.** Adam Smith desarrolló la idea de *laissez-faire.*

_______ **6.** La Revolución Francesa llegó a ser menos democrática con el paso de los años.

_______ **7.** Napoleón Bonaparte aprovechó debilitamiento del gobierno de Francia para ganar poder.

B. ¿Qué leíste?

Escoge la respuesta que mejor complete cada oración. Escribe la letra de tu respuesta en el espacio en blanco.

_______ **1.** Los Estados Generales
a. eran una asamblea representativa.
b. constaban de tres grupos.
c. eran menos poderosos que el Parlamento de Inglaterra.
d. todos los anteriores.

_______ **2.** La mayoría de los franceses pertenecía al
a. Primer Estado.
b. Segundo Estado.
c. Tercer Estado.
d. Directorio.

_______ **3.** La Asamblea Nacional proporcionó
a. un nuevo sistema de impuestos.
b. una monarquía limitada.
c. una constitución para Francia.
d. todo lo anterior.

_______ **4.** El Comité de Salvación Pública buscaba
a. proteger al Rey.
b. acabar con la época del terror.
c. deshacerse de los enemigos de la revolución.
d. escoger a un nuevo rey.

_______ **5.** La ambición de Napoleón era gobernar toda
a. Francia.
b. Gran Bretaña.
c. América del Norte.
d. Europa.

C. Comprueba los detalles:

Lee cada afirmación. Escribe C en el espacio en blanco si la afirmación es cierta. Escribe F en el espacio si es falsa. Escribe N si no puedes averiguar en la lectura si es cierta o falsa.

_______ **1.** Los ricos dueños de tierras pagaban la mayor parte de los impuestos en Francia.

_______ **2.** La clase media francesa creía en las ideas de Adam Smith.

_______ **3.** Los granjeros pobres constituían la mayoría de la población francesa.

_______ **4.** Los ejércitos extranjeros intentaron aplastar la Revolución Francesa.

_______ **5.** La Bastilla no fue usada como cárcel después de 1789.

_______ **6.** Napoleón acabó con el Directorio.

_______ **7.** La Revolución norteamericana sucedió antes que la Revolución Francesa.

_______ **8.** La época del terror fue el terror empleado por los nobles en contra de los líderes de la revolución.

D. Habilidad con la cronología:

¿En qué período sucedió cada uno de los siguientes acontecimientos? Escribe la fecha en el espacio en blanco. Puedes mirar la línea cronológica de la página 203 y el texto.

_______ **a.** Los Estados Generales se reúnen en París.

_______ **b.** Los franceses atacan la Bastilla.

_______ **c.** La Convención Nacional proclama a Francia una república.

_______ **d.** El Directorio asume el gobierno de Francia.

_______ **e.** Napoleón se apodera del gobierno de Francia.

_______ **f.** Napoleón es vencido en Waterloo.

E. Para comprender la historia mundial:

En la página 202, leíste sobre tres factores de la historia mundial. ¿Cuál de estos factores corresponde a cada afirmación de abajo? Llena el espacio en blanco con el número de la afirmación correcta de la página 202. Si no corresponde ningún factor, escribe la palabra NINGUNO.

_______ **1.** La tesorería francesa estaba en bancarrota, o quiebra, en 1788.

_______ **2.** La clase media francesa creía en las ideas de Adam Smith, un escocés.

_______ **3.** Durante la Guerra de la Revolución norteamericana, la creencia en la libertad se difundió desde América del Norte hasta Francia.

_______ **4.** Cada año, los franceses festejan la toma de la Bastilla el 14 de julio.

Capítulo 4

El desarrollo de la democracia en Europa

Para comprender la historia mundial

Piensa en lo siguiente al leer sobre el imperialismo.

1. Los sucesos en una parte del mundo han influido en los desarrollos en otras partes del mundo.
2. La cultura del presente nace en el pasado.
3. La interacción entre pueblos y naciones conduce a cambios culturales.

Había tantas fiestas durante el Congreso de Viena que alguien dijo: "El congreso baila, pero no logra nada". Pero los diputados del congreso lograron mucho. Trazaron nuevas fronteras en Europa después de la derrota de Napoleón.

Para aprender nuevos términos y palabras

En este capítulo se usan las siguientes palabras. Piensa en el significado de cada una.

liberal: progresista; que esta a favor de los cambios que suceden poco a poco

feminista: lo que tiene que ver con los derechos de las mujeres

Piénsalo mientras lees

1. ¿Cuáles eran las naciones que constituían la Alianza Cuádruple? ¿Cuáles eran los objetivos de la alianza?
2. ¿Cuáles fueron las reformas democráticas ocacionadas por el gobierno británico?

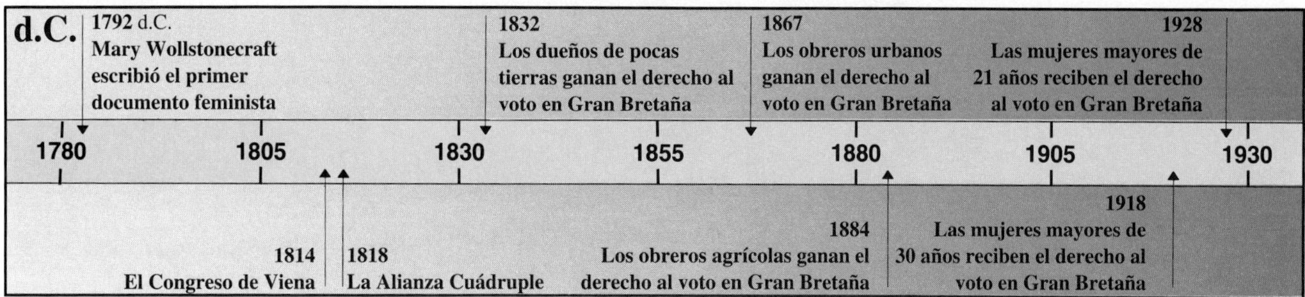

El Congreso de Viena

La Revolución Francesa y el dominio de Napoleón influyeron en la vida en toda Europa. Las ideas de libertad, igualdad y fraternidad emocionaron a las personas en todo el continente. Los soberanos de otros países temían que la inquietud se difundiera hasta sus tierras. Por eso, cuando Napoleón fue derrotado por primera vez, estas naciones se reunieron en Viena en 1984. (Viena es la ciudad capital de Austria.) Gran Bretaña, Austria, Rusia y Prusia dirigieron la reunión. Una de las metas era la de anular los cambios ocasionados por la Revolución Francesa y Napoleón. El nombre puesto a la reunión de estas naciones fue Congreso de Viena. Un congreso es un tipo de reunión.

La Alianza Cuádruple

El Congreso de Viena resultó en la fundación de la Alianza Cuádruple. Recibió este nombre porque *cuádruple* significa "lo que tiene que ver con cuatro cosas". La Alianza Cuádruple consistía en cuatro naciones: Gran Bretaña, Austria, Rusia y Prusia. Estos países fundaron la alianza para impedir las revoluciones democráticas en Europa. Esperaban acabar con la influencia de la Revolución Francesa. El príncipe Metternich de Austria ejerció una influencia muy importante en los sucesos. Metternich creía que las monarquías absolutas eran los únicos gobiernos buenos.

El príncipe Metternich era un diputado importante del Congreso de Viena.

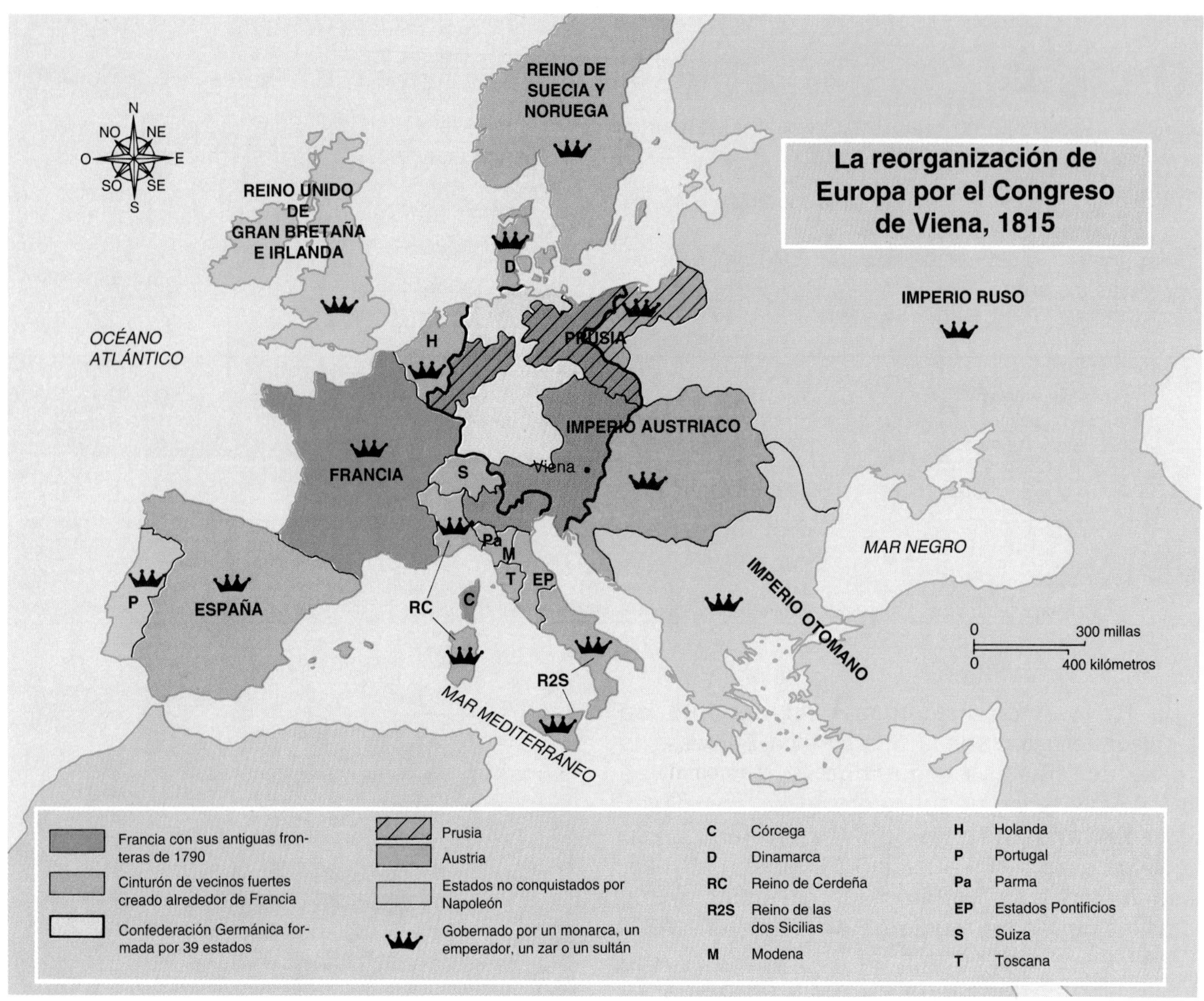

Ahora el rey Luis XVIII gobernaba Francia. (Era el hermano de Luis XVI, a quien mataron.) Se había vuelto a una monarquía limitada en Francia después de la caída de Napoleón. Francia se unió con la alianza en 1818. Gran Bretaña renunció en 1820. Las fuerzas armadas de la Alianza Cuádruple ayudaron a reprimir las revoluciones en España y dos reinos italianos.

Los europeos demandan reformas

Los miembros de la Alianza Cuádruple esperaban volver un paso atrás. Querían regresar a las épocas de los monarcas absolutos. Sin embargo, el avance hacia la democracia seguía. No se podía aplastar el deseo de reformas. Los obreros y los campesinos en Europa estaban disgustados con la vida. Las personas que vivían en las ciudades se quejaban de las malas viviendas y las malas condiciones de salud. Las clases más pobres, junto con muchos de la clase media, creían que carecían de influencia en el gobierno. Las mujeres comenzaron a pedir más derechos. El esfuerzo por difundir la democracia surtió efecto por toda Europa. Sin embargo, se notó más claramente en los acontecimientos en Gran Bretaña.

Los cambios que faltaban

De muchas formas, el gobierno británico era el más **liberal** de Europa. El gobierno británico era progresista. Estaba más dispuesto a aceptar los lentos cambios. Sin embargo, quedaban muchos cambios por hacer en Gran Bretaña. Por ejemplo, había límites sobre el derecho al voto. El voto generalmente se limitaba a los hombres dueños de tierras. A los católicos y a los judíos no se les permitía votar ni tener puestos en el gobierno. Las mujeres tampoco podían votar ni tener puestos en el gobierno. Como ves, sólo un pequeño grupo de personas podía votar en el país.

Mary Wollstonecraft, que se ve a la derecha, era una feminista inglesa. Ella vivió de 1759 a 1797. Las mujeres de Europa participaban en movimientos reformistas. Los grupos de mujeres, como el grupo que se ve a la izquierda, recaudaban fondos para la causa de la reforma.

Además, la forma de elegir a los miembros del Parlamento muchas veces era ilegal. Se podían comprar los votos. Los sobornos eran algo común en la vida política británica.

Los líderes ingleses hicieron reformas

En el siglo XIX, los líderes de Gran Bretaña hicieron reformas. Estas reformas le dieron mayor democracia a Gran Bretaña. Se permitía que los católicos y los judíos votaran y ocuparan puestos por elecciones. El sistema de elegir a los miembros del Parlamento cambiaba poco a poco.

Más personas en Gran Bretaña ganaron el derecho al voto. Esto fue consecuencia de varias actas de reforma. Éstas fueron

- *El Acta de Reforma de 1832:* Concedió el derecho al voto a la clase media. Antes de 1832, sólo los dueños de muchas tierras podían votar. Ahora, los dueños de pocas tierras y los arrendatarios también podían votar.
- *El Acta de Reforma de 1867:* Concedió el derecho al voto a los obreros urbanos. La mayoría de estos obreros no poseía tierras. Tampoco eran dueños de su propia casa. Pagaban arrendamientos.
- *El Acta de Reforma de 1884:* Concedió el derecho al voto a los obreros agrícolas.

Las mujeres inglesas exigen sus derechos

Las mujeres querían la igualdad de derechos. En el siglo XIX, un pequeño pero decidido grupo de mujeres en Inglaterra inició el movimiento **feminista.** La escritora y feminista inglesa, Mary Wollstonecraft, estaba a favor de la igualdad de educación para los hombres y las mujeres. Escribió el primer documento feminista en 1792.

Las feministas exigían lo siguiente:

- el derecho al voto
- el derecho de tener puestos gubernamentales
- el derecho de recibir estudios completos
- el derecho de controlar sus propias propiedades.

La mayoría de los hombres no estaba a favor de la igualdad de derechos para las mujeres en el siglo XIX. Sin embargo, había hombres que estaban de acuerdo con el movimiento feminista.

A fines del siglo XIX, las feministas en Gran Bretaña habían logrado algunas cosas. Cada vez eran más las mujeres que ingresaban en las universidades. Unas cuantas mujeres se graduaron como médicas y abogadas. En 1918, las mujeres mayores de 30 años recibieron el derecho al voto. Finalmente, en 1928, todas las mujeres mayores de 21 años tuvieron derecho al voto.

Ejercicios

A. Busca las ideas principales:

Pon una marca al lado de las oraciones que expresan las ideas principales de lo que acabas de leer.

_______ **1.** Varias naciones europeas se reunieron en el Congreso de Viena.

_______ **2.** Gran Bretaña efectuó varias reformas democráticas en el siglo XIX.

_______ **3.** El gobierno de Inglaterra consiste en un monarca y el Parlamento.

_______ **4.** Algunas naciones intentaron aplastar al nacionalismo y la democracia después de 1815.

_______ **5.** Las mujeres pudieron ingresar en las escuelas y universidades más fácilmente después del 1900.

_______ **6.** Los feministas se esforzaron por ganar los mismos derechos que los hombres durante todo el siglo XIX.

B. ¿Qué leíste?

Escoge la respuesta que mejor complete cada oración. Escribe la letra de tu respuesta en el espacio en blanco.

_______ **1.** En muchos aspectos, el gobierno inglés, a principios del siglo XIX, era
a. menos liberal que los otros gobiernos.
b. un gobierno prácticamente perfecto.
c. el gobierno más liberal de Europa.
d. el gobierno menos liberal de Europa.

_______ **2.** Entre las demandas de reformas en Inglaterra y Europa en el siglo XIX figuraban
a. mejores condiciones sanitarias.
b. mejores viviendas.
c. más derechos para las mujeres.
d. todo lo anterior.

_______ **3.** Los siguientes países pertenecían a la Alianza Cuádruple, *menos*
a. España.
b. Inglaterra.
c. Austria.
d. Rusia.

_______ **4.** El Acta de Reforma de 1867 concedió el derecho al voto a
a. todos los hombres.
b. las mujeres.
c. los obreros urbanos.
d. todos los anteriores.

C. Comprueba los detalles:

Lee cada afirmación. Escribe C en el espacio en blanco si la afirmación es cierta. Escribe F en el espacio si es falsa. Escribe N si no puedes averiguar en la lectura si es cierta o falsa.

_______ **1.** El Congreso de Viena se reunía de vez en cuando hasta 1820.

_______ **2.** Las mujeres ganaron el derecho al voto en Inglaterra en 1928.

_______ **3.** Para 1870, se habían tomado iniciativas importantes hacia la democracia en Prusia.

_______ **4.** La reforma política no afectó la democracia.

_______ **5.** La Alianza Cuádruple se oponía a la democracia.

_______ **6.** En 1800, Inglaterra tenía el gobierno más liberal de Europa.

_______ **7.** Para fines del siglo XIX, más mujeres podían estudiar.

_______ **8.** El movimiento feminista quería el derecho al voto para las mujeres.

D. Piénsalo de nuevo:

Contesta la siguiente pregunta en un ensayo de por lo menos 50 palabras. Usa un papel en blanco.

¿Cómo influyeron las reformas del siglo XIX en las mujeres y en los obreros?

E. Los significados de palabras:

Busca las siguientes palabras en el glosario. Escribe el significado al lado de cada palabra.

liberal: ____

feminista: ____

F. Para comprender la historia mundial:

En la página 210, leíste sobre tres factores de la historia mundial. ¿Cuál de estos factores corresponde a cada afirmación de abajo? Llena el espacio en blanco con el número de la afirmación correcta de la página 210.

_______ **1.** Las mujeres británicas ganaron plenos derechos al voto en 1928.

_______ **2.** El ejército de Napoleón llevó el espíritu de la Revolución Francesa al resto de Europa.

_______ **3.** La Revolución Francesa condujo finalmente a la fundación de la Alianza Cuádruple.

Capítulo 5

El nacionalismo y la unificación de Italia

Para comprender la historia mundial.

Piensa en lo siguiente al leer sobre la unificación de Italia.

1 Los sucesos en una parte del mundo han influido en los desarrollos en otras partes del mundo.

2 La cultura del presente nace en el pasado.

Giuseppe Garibaldi dirigió las tropas italianas en la lucha por unificar Italia. En este dibujo sostiene la bandera italiana.

Para aprender nuevos términos y palabras

En este capítulo se usan las siguientes palabras. Piensa en el significado de cada una.

nacionalismo: el sentido de orgullo y dedicación por el país de uno
unificación: la unión de varias partes de una región geográfica en una sola nación
primer ministro: el funcionario principal del gobierno en un sistema parlamentario
anexar: añadir al territorio de un estado

Piénsalo mientras lees

1. ¿Por qué era difícil que los italianos se unieran para formar una sola nación?
2. ¿Cómo ayudaron a realizar la unidad italiana Mazzini, Cavour y Garibaldi?
3. ¿Por qué llegó a ser Cerdeña el líder del movimiento por el nacionalismo y la unidad de Italia?

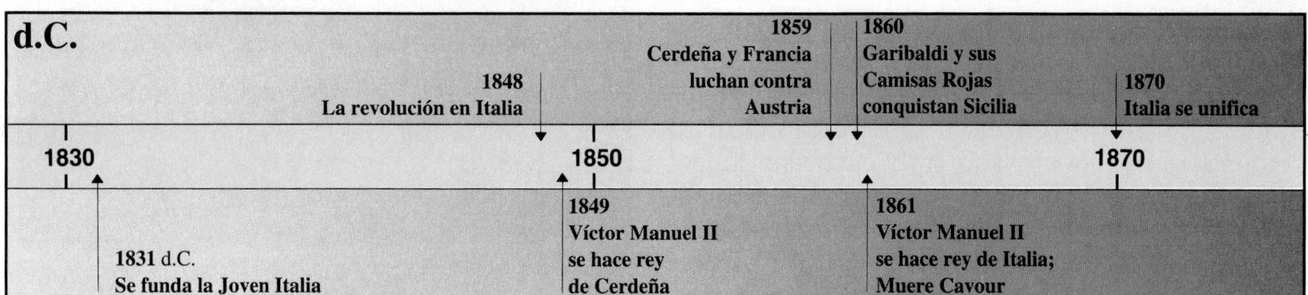

El nacionalismo crece en Italia

Italia queda en el sur de Europa. Por su ubicación sobre el mar Mediterráneo, había sido el centro del Imperio Romano. Italia estaba unida en un solo país durante los principios de la época romana. Cuando Roma cayó, a fines del siglo V d.C., Italia se dividió en muchos reinos pequeños. Durante los 1.300 años siguientes, Italia permaneció desunida.

A principios del siglo XIX, Napoleón Bonaparte conquistó Italia. Agrupó a algunos de los reinos para poder controlarlos más fácilmente.

Sin embargo la acción de Napoleón tuvo otro efecto. Ayudó a fomentar el **nacionalismo** italiano. Al agrupar los reinos, Napoleón creó oportunidades para que los italianos se conocieran. Hizo que los italianos pensaran que pertenecían a una nación.

Los obstáculos para la unificación

En 1815, después del Congreso de Viena, Italia todavía consistía en varios reinos y estados. Muchas personas en Italia estaban a favor de la **unificación.** Había varias razones por las cuales Italia no podía unirse fácilmente:

- Primero, Austria se oponía a una Italia unida. Para entonces, Austria era una nación poderosa al norte de Italia (ver el mapa de la página 219). Los austriacos querían que Italia permaneciera dividida y debilitada.
- Segundo, muchos soberanos de los reinos italianos pequeños se oponían a una Italia unida. Temían perder sus propios poderes.
- Tercero, el Papa se oponía a una Italia unida. Temía que la unidad pudiera hacer que la Iglesia Católica Romana perdiera sus tierras en Italia. En aquella época, la mayor parte del centro de Italia estaba gobernada por la Iglesia y sus funcionarios.

Mazzini se esfuerza por unir Italia

Varios grupos en Italia sí favorecían la unidad. Un grupo se llamaba la Joven Italia. Fue fundada en 1831. El líder de la Joven Italia era Giuseppe Mazzini. Mazzini dedicó su vida a tratar de promover una república italiana unida. Fue encarcelado. También se le obligó a irse de Italia por un tiempo. Por su liderazgo, Mazzini llegó a conocerse como "el alma" de Italia.

Un motín en Italia fracasa

En 1848, estallaron motines en partes de Europa. Los dirigieron las personas que estaban a favor de mayor democracia y mayores derechos personales. Los revolucionarios en Italia querían la libertad y la democracia.

La revolución de 1848 en Italia, al igual que las otras en las demás partes de Europa, fracasó.

Las tropas austriacas y francesas ayudaron a aplastar la revolución italiana. Durante la rebelión, el rey de Cerdeña trató de ayudar a los insurgentes. (El reino de Cerdeña consistía en Piamonte, Niza, Saboya y la isla de Cerdeña.) Declaró la guerra a Austria. Esperaba así obligar a Austria a dividir su ejército. Entonces, la revolución italiana tendría mejores posibilidades de triunfar. En cambio, este acto valiente resultó en la derrota de Cerdeña. Aunque fue derrotada, Cerdeña ganó el aprecio de toda Italia.

Cavour y Cerdeña dirigen la marcha hacia la unidad

Los austriacos destronaron al rey de Cerdeña. Su hijo, Víctor Manuel II, llegó a rey en 1849. Nombró a Camillo de Cavour como su **primer ministro.** Cavour introdujo reformas que fortalecían a Cerdeña, la cual se convirtío en la cabecera de los intentos por la unificación italiana. Sus sabias acciones le dieron a Cavour el apodo de "cerebro" de Italia.

Cavour sabía que Italia no podía unirse mientras Austria dirigía sus asuntos. Así que, en 1859, Cerdeña se unió con Francia en una guerra contra Austria. Juntos, esperaban acabar con el dominio austriaco en algunas partes del norte de Italia. Estas partes luego se repartirían entre Francia y Cerdeña.

La lucha iba en buen camino cuando Francia, de repente, puso fin a la guerra. Los franceses temían que una Italia unida fuera una amenaza para ellos. Debido a la retirada francesa, Cerdeña no consiguió todo el territorio que esperaba adquirir. Sin embargo, Cerdeña **anexó** la región vecina de Lombardía (ver el mapa de la página 219). Al hacerlo, casi se duplicó el tamaño de Cerdeña.

El éxito que logró Cerdeña hacía que ésta fuera el centro del sentimiento nacionalista en Italia. En 1860, las personas de las regiones de Modena, Parma y Toscana se pusieron en contra de Austria y se unieron con Cerdeña.

Garibaldi une el sur con el norte de Italia

Un nuevo líder surgió en Italia. Se llamaba Giuseppe Garibaldi. Era soldado. Las habilidades de Garibaldi como soldado hicieron que se lo llamara "la espada" de la unidad italiana. En 1860, Garibaldi se propuso conquistar el Reino de las dos Sicilias (ver el mapa de la página 219). Quería que las dos Sicilias se unieran con el resto de Italia. El ejército de Garibaldi consistía en mil voluntarios. Se llamaban los "Camisas Rojas" debido a las camisas rojas de lana que llevaban puestas.

El conde de Cavour utilizó medios diplomáticos para ganar la unidad italiana.

La meta de Garibaldi era unir a Italia. Se propuso hacerlo con un ejército pequeño. Creía que miles de italianos vendrían a unirse con él. Tuvo razón. Invadió Sicilia. Luego, muchos soldados sicilianos se unieron a los Camisas Rojas. Juntos, liberaron a Sicilia.

Después Garibaldi navegó con su ejército al territorio continental de Italia. Se trasladó al norte, hacia la región de Nápoles.

Se logra la unificación

Mientras Garibaldi se trasladaba hacia el norte hasta Nápoles, Cavour enviaba a un ejército hacia el sur desde Cerdeña. Para fines de 1860, los dos ejércitos habían liberado a la mayor parte de Italia. Garibaldi se reunió con Víctor Manuel en octubre de 1860. El soldado saludó al monarca reconociéndolo como rey de Italia y se retiró. El rey Víctor Manuel II de Cerdeña llegó a ser el soberano de casi toda Italia en marzo de 1861. Después de tres meses, Cavour murió.

En 1860, la gente del Reino de las dos Sicilias votó por unirse a Cerdeña. Éste fue uno de los pasos que condujo a la unificación de Italia.

Sólo dos partes de Italia estaban todavía bajo el control exterior. Roma quedó en manos del Papa. Véneto, un reino del norte, estaba gobernado por Austria. Pronto, tanto Roma como Véneto llegarían a formar parte de la Italia recién unificada.

En 1866, los italianos se unieron con Prusia en una guerra contra Austria. Austria sufrió una derrota grave. Un tratado cedió el territorio de Véneto a Italia. Sin embargo, todavía le quedaba mucho por hacer al nuevo gobierno de Italia. Tenía que resolver el problema de Roma. En 1870, Francia luchó en una guerra contra Prusia. Francia había mantenido unas tropas en Roma para respaldar al Papa. Ahora, tenía que retirar estas tropas para luchar contra Prusia. Italia aprovechó la oportunidad para apoderarse de Roma. El ejército del Papa apenas luchó. No estaba a la par de las tropas italianas. Después de añadir a Roma, Italia por fin era una nación unida.

El nacionalismo tuvo un rol importante en la unificación de Italia. Buenos líderes y algo de suerte también contribuyeron a la unificación de Italia. La nueva nación debía mucho al espíritu de nacionalismo y a sus héroes: Mazzini, Cavour y Garibaldi.

Ejercicios

A. Busca las ideas principales:

Pon una marca al lado de las oraciones que expresan las ideas principales de lo que acabas de leer.

_______ **1.** Napoleón derrotó a Italia.

_______ **2.** Muchos factores impedían la unidad italiana.

_______ **3.** La meta de la "Joven Italia" era la de unir la nación.

_______ **4.** Cerdeña dirigió las fuerzas para unir Italia.

_______ **5.** Los esfuerzos de Mazzini, Cavour y Garibaldi fueron importantes en la unificación de Italia.

_______ **6.** Víctor Manuel II llegó a ser el rey de una Italia unida.

B. ¿Qué leíste?

Escoge la respuesta que mejor complete cada oración. Escribe la letra de tu respuesta en el espacio en blanco.

_______ **1.** El nombramiento de Cavour como primer ministro de Cerdeña
a. le cayó bien a Austria.
b. fortaleció Cerdeña.
c. debilitó Cerdeña.
d. tuvo pocas consecuencias en Italia.

_______ **2.** Cerdeña se unió a Francia contra Austria en 1859 y
a. pudo fundar un estado unido italiano.
b. ganó la guerra pero no ganó territorios nuevos.
c. ganó el territorio de Lombardía.
d. ganó Roma.

_______ **3.** Cuando Napoleón se apoderó de Italia, él
a. estableció una república.
b. se nombró a sí mismo rey de Italia.
c. agrupó varios reinos.
d. aumentó el número de reinos.

_________ **4.** Una consecuencia importante del motín de 1848 en Italia fue que
a. Cerdeña derrotó a Austria.
b. Mazzini llegó a ser el líder de Cerdeña.
c. toda Italia fue unida.
d. Cerdeña ganó el aprecio de toda Italia.

C. Comprueba los detalles:

Lee cada afirmación. Escribe C en el espacio en blanco si la afirmación es cierta. Escribe F en el espacio si es falsa. Escribe N si no puedes averiguar en la lectura si es cierta o falsa.

______ **1.** Después del Congreso de Viena, Italia consistía en muchos estados.

______ **2.** Napoleón gobernó Italia con sabiduría.

______ **3.** Mazzini era un hombre rico.

______ **4.** Austria quería una Italia unida.

______ **5.** El Papa no quería una Italia unida.

______ **6.** Cavour era mejor líder que Mazzini.

______ **7.** Cerdeña ganó el aprecio de Italia después del motín de 1848.

______ **8.** Garibaldi dirigió a un pequeño grupo para apoderarse de Sicilia.

______ **9.** Italia luchó contra Prusia en 1866.

______ **10.** Italia estaba completamente unida en 1870.

D. ¿Quiénes eran?

Escribe el nombre de la persona o de los grupos de personas que se describen en cada oración. Escribe la respuesta en el espacio en blanco.

________________ **1.** Fue el primer ministro de Cerdeña. Sabía que se debía acabar con el control de Austria sobre Italia.

________________ **2.** Su ejército liberó a Sicilia y al sur de Italia del dominio extranjero.

________________ **3.** Conquistó a Italia a principios del siglo XIX y sus acciones ayudaron a fomentar el nacionalismo italiano.

________________ **4.** Dirigió el movimiento de la "Joven Italia" y fue encarcelado por sus intentos de unir la nación.

________________ **5.** Fue el primer rey de la Italia unida.

________________ **6.** Gobernó la mayor parte de la región central de Italia.

________________ **7.** Trató de ayudar a la revolución italiana en 1848 al declarar la guerra a Austria.

E. ¿Qué significa?

Lee los párrafos siguientes y escribe tu ensayo, según las instrucciones en una hoja de papel en blanco.

En 1858, el rey de Cerdeña habló con su parlamento. Se habían congregado centenares de hombres y mujeres. Muchos habían sido obligados a abandonar otras partes de Italia porque querían una Italia unida.

Durante su discurso, el Rey dijo: “No estamos sordos al llanto de angustia [sufrimiento] que nos llega desde otras partes de Italia”. Estas palabras fueron recibidas con fervor. Más tarde, un miembro del público dijo: “Cuando el Rey habló del ‘llanto de angustia’, todos se regocijaron. Nos regocijamos porque el Rey se acordaba de nosotros y nos prometía una patria. Era el rey de nuestros corazones”.

En por lo menos 100 palabras, escribe un ensayo que explique:

a. lo que el Rey quería decir con “el llanto de angustia”.
b. por qué el público se regocijó con las palabras del Rey.
c. por qué el público creía que el Rey era el rey de sus corazones.

F. Para comprender la historia mundial:

En la página 216, leíste sobre dos factores de la historia mundial. ¿Cuál de estos factores corresponde a cada afirmación de abajo? Llena el espacio en blanco con el número de la afirmación correcta de la página 216. Si no corresponde ningún factor, escribe la palabra NINGUNO.

______ **1.** En 1870, Italia llegó a ser un país unido.

______ **2.** El líder francés, Napoleón Bonaparte, jugó un papel importante en la historia italiana. Sus acciones ayudaron a fomentar un espíritu de nacionalismo en Italia.

______ **3.** Giuseppe Garibaldi es un gran héroe del pueblo italiano.

Enriquecimiento:

El espíritu de nacionalismo

El nacionalismo es una fuerza importante en el mundo actual. Puedes pensar en el nacionalismo como el sentido de lealtad que las personas sienten hacia su país o región. Este espíritu de nacionalismo no comenzó hasta fines del siglo XVIII. Desde entonces, se ha sentido en todas las partes del mundo.

Generalmente, el espíritu de nacionalismo se fomenta porque la gente comparte algo con la otra gente en su nación o región. A menudo comparten una *lengua común.* Es decir, por regla general, el pueblo de una nación habla la misma lengua. También, las personas de un país generalmente comparten un *territorio común.* Viven en el mismo lugar.

El pueblo de una nación tiene una historia común y un gobierno común. A menudo tiene una *cultura común* y *creencias comunes.* Tiene las mismas costumbres, literatura, música y modo de vida.

Algunos países, como Gran Bretaña, tenían un sentido de nacionalismo antes del siglo XIX. En general las personas les prometían lealtad a los soberanos locales de sus propias regiones.

Los sentimientos del nacionalismo aumentaron a fines del siglo XVIII. Se iniciaron primero en Francia. Allí el pueblo francés se unió para luchar contra las naciones que se oponían a su revolución. El orgullo francés por su nación y su ejército sirvió de ejemplo a los otros pueblos. Otros ejemplos son el orgullo por la bandera y por el himno nacional del país de uno.

A menudo el nacionalismo acompañaba los esfuerzos de las colonias por independizarse de su madre patria. Así sucedió en Hispanoamérica. En 1804, el pueblo de Haití se liberó de Francia. México se independizó de España en 1821. Casi todas las naciones de América del Sur se independizaron de España o de Portugal antes de 1822.

El espíritu de nacionalismo se difundió de un lugar a otro y de un continente a otro. Las ideas y las palabras de gente de una parte del mundo fueron utilizadas por la gente de otras partes. El nacionalismo llegó a ser el sendero que conducía a la libertad. A veces conducía a mayor democracia y libertad personal.

Toussaint Louverture dirigió un motín de esclavos en Haití en la década de 1790. Los esclavos se sublevaron cuando se enteraron de la revolución en Francia. Para entonces, Haití era una colonia de Francia.

Capítulo 6

El nacionalismo y la unificación de Alemania

Para comprender la historia mundial

Piensa en lo siguiente al leer sobre la unificación de Alemania.

1. Los sucesos en una parte del mundo han influido en los desarrollos en otras partes del mundo.
2. Nuestra cultura influye en nuestra perspectiva del mundo.
3. La cultura del presente nace en el pasado.

Las tropas prusianas saludan a Guillermo I como el primer káiser de la Alemania unida.

Para aprender nuevos términos y palabras

En este capítulo se usan las siguientes palabras. Piensa en el significado de cada una.

confederación: una liga u otra organización de estados independientes que se unen para un propósito

unión aduanera: una organización de varios estados que se encargan de asuntos comerciales y de impuestos

conservador: en contra de grandes cambios en la sociedad o en el gobierno

reaccionario: que esta a favor del regreso a las ideas y los modos del pasado

Piénsalo mientras lees

1. ¿Cómo ayudó Napoleón a fomentar sentimientos de nacionalismo en Alemania?
2. ¿Cómo influyó la unión aduanera en los sentimientos nacionalistas alemanes?
3. ¿Por qué se consideraba a Prusia el estado dirigente en Alemania?
4. ¿Cómo unió Bismarck a Alemania?

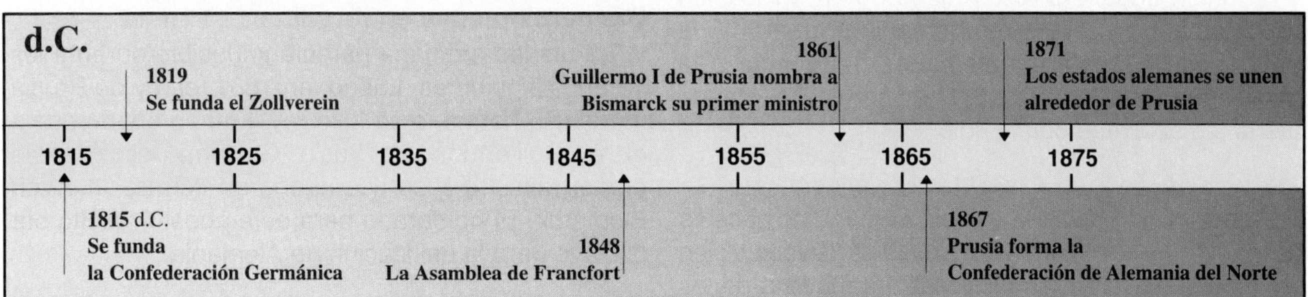

El comienzo del nacionalismo en Alemania

El sentido de nacionalismo se difundía por toda Europa a principios del siglo XIX. Como has leído, se inició en Francia durante la Revolución Francesa. Además, ayudó a unir Italia. El nacionalismo jugó un papel importante en la historia de Alemania también.

En 1800, los alemanes estaban divididos en muchos reinos. Para entonces, la mayoría de los alemanes era leal sólo a su rey o señor local. Sin embargo, un sentido de nacionalismo empezó a crecer entre algunos alemanes. Soñaban con una nación unida. Querían un solo país bajo un soberano. Querían un solo sistema de leyes para todos los alemanes.

El primer paso de Alemania hacia la unidad

En 1806, Napoleón se apoderó de los reinos alemanes. Por muchas razones era difícil dirigir los asuntos alemanes. Cada reino tenía sus propias leyes. Cada reino tenía su propio dinero. Cada uno tenía sus propios soberanos locales.

Napoleón resolvió este problema al agrupar a muchos de los reinos pequeños. Pidió que sus parientes y amistades gobernaran estos reinos. Luego agrupó a los reinos en una **confederación**. Se llamaba la Confederación del Rin (ver el mapa de la página 207). El Rin es un río en el oeste de Alemania.

La Confederación del Rin fue el primer paso de Alemania hacia la unidad. Ayudó a fomentar un sentido de nacionalismo entre los alemanes. Así que, sin querer, Napoleón había ayudado a los reinos alemanes a dar pasos hacia la unidad como una nación.

Los alemanes recurren al liderazgo de Prusia

En 1815 los alemanes ayudaron a derrotar a Napoleón en Waterloo. Su derrota resultó en la disolución de la Confederación del Rin. Sin embargo, aún existía la idea de la unidad alemana. Después del Congreso de Viena en 1815, se fundó una nueva Confederación Germánica. La Confederación Germánica consistía en 39 estados alemanes, incluso Austria y Prusia (ver el mapa de la página 212).

Austria dirigió la Confederación Germánica. Sin embargo, pronto se hizo evidente que la fuerza verdadera de la confederación yacía en el estado de Prusia. Cada vez más, los alemanes recurrían a Prusia para que los dirigiera. Tenían razones importantes. Prusia tenía el ejército más fuerte de los reinos alemanes. Había jugado un rol importante en la derrota de Napoleón. Además, el gobierno de Prusia era el más ordenado de todos los reinos alemanes.

Una unión aduanera ayuda a la unidad económica

La idea de unir a todas las áreas alemanas en un solo país creció lentamente. En 1819, los estados y reinos alemanes dieron el primer paso hacia la fundación de una sola nación. Prusia organizó una **unión aduanera.** Esta unión se llamaba el *Zollverein.*

La unión aduanera se fundó para resolver un grave problema comercial. Los estados alemanes cobraban impuestos sobre los productos de los otros. Esto resultaba en precios más altos. También los estados alemanes comerciaban menos entre sí. La unión aduanera trató de eliminar estos impuestos. Ayudó a promover la unidad económica.

La unión aduanera hizo mucho por la unificación de los estados y reinos de Alemania. Para 1842, la mayoría de los estados alemanes pertenecía a la unión aduanera. Austria era el único estado grande que no se asociaba con la unión.

Los obstáculos para la unificación

El movimiento hacia la unidad alemana no sucedió fácilmente. Había alemanes que no se llevaban bien debido a sus diferencias religiosas. La mayoría de los alemanes del norte eran protestantes. Los alemanes del sur principalmente eran católicos romanos. Había regiones que continuaban con sus disputas y celos antiguos. Los estados alemanes querían retener sus propias costumbres y tradiciones.

Además, Austria se oponía a la unidad alemana. Los austriacos no se asociaban con la unión aduanera. El gobierno austriaco quería que Alemania permaneciera débil y dividida. Mientras los estados alemanes permanecían divididos, los austriacos podían gobernarlos.

El parlamento de Francfort intenta unir a Alemania, pero fracasa

Las revoluciones democráticas que se difundían por casi toda Europa en 1848 también llegaron a las tierras alemanas. Muchos alemanes empezaron a pedir mayor democracia. Éstos eran los nacionalistas y liberales. La gente hasta eligió diputados para una asamblea, o reunión, en la ciudad de Francfort (ver el mapa de la página 227). La reunión de 1848 llegó a conocerse como la Asamblea de Francfort.

Los diputados de la Asamblea de Francfort propusieron que los alemanes se unieran bajo una constitución democrática. Más tarde, la asamblea fue disuelta por el rey prusiano. Pronto, los líderes volvieron a reunirse en Francfort. Esta vez se reunieron en plan de parlamento. En 1849 el parlamento promulgó una constitución para los estados alemanes. También pidió que el rey de Prusia se hiciera rey de toda Alemania.

El rey de Prusia no aceptó la corona. Al poco tiempo, el parlamento dejó de reunirse. Muchos líderes fueron obligados a salir del país. Los estados alemanes permanecían separados. Sus gobiernos todavía estaban dirigidos por los que se oponían a la unidad nacional y a la democracia.

Algunas de las personas en contra de la unificación alemana eran **conservadoras.** Es decir, se oponían a la mayoría de los cambios en el gobierno y en la sociedad. Otras eran **reaccionarias.** Estas personas querían regresar a las ideas y los modos del pasado.

Bismarck piensa en fortalecer a Prusia

La unidad alemana parecía imposible durante los 12 años siguientes. Luego, en 1861, el rey de Prusia murió. Su hermano se hizo rey. Fue coronado como el rey Guillermo I de Prusia. Guillermo eligió como primer ministro a un rico dueño de tierras, Otto von Bismarck. El nombrarlo para este puesto resultó ser la clave para la unificación de Alemania.

Otto von Bismarck fue primer ministro de Alemania. Se considera el realizador de la unificación de los estados alemanes.

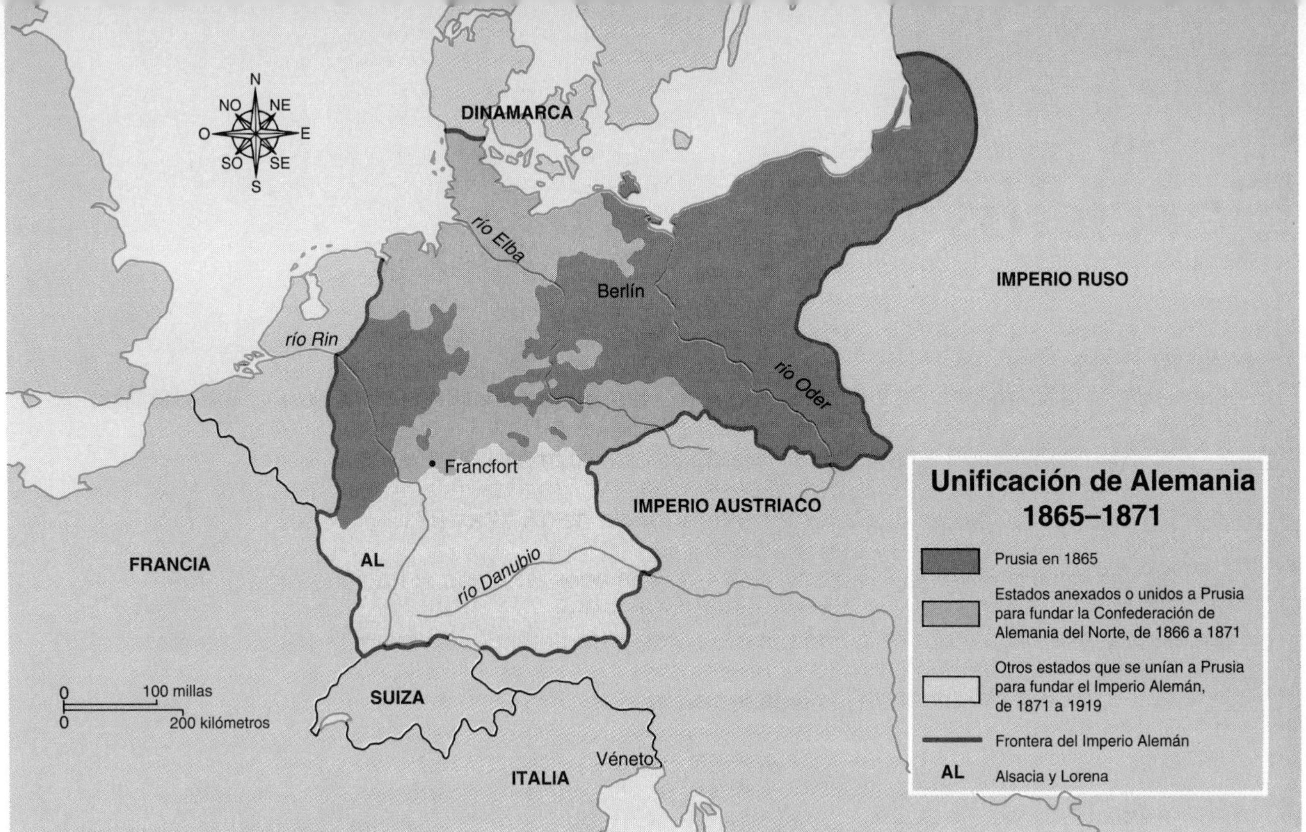

Bismarck pensaba que era posible unir a todos los alemanes bajo el liderazgo prusiano. Quería establecer una monarquía absoluta. Se propuso unir Alemania bajo la monarquía mediante una política que él llamó "sangre y hierro". Con esto, Bismarck se refería a una política de guerra.

Bismarck comenzó recaudando fondos para fortalecer al ejército prusiano. Luego, se puso a utilizar el ejército para hacer de Prusia una potencia mundial.

Cómo logró Bismarck su propósito

El propósito de Bismarck era restarle poder a Austria. Esta nación era la rival principal de Prusia. Bismarck logró su propósito mediante las siguientes acciones:

- Primero, en 1864, Prusia se unió con Austria en una guerra contra Dinamarca. Los prusianos y austriacos triunfaron. Entonces, Bismarck inició una pelea con Austria sobre las tierras que los austriacos habían tomado de Dinamarca.
- La pelea entre Prusia y Austria condujo a la guerra en 1866. La guerra sólo duró siete semanas. Pero en ese período, los prusianos y sus aliados italianos aplastaron a Austria.
- En 1867 Prusia fundó la Confederación de Alemania del Norte. La mayoría de los otros estados alemanes se unió con Prusia en esta confederación. Prusia era su estado más poderoso.
- Bismarck todavía esperaba unir a todos los estados alemanes. Creía que, en caso de peligro en el exterior, los estados alemanes se unirían para combatir. Así que en 1870 Bismarck inició una guerra con Francia. Dio a entender a algunos estados alemanes que los franceses querían dominarlos o tal vez apoderarse de ellos. Cuando los estados alemanes se enteraron de esto, ayudaron a Prusia a derrotar a los franceses.
- Después de la derrota de Francia en 1871, los otros estados alemanes se unieron con Prusia en una Alemania unida. Se llamaron a sí mismos el Imperio Alemán. El Imperio Alemán nació en 1871. Los estados alemanes nombraron al rey Guillermo I de Prusia káiser, o emperador, de Alemania.

Los efectos duraderos de Bismarck

Los métodos de Bismarck para unir Alemania tuvieron consecuencias duraderas. Estas consecuencias les dio a los alemanes una visión de sí mismos y su nación. Prusia era un estado belicoso. Llegó a ser la fuerza principal en la nueva Alemania unida. La política de Bismarck de "sangre y hierro" se hizo parte del modo de pensar alemán. El nacionalismo alemán incluía el orgullo por la fuerza militar de la nación.

Además, Alemania se unió mediante la fuerza y la guerra. No se unió mediante medios democráticos. Alemania no desarrolló una tradición de democracia. Como resultado, los alemanes se acostumbraron a la idea del gobierno por una solo persona. Como puedes ver, Otto von Bismarck dejó huellas duraderas sobre Alemania y su gente.

Ejercicios

A. Busca las ideas principales:

Pon una marca al lado de las oraciones que expresan las ideas principales de lo que acabas de leer.

_______ **1.** Bismarck ayudó a llevar a cabo la unificación alemana.

_______ **2.** Alemania luchó en una guerra contra Francia de 1870 a 1871.

_______ **3.** Las acciones de Napoleón ayudaron a promover aún más el nacionalismo alemán.

_______ **4.** La unión aduanera se fundó para mejorar el comercio entre los estados alemanes.

_______ **5.** Prusia era el líder entre los estados alemanes.

B. ¿Qué leíste?

Escoge la respuesta que mejor complete cada oración. Escribe la letra de tu respuesta en el espacio en blanco.

_______ **1.** Austria se oponía a la unidad alemana
a. pero no hacía nada para impedirla.
b. por razones religiosas.
c. porque Austria quería que Alemania fuera democrática.
d. porque Austria quería gobernar los estados alemanes.

_______ **2.** Napoleón ayudó a promover la unidad alemana al
a. darles a los alemanes una lengua común.
b. derrotar a toda Alemania.
c. agrupar a muchos de los reinos pequeños en Alemania.
d. hacer que los prusianos fueran los soberanos de Alemania.

_______ **3.** Las guerras en las que Prusia luchó contra Dinamarca, Austria y Francia
a. resultaron en la destrucción de los estados alemanes.
b. resultaron en la fundación del Imperio Alemán.
c. dejaron a los estados alemanes divididos.
d. fortalecieron a los estados alemanes, pero no los unieron.

_______ **4.** La política de Bismarck para unificar a los estados alemanes incluía
a. unir a los alemanes por medios democráticos.
b. mejorar las industrias en los estados alemanes.
c. guerras y el gobierno por un monarca absoluto.
d. nada de lo anterior.

_______ **5.** El *Zollverein* era
a. una unión aduanera.
b. una organización iniciada por Prusia.
c. un esfuerzo por fomentar la unidad económica entre los estados alemanes.
d. todo lo anterior.

C. Para comprender lo que has leído:

Indica si cada oración tiene que ver con aspectos (M) militares, (G) gubernamentales o (E) económicos de la historia alemana. Escribe la respuesta correcta en el espacio en blanco.

______ **1.** Se organiza la Confederación del Rin.

______ **2.** Se funda la unión aduanera.

______ **3.** Se convoca a la Asamblea de Francfort.

______ **4.** Se nombra a Bismarck primer ministro de Prusia.

______ **5.** Prusia derrota a Dinamarca.

______ **6.** Se nombra a Guillermo I káiser de la Alemania unida

______ **7.** Prusia derrota a Francia.

______ **8.** El rey prusiano no acepta la corona ofrecida por la Asamblea de Francfort.

D. Los significados de palabras:

Encuentra para cada palabra de la columna A el significado correcto en la columna B. Escribe la letra de cada respuesta en el espacio en blanco.

Columna A	Columna B
______ **1.** confederación	**a.** el líder del gobierno
______ **2.** unión aduanera	**b.** realizar alguna acción
______ **3.** conservador	**c.** a favor de regresar a las ideas y los modos del pasado
______ **4.** reaccionario	**d.** una organización
	e. en contra de grandes cambios en la sociedad
	f. organizada para encargarse de asuntos comerciales y de impuestos

E. Para comprender la historia mundial:

En la página 224, leíste sobre tres factores de la historia mundial. ¿Cuál de estos factores corresponde a cada afirmación de abajo? Llena el espacio en blanco con el número de la afirmación correcta de la página 224.

______ **1.** Alemania se unió mediante una política de guerra y de gobierno absoluto. Esto influyó en el gobierno de Alemania durante los años posteriores.

______ **2.** La derrota de Napoleón en Waterloo hizo que la Confederación del Rin se disolviera.

______ **3.** El orgullo del pueblo prusiano por su ejército contribuyó a que ellos creyeron que Prusia debía gobernar a sus vecinos.

Capítulo 7

El nacionalismo y el Imperio Otomano

Para comprender la historia mundial

Piensa en lo siguiente al leer sobre la decadencia del Imperio Otomano.

1. Los sucesos en una parte del mundo han influido en los desarrollos en otras partes del mundo.
2. Nuestra cultura influye en nuestra perspectiva del mundo.
3. La cultura del presente nace en el pasado.
4. La interacción entre personas puede conducir a cambios culturales.
5. Los países adoptan y adaptan ideas e instituciones de otros países.

Constantinopla era la capital del Imperio Otomano.

Para aprender nuevos términos y palabras

En este capítulo se usan las siguientes palabras. Piensa en el significado de cada una.

sultán: el soberano del Imperio Otomano
aliarse: unirse con un país, una persona o un grupo para un propósito común
secular: del mundo común, en vez de ser de naturaleza religiosa

Piénsalo mientras lees

1. ¿Cómo influyeron los turcos selyúcidas en el mundo cristiano?
2. ¿De qué tamaño era el Imperio Otomano? ¿Estaba bien dirigido?
3. ¿Cómo influyó el espíritu de nacionalismo en el Imperio Otomano?

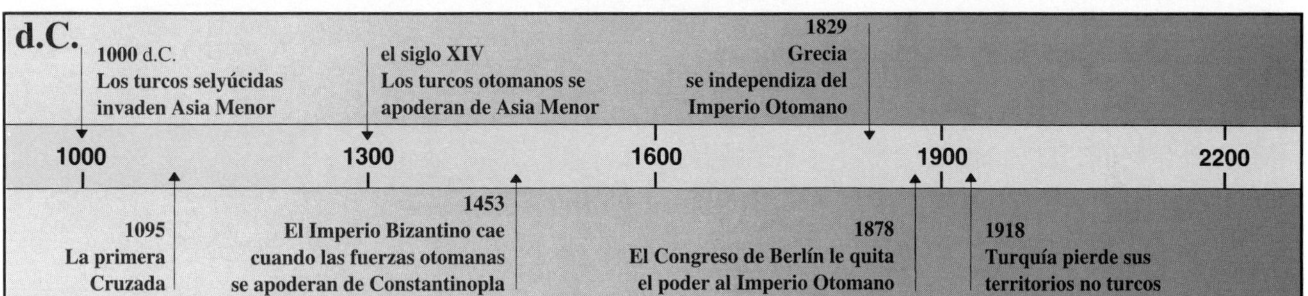

El espíritu de nacionalismo no se limitaba a un solo continente, pueblo o religión. Se difundió velozmente por casi toda Europa y las Américas en los siglos XVIII y XIX. El nacionalismo también influyó en las tierras del Oriente Medio y el norte de África en ese período.

Los selyúcidas invaden el Asia Menor

El Oriente Medio se ubica en el extremo oriental del mar Mediterráneo. Había sido gobernado por los musulmanes desde mediados del siglo VII d.C. Asia Menor quedaba cerca. Formaba parte del Imperio Bizantino (ver las páginas 147 y 156). Los soberanos bizantinos eran cristianos.

Poco después de 1000 d.C., los selyúcidas invadieron Asia Menor. Los selyúcidas venían del Asia central. Eran una tribu turca. Los turcos selyúcidas, como llegaron a conocerse, eran islámicos. También eran guerreros bravos. Invadieron Asia Menor y pronto amenazaron a la ciudad de Constantinopla.

Los cristianos respondieron a la amenaza selyúcida al iniciar la primera Cruzada en 1095 (ver la página 168). Los cruzados impidieron que los selyúcidas se apoderaran de Constantinopla.

La derrota en Constantinopla debilitó a los selyúcidas. Fueron derrotados por los ejércitos mongoles que venían del oeste de Asia a mediados del siglo XIII.

Solimán I fue uno de los sultanes más famosos del Imperio Otomano. El Imperio Otomano alcanzó el apogeo de su poder durante su reino.

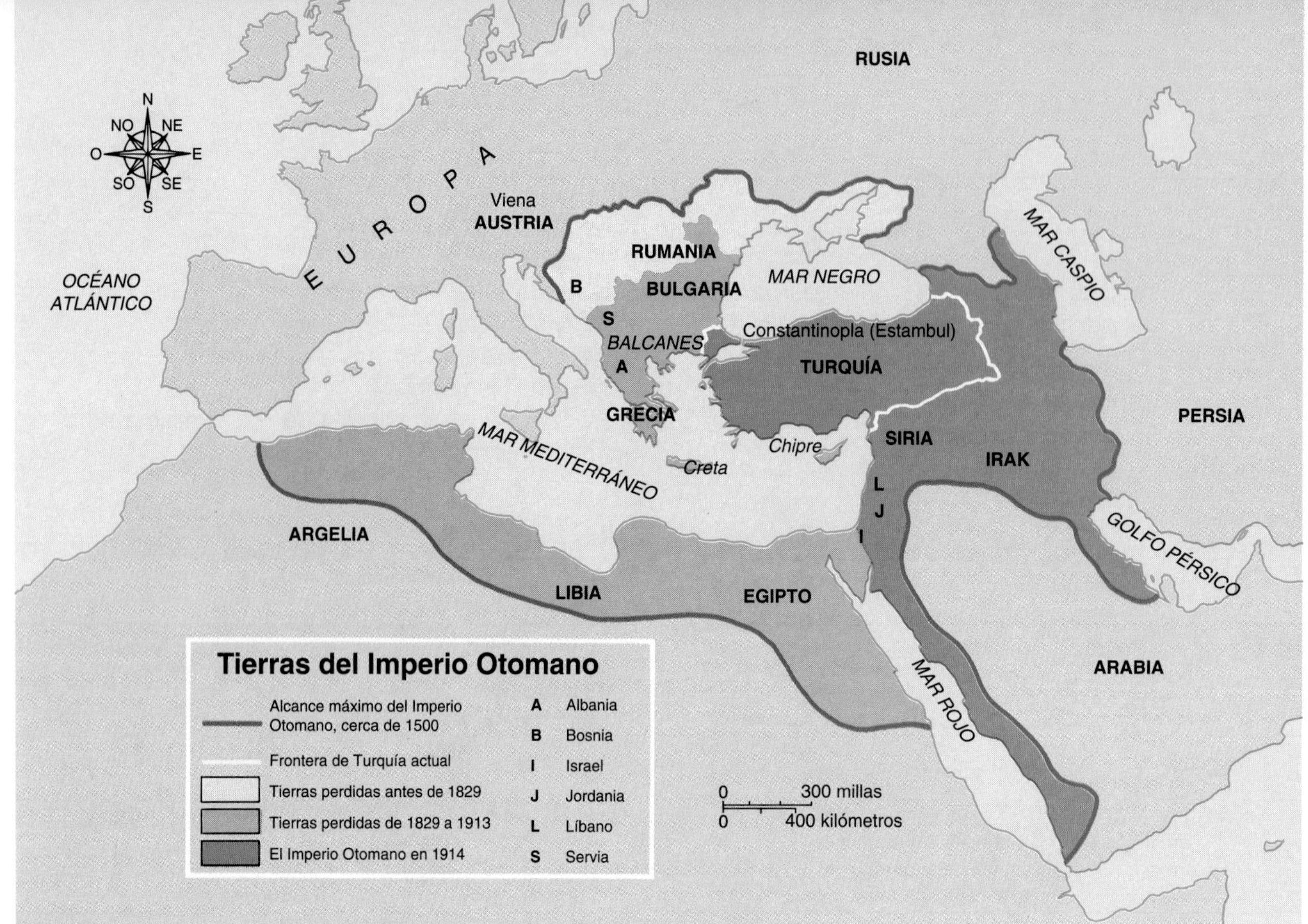

Los turcos otomanos se apoderan de Asia Menor

En el siglo XIV, los turcos otomanos se apoderaron de Asia Menor. Al igual que los selyúcidas, eran musulmanes. Extendían su control lentamente y cruzaron al área de los Balcanes de Europa (ver el mapa de arriba). Durante el siglo XV, los turcos otomanos dominaban una gran parte de los Balcanes.

En 1453 las fuerzas otomanas se apoderaron de Constantinopla. Su victoria ayudó a acabar con el Imperio Bizantino. Para el siglo XVI, el Imperio Otomano alcanzó su apogeo. Ese imperio abarcaba partes de Asia, el norte de África y el Oriente Medio.

Los soberanos otomanos trataron de abalanzarse más hacia el interior de Europa. Fracasaron, pero en varias ocasiones casi tomaron la ciudad de Viena. Después, el Imperio Otomano comenzó a decaer.

La decadencia del Imperio Otomano

Aunque el Imperio Otomano seguía siendo grande, perdió muchos de sus poderes con el transcurso de los años. Había varias razones.

- A principios del siglo XIX, el Imperio Otomano era muy grande. Abarcaba las áreas balcánicas de Grecia, Albania, Servia, Bosnia, Bulgaria y Rumania. También abarcaba Egipto, Libia, partes de Arabia y las áreas que actualmente son Siria, Líbano e Israel (ver el mapa de arriba). El imperio era tan grande que era difícil de manejar.
- El gobierno estaba corrupto y mal dirigido. El **sultán** otomano a menudo mostraba falta de consideración hacía sus súbditos. Los funcionarios del gobierno se dejaban sobornar. A menudo se quedaban con los impuestos cobrados al pueblo.
- Los soberanos otomanos no les caían bien a sus súbditos.

Grecia se independiza

No nos sorprende, entonces, que un espíritu de nacionalismo se fomentara entre las personas del Imperio Otomano. Por ejemplo, el nacionalismo promovió un motín en Grecia. Casi todos los europeos apoyaron este motín. En 1829, Grecia se independizó del Imperio Otomano. Esta pérdida de tierras debilitó al imperio.

Otras naciones se aprovechan de la debilidad otomana

El Imperio Otomano se debilitaba aún más debido a las relaciones con otros países. Los países de Europa utilizaban al Imperio Otomano para sacar ventaja en las rivalidades entre ellos. Un ejemplo de esta situación tiene que ver con los estados balcanes.

En la década de 1820, el pueblo de Servia se sublevó contra los turcos. Con la ayuda de otros países, los servios lograron cierta autonomía. Los rumanos y los búlgaros también querían gobernarse a sí mismos.

Los rusos decidieron aprovechar los problemas en los países balcanes. Los rusos trataban de extenderse hasta el mar Mediterráneo. Esperaban apoderarse de un puerto de aguas calientes, un puerto que estaría abierto todo el año. Sin embargo, el Imperio Otomano les cerraba la ruta al Mediterráneo a los rusos. Los rusos creían que si fingían estar del lado de los motines en los Balcanes, el Imperio Otomano caería. Entonces los rusos podrían adueñarse de un puerto de aguas calientes.

Gran Bretaña, Francia, Prusia y Austria se oponían a los intentos de Rusia. Se ponían del lado del Imperio Otomano para oponerse a Rusia. No obstante, el Imperio Otomano perdió dos guerras contra Rusia. En cada incidente, se debilitaba por la pérdida de más tierras.

El Congreso de Berlín en 1878 cambia el mapa de Europa

A medida que el Imperio Otomano iba perdiendo tierras, Rusia las ganaba. Los otros países europeos se oponían a que Rusia consiguiera más tierras. Por eso, en 1878, los países europeos principales se reunieron en Berlín. Berlín era la capital de Alemania. La reunión llegó a conocerse como el Congreso de Berlín. No aceptó la expansión de Rusia.

El Congreso de Berlín también hizo varios cambios al mapa de Europa. Por ejemplo:

- Austria–Hungría ahora gobernaba Bosnia y las otras tierras de los Balcanes.
- A Servia y Rumania les concedieron la independencia del Imperio Otomano.
- Bulgaria obtuvo su autonomía, pero permanecía en el Imperio Otomano.
- Gran Bretaña ganó a Chipre y logró el dominio sobre Egipto.

La mayoría de los cambios hechos por el Congreso de Berlín le restó poder al Imperio Otomano.

La caída del Imperio Otomano

El Imperio Otomano se derrumbó finalmente a principios del siglo XX. El soberano otomano luchó en una guerra contra Italia de 1911 a 1912. Los italianos ganaron y se apoderaron de Libia en el norte de África. En 1912 y 1913, el soberano otomano luchó contra los estados balcanes. El Imperio Otomano fue derrotado. El Imperio Otomano (que ahora se conocía como Turquía) **se alió** con Alemania durante la Primera Guerra Mundial (de 1914 a 1918). En 1918, cuando los alemanes fueron derrotados, Turquía perdió las demás tierras que no eran turcas.

Nace la República de Turquía

Después de la Primera Guerra Mundial, los nacionalistas turcos se encargaron del gobierno. Su líder era Mustafá Kemal, un oficial del ejército. Los nacionalistas establecieron la República de Turquía. Tenían un gobierno parlamentario. Kemal llegó a ser su primer presidente.

Como el presidente de Turquía, Kemal favorecía un nuevo espíritu de nacionalismo. El nombre de la ciudad capital otomana de Constantinopla se cambió al nombre turco de Estambul.

Kemal también trató de modernizar a Turquía. Se cambiaron las tradiciones, las costumbres y los modos de vestir islámicos antiguos para adaptarse más a la época moderna. Hasta animó a las personas a ponerse nuevos nombres más modernos. Él cambió su nombre a Kemal Ataturk. Ataturk significa "el padre de los turcos". La religión principal de Turquía seguía siendo la musulmana. Sin embargo, el gobierno era **secular.**

Ataturk era un líder fuerte que quería mejorar a Turquía. Esperaba que el espíritu de nacionalismo del pueblo le ayudara a construir una gran nación turca.

Ataturk dirigió el movimiento para modernizar Turquía.

Ejercicios

A. Busca las ideas principales:

Pon una marca al lado de las oraciones que expresan las ideas principales de lo que acabas de leer.

_______ **1.** El espíritu de nacionalismo influyó mucho en el pueblo del Imperio Otomano.

_______ **2.** El Congreso de Berlín fue convocado por las potencias europeas principales.

_______ **3.** El gobierno islámico de los turcos otomanos ayudó a encender la chispa del nacionalismo en los Balcanes.

_______ **4.** La política de poder europea ayudó a apresurar la decadencia del Imperio Otomano.

_______ **5.** Constantinopla cayó en manos de los turcos otomanos en 1453.

_______ **6.** Los selyúcidas influyeron en Asia Menor.

B. ¿Qué leíste?

Escoge la respuesta que mejor complete cada oración. Escribe la letra de tu respuesta en el espacio en blanco.

_______ **1.** Los selyúcidas fueron reemplazados por
a. los europeos.
b. los cristianos.
c. los turcos otomanos.
d. ninguno de los anteriores.

_______ **2.** El Imperio Otomano era
a. un estado secular.
b. un estado islámico.
c. un estado cristiano.
d. una dictadura militar.

_______ **3.** El Imperio Otomano *no* abarcaba a
a. Grecia.
b. Libia.
c. Siria.
d. Viena.

_______ **4.** En 1878, el Congreso de Berlín
a. le cedió Bosnia a Austria–Hungría.
b. dejó que Gran Bretaña gobernara Egipto.
c. se opuso a la expansión de Rusia.
d. logró todo lo anterior.

C. Comprueba los detalles:

Lee cada afirmación. Escribe C en el espacio en blanco si la afirmación es cierta. Escribe F en el espacio si es falsa. Escribe N si no puedes averiguar en la lectura si es cierta o falsa.

_______ **1.** Grecia se liberó del Imperio Otomano.

_______ **2.** Los soberanos del Imperio Bizantino eran musulmanes.

_______ **3.** El Imperio Otomano estaba dirigido en una forma eficaz.

_______ **4.** Gran Bretaña y Francia respaldaron a Rusia contra el Imperio Otomano.

_______ **5.** Las otras potencias europeas obligaron a Rusia a aceptar las decisiones del Congreso de Berlín.

_______ **6.** La amenaza selyúcida a Constantinopla condujo a la primera Cruzada.

_______ **7.** Rusia quería extender su influencia hasta el Mediterráneo.

_______ **8.** Los turcos otomanos gobernaban los Balcanes, una parte del sudeste de Europa.

_______ **9.** Turquía luchó contra Alemania durante la Primera Guerra Mundial.

D. Habilidad con la cronología:

¿Cuándo sucedió cada uno de los siguientes acontecimientos? Escribe la fecha en el espacio en blanco.

_______ **1.** La primera Cruzada

_______ **2.** La caída del Imperio Bizantino

_______ **3.** Los griegos se independizan del Imperio Otomano

_______ **4.** Turquía participa en la Primera Guerra Mundial

E. Los significados de palabras:

Encuentra para cada palabra de la columna A el significado correcto en la columna B. Escribe la letra de cada respuesta en el espacio en blanco.

Columna A	Columna B
_______ **1.** aliarse	**a.** cambiar
_______ **2.** sultán	**b.** unirse con
_______ **3.** secular	**c.** el soberano otomano
	d. utilizar a alguien o algo para promover intereses propios
	e. común; de naturaleza no religiosa

F. Para comprender la historia mundial:

En la página 230, leíste sobre cinco factores de la historia mundial. ¿Cuál de estos factores corresponde a cada afirmación de abajo? Llena el espacio en blanco con el número de la afirmación correcta de la página 230. Si no corresponde ningún factor, escribe la palabra NINGUNO.

_______ **1.** Turquía estableció un gobierno parlamentario, siguiendo el ejemplo de los de Europa.

_______ **2.** Aunque sus costumbres hayan cambiado, Turquía sigue siendo una nación islámica.

_______ **3.** La derrota de Alemania en la Primera Guerra Mundial hizo que Turquía perdiera sus territorios que no eran turcos.

_______ **4.** Los cristianos creían que tenían que impedir que los selyúcidas, con su religión diferente, gobernaran a Constantinopla.

Unidad 5

La revolución industrial produce efectos mundiales

Las formas de fabricar bienes y de comerciar han cambiado muchísimo a través de los años. En la Unidad 5, leerás sobre cómo ha cambiado el comercio desde los tiempos antiguos hasta la actualidad. El comercio a gran escala fue promovido por nuevos métodos de comerciar. Entre estos métodos figuraban la contabilidad, los seguros y las sociedades anónimas.

El invento y las mejoras de la máquina de vapor del siglo XVIII condujeron a la primera revolución industrial. En esta unidad, aprenderás cómo el invento de la máquina de vapor condujo a una mayor producción de bienes.

A la primera revolución industrial del siglo XVIII le siguió una segunda revolución industrial. Ésta sucedió a mediados del siglo XIX. La electricidad llegó a ser la potencia para accionar las máquinas. Surgieron máquinas de vapor más grandes y mejores, como la que se ve en la página 236. Aprenderás cómo la segunda revolución industrial influyó en todas las facetas de la vida.

Hubo aún otra revolución. En este caso, el cambio sucedió en la agricultura. Debido a la revolución industrial, millones de personas abandonaron las granjas y se mudaron a las ciudades. Nuevos inventos facilitaron el trabajo en las granjas. Como resultado, los agricultores pudieron aumentar sus cosechas para satisfacer a la creciente población de las ciudades.

Hasta cierto punto, las revoluciones industriales han influido en todas las naciones. En la Unidad 5, aprenderás cómo se unen las economías de las naciones mediante vínculos de interdependencia.

En la Unidad 5, leerás los siguientes capítulos:

1 **El mundo preindustrial**

2 **La primera revolución industrial**

3 **La segunda revolución industrial**

4 **La revolución agrícola**

5 **La revolución industrial influye en el mundo entero**

Capítulo 1

El mundo preindustrial

Para comprender la historia mundial

Piensa en lo siguiente al leer sobre los negocios y el comercio antes del siglo XVIII.

1 Los países adoptan y adaptan ideas e instituciones de otros países.

2 La interacción entre pueblos y naciones conduce a cambios culturales.

3 La ubicación, la topografía y los recursos afectan la interacción entre las personas.

Los portugueses llegaron a China en el siglo XVI. Establecieron una factoría en la ciudad china de Macao, la cual se ve arriba.

Para aprender nuevos términos y palabras

En este capítulo se usan las siguientes palabras. Piensa en el significado de cada una.

bazares: mercados que se encuentran en el Oriente Medio y Asia

caravanas: grupos de viajeros que se trasladan por tierra con sus bienes

contabilidad: el registro ordenado de lo que gana y de lo que gasta un negocio

inversionistas: las personas que compran acciones del capital comercial de una compañía

Piénsalo mientras lees

1. ¿Cómo se fabricaba la mayoría de los bienes antes del siglo XVIII?
2. ¿Cómo cambió el comercio entre los años 1450 y 1650?
3. ¿De qué forma influyeron en el comercio la contabilidad, los seguros y las sociedades anónimas?

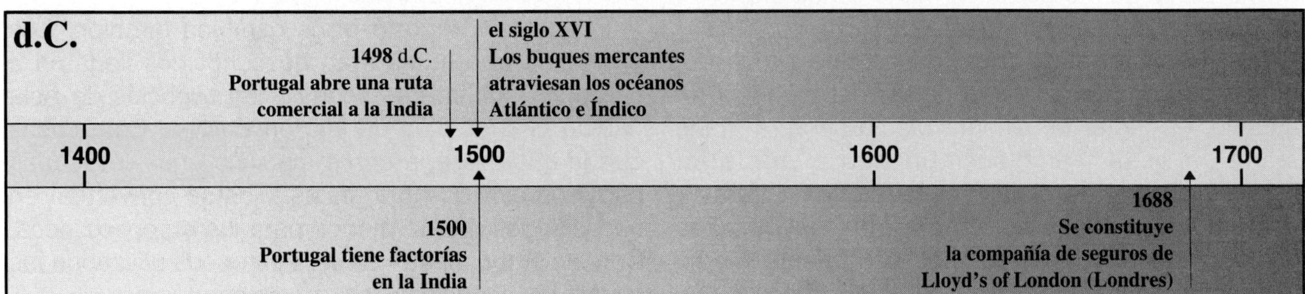

El comercio existe desde tiempos antiguos

El comercio ha existido desde tiempos antiguos. Las personas de todas partes del mundo han fabricado e intercambiado o comerciado productos. Éstos incluyen herramientas, armas, telas y joyería.

Mediante el comercio, la gente aprendía cómo se fabricaban los bienes en otras partes del mundo. Por ejemplo, los europeos aprendieron a fabricar muchas cosas diferentes después de comerciar con los mercaderes chinos.

Los europeos aprendieron de los chinos cómo hacer seda y fabricar platos de porcelana. Un tipo de pólvora para fusiles fue fabricado primero en China y luego se difundió en Europa. La brújula, el papel y el estampado de molde también se iniciaron en China.

Los productos hechos a mano

Antes del siglo XVIII d.C., la mayoría de las cosas se hacían a mano. Las personas del Oriente Medio hacían alfombras a mano. También fabricaban textiles, o telas, a mano. En el sur de África, la gente hacía a mano herramientas y armas de hierro. La tela de lana estaba hecha a mano en el norte de Europa. Por toda Europa, se hacían a mano vino, cerveza y barriles para guardarlos.

Un artesano chino pinta una linterna.

En muchos casos, los productos estaban hechos por artesanos muy hábiles. Utilizaban los conocimientos que habían adquirido en muchos años. Se tardaba mucho en hacer los bienes a mano. Un zapatero hábil tardaba semanas en hacer un par de botas finas.

Había mucha demanda de artesanos hábiles. A muchos se les pagaba por viajar hasta tierras lejanas para realizar un trabajo. Por ejemplo, Pedro el Grande, el soberano de Rusia entre 1689 y 1725, contrató a buenos constructores de buques de Holanda. Ellos construyeron una marina para Rusia. También instruyeron a los rusos en la construcción de buques.

Una red de comercio

Una de las primeras redes comerciales era la de los pueblos del Oriente Medio con Europa, Asia y África. Los bienes fabricados en una parte del mundo se vendían en otras partes del mundo. Por ejemplo, la gente del Oriente Medio hacía a mano cosas de seda. También fabricaba mantelería, joyería de oro y de plata y espadas finas. Éstas y otras muchas cosas se vendían en los **bazares** locales. Además, los productos del Oriente Medio se vendían en la India, China, Europa y África.

Los mercaderes del Oriente Medio utilizaban buques para transportar algunos bienes desde el Oriente Medio. También viajaban en **caravanas** para transportar sus bienes por tierra. En una caravana, los camellos cargaban los bienes de los mercaderes. A menudo, los mercaderes contrataban a soldados para proteger a la caravana de los ladrones.

El comercio ocasiona cambios

El comercio entre países diferentes contribuía a muchos cambios. Las personas en un lugar podían utilizar algunos de los alimentos de otro lugar. Podían adaptarse a otros estilos de ropa para acomodarse mejor a su propio medio ambiente. Además, la gente se hizo más abierta a los modos de vida de otros pueblos.

El comercio aportó otros cambios también. Los productos que antes eran desconocidos llegaron a utilizarse mucho. Las sedas y las especias de Asia habían sido objetos de lujo en Europa. Eran cosas que le gustaba a la gente, pero no eran necesarias para sobrevivir. Ahora, estos lujos se convertían en necesidades, por lo menos para los europeos ricos. Con el tiempo, cada vez más europeos utilizaban las sedas, las especias y los otros bienes.

Un bazar en una ciudad del Oriente Medio, cerca del siglo XVIII.

La compra y venta de acciones en una calle de Londres, a principios del siglo XVIII.

El comercio pasa de Europa a otras regiones

Antes del siglo XV, la mayor parte del comercio europeo se realizaba dentro de Europa y, a través del mar Mediterráneo, con África y el Oriente Medio. En el siglo XVI, el comercio de Europa se extendió hacia nuevas áreas.

Portugal abrió un paso marítimo a la India, gracias a Vasco de Gama. Él llegó a la India en 1498. El acceso a una ruta completamente por agua hacía que Portugal comerciara con la India más fácilmente y a menos costo. En 1500, Pedro Cabral estableció factorías en la India para Portugal.

España abrió la puerta hacia las Américas para los intercambios con el exterior en el siglo XVI. Lo realizó mediante las conquistas de México y del Perú (ver las páginas 120 y 129). En el siglo XVI, centenares de buques mercantes atravesaban los océanos Atlántico e Índico con frecuencia. Transportaban cosas de un sitio para venderlas en otro.

La contabilidad y los seguros

El aumento del comercio durante el siglo XVI significaba que los mercaderes tenían que llevar mejores registros. Lo que resultó fue un mejor sistema de **contabilidad.** El nuevo sistema hacía posible que los mercaderes supieran cuánto dinero había gastado su empresa. También podían saber cuántas ganancias, si las había, habían obtenido sus empresas.

Los mercaderes y otros comerciantes también empezaron a utilizar más seguros. Los comerciantes se arriesgaban todos los días. Los bienes se podrían perder debido a los robos, los incendios o los naufragios. Las compañías de seguros se ocupaban de los riesgos de transportar los bienes. Cobraban una cantidad fija por este servicio. Cuanto mayor era el riesgo, más alta era la cantidad. Los mercaderes estaban dispuestos a pagar los seguros. Si le sucedía algo a un envío, los mercaderes sabían que la compañía de seguros pagaría lo que habían perdido.

Las sociedades anónimas

Hubo otro cambio en la forma en que las empresas recaudaban fondos para mejorar y desarrollarse. Se dependía cada vez más de las sociedades anónimas.

Las sociedades anónimas recaudaban fondos al vender acciones del capital comercial de la compañía. Los que compraban las acciones eran **inversionistas.** Juntos, todos los inversionistas eran los dueños de la compañía. Se repartían las ganancias entre ellos según el número de acciones que habían comprado.

Las sociedades anónimas hacían posible que se recaudaran grandes cantidades de dinero. Muchos inversionistas podían gastar más dinero en una empresa que un solo dueño. Estas grandes cantidades de dinero hacían posible que las empresas se desarrollaran y que se constituyeran empresas nuevas.

Ejercicios

A. Busca las ideas principales:

Pon una marca al lado de las oraciones que expresan las ideas principales de lo que acabas de leer.

_______ **1.** Los seguros ayudaban a disminuir los riesgos al realizar los negocios.

_______ **2.** Se tardaba mucho en hacer cosas a mano.

_______ **3.** Antes del siglo XVIII, los productos se fabricaban a mano.

_______ **4.** En el siglo XVI, los europeos empezaron a cambiar la forma de comerciar.

_______ **5.** Las sociedades anónimas recaudaban fondos.

B. ¿Qué leíste?

Escoge la respuesta que mejor complete cada oración. Escribe la letra de tu respuesta en el espacio en blanco.

_______ **1.** Las personas del Oriente Medio fabricaban
a. mantelería.
b. bienes de seda.
c. joyería de oro.
d. todo lo anterior.

_______ **2.** Durante el siglo XVI, el comercio se abrió por primera vez entre Europa y
a. África.
b. el Oriente Medio.
c. la India y las Américas.
d. Australia.

_______ **3.** Se establecieron las sociedades anónimas principalmente para
a. proporcionar seguros contra los robos.
b. recaudar dinero al ofrecerse a vender acciones de propiedad de una compañía.
c. disminuir las inversiones.
d. hacer todo lo anterior.

_______ **4.** El arte de fabricar platos de porcelana llegó a Europa desde
a. las Américas.
b. África.
c. China.
d. Australia.

C. Comprueba los detalles:

Lee cada afirmación. Escribe C en el espacio en blanco si la afirmación es cierta. Escribe F en el espacio si es falsa. Escribe N si no puedes averiguar en la lectura si es cierta o falsa.

_______ **1.** Los europeos aprendieron de los chinos cómo fabricar la seda.

_______ **2.** Las caravanas transportaban bienes por tierra.

_______ **3.** Antes de 1700, la mayoría de los productos se hacían a máquina.

_______ **4.** Pedro el Grande les pagó mucho a los constructores de buques holandeses.

_______ **5.** Los bienes más finos del mundo provenían del Oriente Medio.

_______ **6.** Portugal abrió una ruta marítima a la India.

_______ **7.** Es difícil aprender contabilidad.

_______ **8.** Las sociedades anónimas se utilizaban principalmente para inversiones.

_______ **9.** Las compañías de seguros no cobraban una cantidad fija.

_______ **10.** Las cosas se pueden fabricar tan rápido a mano como a máquina.

D. Piénsalo de nuevo:

Contesta cada una de las siguientes preguntas con dos o tres oraciones en un papel en blanco.

1. ¿Cómo influyó el comercio con otras tierras en la forma de vestirse de la gente, en sus hábitos alimenticios y en su modo de vida?

2. ¿Cómo contribuyeron al comercio las sociedades anónimas?

E. Completa la oración:

Usa las palabras o los términos siguientes para completar cada una de las siguientes oraciones.

sedas	robos	necesidades	especias	África
seguros	Holanda	incendios	bazares	

1. Las personas de _______________ fabricaban las herramientas de hierro a mano.

2. Pedro el Grande contrató a los hábiles constructores de buques de _______________ para construir la marina de Rusia.

3. Las cosas hechas a mano se vendían en los _______________ del Oriente Medio.

4. Las _______________ y las _______________ son algunos lujos que llegaron a ser _______________ para ciertas personas en Europa.

5. Los _______________ y los _______________ son dos tipos de riesgo que corren los comerciantes. Estos riesgos disminuyen con el uso de _______________ .

F. Los significados de palabras:

Encuentra para cada palabra de la columna A el significado correcto en la columna B. Escribe la letra de cada respuesta en el espacio en blanco.

Columna A	Columna B
_______ **1.** textiles	**a.** objetos que le gustan a la gente pero que no son necesidades
_______ **2.** inversionistas	**b.** tejidos, telas
_______ **3.** caravanas	**c.** sistemas de pagos para tener protección ante posibles pérdidas
_______ **4.** lujos	**d.** grupos de viajeros que se trasladan juntos por tierra con sus bienes
_______ **5.** contabilidad	**e.** llevar registros ordenados de lo que gana y gasta una empresa
	f. personas que compran acciones del capital comercial de los negocios

G. Para comprender la historia mundial:

En la página 238 leíste sobre tres factores de la historia mundial. ¿Cuál de estos factores corresponde a cada afirmación de abajo? Llena el espacio en blanco con el número de la afirmación correcta de la página 238. Si no corresponde ningún factor, escribe la palabra NINGUNO.

_______ **1.** El comercio con otras tierras y culturas produjo cambios en la ropa, los alimentos y las perspectivas hacia otras personas.

_______ **2.** Las caravanas por tierra y los buques se utilizaban en el comercio del Oriente Medio y Asia, África y Europa.

_______ **3.** Los europeos aprendieron de los chinos a fabricar seda y platos de porcelana.

Una antigua fábrica textil.

Enriquecimiento:

El sistema de fábricas

A medida que el comercio y las empresas aumentaban, se hacía necesario cambiar la forma en que se fabricaban los productos. Para comprender cómo se fabricaban los bienes en los siglos XVII y XVIII, investiguemos la industria lanera de Inglaterra.

El primer paso para hacer tela de lana era esquilar la lana de las ovejas. Luego se vendía la lana al *agente de ventas.* El agente llevaba la lana al grupo de personas que la cardaban. Luego, el agente llevaba la lana a la gente que la teñía.

Entonces, el agente llevaba la lana a la casa de un agricultor. La esposa o la hija del granjero hilaba la lana en la máquina de hilar de la familia. El hilar era trabajo de mujeres porque las manos del hilandero tenían que ser suaves. Había pocas manos suaves en las familias rurales, pero las manos de las mujeres se consideraban las más apropiadas para la tarea. Además, las mujeres solteras de una familia realizaban la tarea de hilar.

Después de haber hilado la lana, el agente regresaba. Entonces llevaba los hilos a otra familia rural que poseía una pequeña máquina de tejer. En sus ratos libres, esta familia tejía la tela. Por último, el agente recogía la tela elaborada y la llevaba a la ciudad. Allí, se la vendía a un sastre quien la utilizaba para hacer ropa.

Todo el transporte entre los granjeros, las cardadoras, las hilanderas, los tejedores y los sastres era mucha molestia. También era una forma muy costosa de fabricar las telas. Este sistema de fabricación se llamaba el sistema *doméstico.* La palabra "doméstico" se refiere a lo que tiene que ver con las cosas de la casa. El sistema doméstico recibió este nombre porque gran parte del trabajo se hacía en las casas.

Una mujer hilando la lana.

Para el siglo XVIII, este sistema empezó a cambiar. Los agentes de ventas alquilaban o construían edificios grandes cerca de arroyos de corrientes rápidas. En los edificios había máquinas que podían cardar, teñir, hilar y tejer las telas. Los arroyos cercanos proveían la fuerza hidráulica para las máquinas. Los agentes pagaban a obreros para manejar las máquinas.

Así, toda la producción se realizaba bajo un solo techo. Estos nuevos edificios, que se llamaban *fábricas,* llegaron a ser el centro de la industria lanera de Inglaterra.

La primera revolución industrial

Para comprender la historia mundial

Piensa en lo siguiente al leer sobre la primera revolución industrial.

1 Las necesidades básicas —alimentos, vestido y vivienda— se ven afectadas por nuestro medio ambiente y nuestra cultura.

2 La gente usa el medio ambiente para lograr metas económicas.

3 Las naciones se ligan por una red de interdependencia económica.

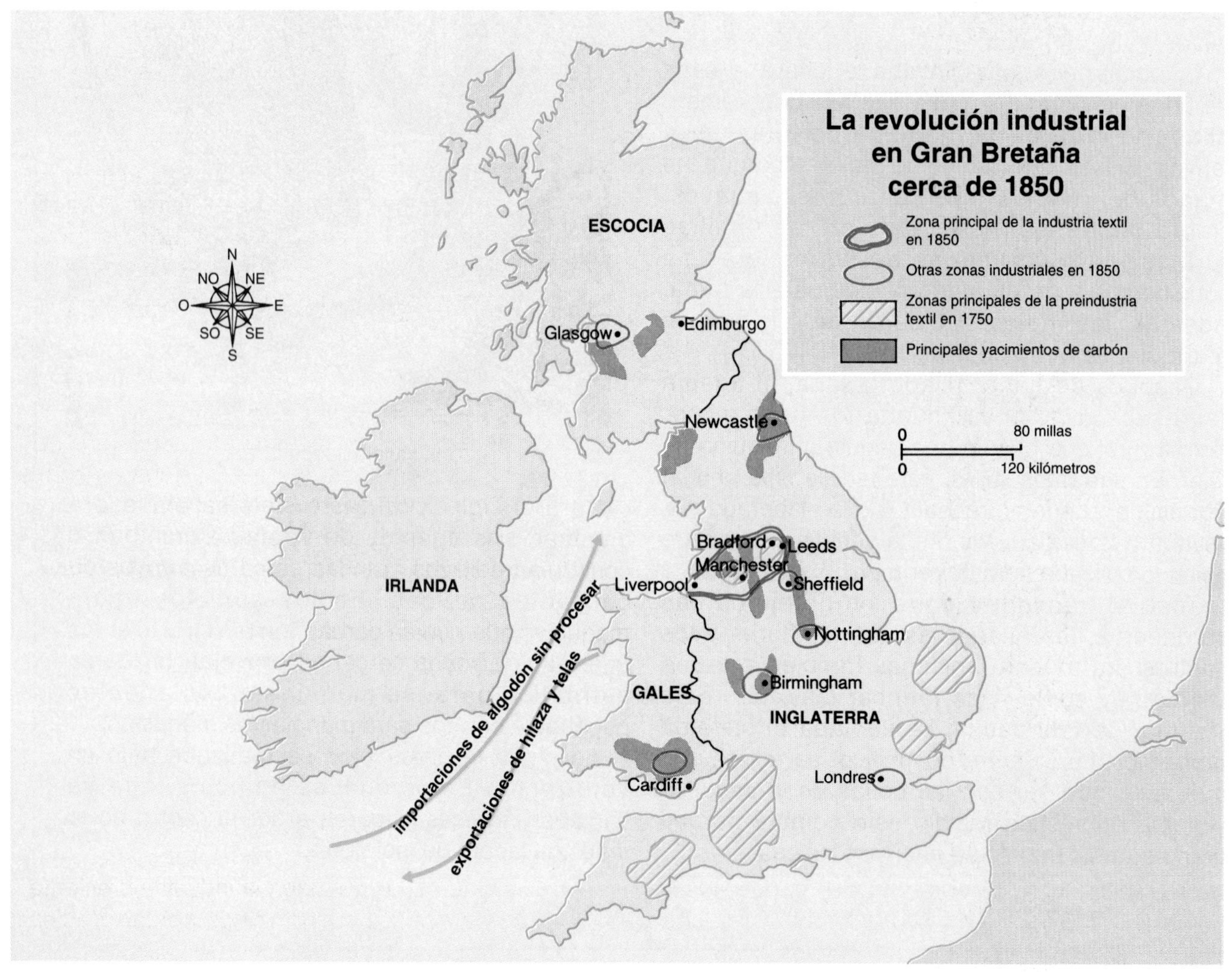

Para aprender nuevos términos y palabras

En este capítulo se usan las siguientes palabras. Piensa en el significado de cada una.

sistema doméstico: un sistema de fabricación de bienes en el que la mayoría del trabajo se realiza en las casas de la gente
fábricas: los lugares donde se fabrican productos
industrialización: la conversión del trabajo manual en trabajo realizado por máquinas
revolución: un cambio total o radical

Piénsalo mientras lees

1. ¿Cómo influyeron algunos inventos principales en la industria algodonera en el siglo XVIII?
2. ¿Cuál es la relación entre la fuerza de vapor y la primera revolución industrial?
3. ¿Cómo consiguieron los industriales británicos el dinero, los obreros, las materias primas y los mercados?

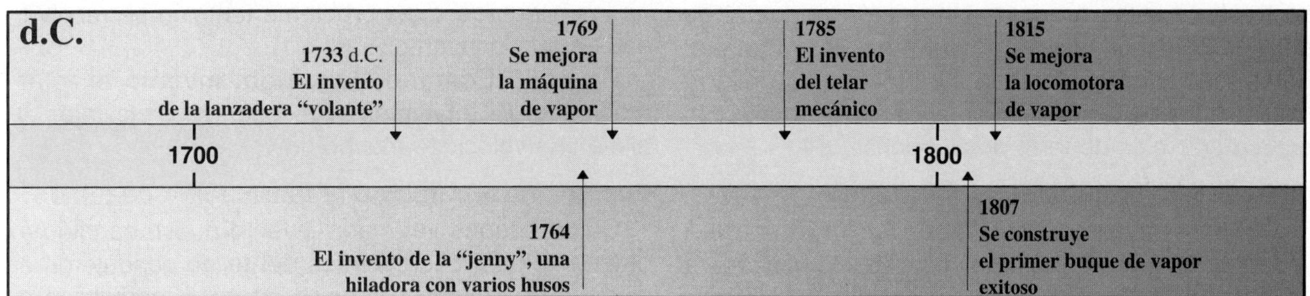

Los productos se fabrican en casa

Casi todos las cosas se fabricaron a mano desde la época antigua hasta el siglo XVIII. Las máquinas que se usaban eran pequeñas y sencillas. No podían fabricar grandes cantidades de cosas a la vez. La mayoría de las máquinas pertenecía a las personas que las manejaban. Estas personas fabricaban los productos en sus casas. La mayoría de las máquinas funcionaba a fuerza humana o fuerza hidráulica (del agua). La fabricación de productos en casa es el **sistema doméstico.**

El comienzo del sistema de fábricas

Del sistema doméstico se pasó al sistema de fábricas en el siglo XVIII. Bajo el sistema de fábricas, todas las facetas de la producción se llevan a cabo bajo un solo techo. Las máquinas están ubicadas en edificios que se llaman **fábricas.** Los edificios pertenecen a los dueños de las fábricas, no a las personas que manejan las máquinas. Los dueños de las fábricas contratan a las personas que manejan las máquinas. Los obreros reciben sueldos por manejar las máquinas.

El sistema de fábricas hizo posible que se fabricaran más bienes y que bajaran los gastos. También promovió el invento de mejores máquinas y el descubrimiento de un nuevo tipo de energía. La conversión del trabajo manual, o a mano, en trabajo realizado por máquinas se llama **industrialización.** La industrialización cambió todas las facetas de la sociedad. Este cambio fue tan grande que se le dio el nombre de **revolución.**

La revolución industrial comienza en Gran Bretaña

La primera revolución industrial comenzó en Gran Bretaña en el siglo XVIII. He aquí algunas razones por las cuales comenzó en Gran Bretaña.

En el siglo XVIII, Gran Bretaña tenía

- obreros a quienes se necesitaba en las industrias.
- los inventos y conocimientos para constituir las nuevas industrias.
- hierro y carbón, importantes para la industria.
- la forma de transportar los bienes de las fábricas a los mercados.
- gente con dinero para invertir en los nuevos negocios.
- colonias que suministraban materias primas y compraban los productos elaborados.
- un gobierno que respaldaba la industria creciente.
- paz en su tierra. Los británicos podían dedicar sus esfuerzos a la construcción de industrias.

La revolución industrial en Gran Bretaña comenzó en la industria algodonera

Los mercaderes británicos habían importado la tela de algodón del extranjero desde la Edad Media. Era bastante costosa. Entonces, en el siglo XVII, los mercaderes comenzaron a comprar algodón sin elaborar en el extranjero. Luego, contrataron a personas en Inglaterra para producir tela con él. Para entonces, la tela de algodón se fabricaba bajo el sistema doméstico. Con este sistema, las familias granjeras hilaban y tejían el algodón en sus casas. Trabajaban con sus propias máquinas durante sus ratos libres. Bajo este sistema, sin embargo, nunca había suficiente tela de algodón para toda la gente que la quería comprar.

En el siglo XVIII, la industria algodonera británica se trasladó a las fábricas. Una razón principal de este cambio fue el invento de nuevas máquinas. Estas máquinas aceleraban los procesos de hilar y tejer el algodón. Esto condujo a un aumento abrupto en la producción de telas de algodón.

Las nuevas máquinas

El primer invento importante fue la lanzadera "volante". La inventó John Kay en 1733. La lanzadera "volante" posibilitaba que un obrero realizara el trabajo de dos personas y que se fabricara tela más ancha. Pronto se pudo tejer el algodón tan rápidamente que había escasez de hilos de algodón.

Para conseguir más hilo de algodón, en el año 1764 James Hargreaves inventó la "jenny", una máquina de hilar con varios husos. La "jenny" (nombrada en honor a la esposa de Hargreaves) empleaba la idea del torno de hilar. Pero la "jenny" era mucho más rápida. Podía hilar hasta 80 hilos a la vez.

En 1769, Richard Arkwright inventó la hiladora continua accionada por agua. Aumentó aún más la cantidad de algodón que se podía hilar. Por último, Samuel Crompton inventó otra máquina de hilar, la "mule" hiladora, en 1779. Esta máquina podía hilar aún más rápidamente que la "jenny" y la hiladora continua.

La máquina de Crompton ocasionó un problema. Ahora las máquinas de tejer no podían estar a la par de las hiladoras. Este problema también se resolvió con un nuevo invento.

En 1785 Edmund Cartwright inventó el telar mecánico. El telar mecánico hacía posible tejer el hilo a una velocidad mucho mayor.

Los inventos cambian la fabricación de telas

Como puedes ver, cada invento nuevo condujo a otros inventos. Los inventos del tejido condujeron a inventos del hilado. Estos, a su vez, condujeron a nuevos inventos del tejido. Como resultado, el método de fabricar telas cambió totalmente en sólo 50 años.

Obreros textiles en su casa. Las mujeres hilaban el algodón. Los hombres tejían los hilos para fabricar telas.

La fuerza de vapor

Para mediados del siglo XVIII, los dueños de las fábricas tenían nuevas máquinas para fabricar la tela de algodón. Ahora necesitaban otras maneras mejores para accionar las máquinas. Hasta entonces, utilizaban la energía hidráulica. Pero ésta no tenía fuerza para accionar las máquinas pesadas. Además, para poder utilizar la energía hidráulica, era necesario ubicar la fábrica cerca de las corrientes de agua rápidas. Los dueños de las fábricas ahora recurrían al vapor.

Se fabricaron las primeras máquinas de vapor en Francia. Sin embargo, la idea de utilizar la fuerza de vapor pronto se difundió en otras partes de Europa. En 1705, Thomas Newcomen, un ingeniero inglés, desarrolló una mejor máquina de vapor. La usaba para bombear el agua fuera de las minas de carbón.

James Watt, un ingeniero escocés, mejoró la idea de Newcomen. En 1769, Watt encontró la forma de controlar el suministro de vapor a la máquina. La máquina de vapor de Watt era muy adaptable. Al poco tiempo la adaptó para accionar muchas de las máquinas nuevas de las fábricas. Con la fuerza de vapor como fuente de energía, la revolución industrial avanzó rápidamente. Las fábricas ya no se ubicaban cerca de los ríos de corrientes rápidas. Con la máquina de vapor, se podían utilizar máquinas pesadas en cualquier lugar.

Las fuentes de dinero

Las máquinas jugaron un rol importante en la revolución industrial. Pero hubo otros factores importantes: el dinero, los obreros, las materias primas y los mercados.

Los comerciantes obtenían dinero mediante las sociedades anónimas. También constituían corporaciones. Éstas también recaudaban fondos al vender acciones del capital comercial a los inversionistas.

Las fuentes de obreros

Los obreros que manejaban las máquinas en las fábricas provenían de muchos lugares. A principios de la revolución industrial, muchos obreros eran mujeres y niños. Podían manejar las máquinas y recibían sueldos más bajos que los hombres.

Los obreros también provenían de las aldeas agrícolas. La vida en el campo inglés iba cambiando. Las personas abandonaban las granjas y buscaban empleos en las fábricas. Los cambios más importantes en el campo fueron las leyes promulgadas por el Parlamento. Éstas se llamaban las Actas del Cercado. Estas actas cercaron todos los terrenos comunales de las aldeas inglesas. Antes, los aldeanos compartían estos terrenos comunales. Muchos dejaban sus animales pastar en estos terrenos sin ningún costo. Ahora, los terrenos se repartieron entre los dueños de tierras. Ellos obligaron a los aldeanos pobres a abandonar los terrenos comunales. Muchos de ellos se mudaron a las ciudades para trabajar en las fábricas.

La locomotora de George Stephenson.

Las materias primas y los mercados

Las materias primas, como el carbón, el hierro, el estaño y el algodón, eran necesarias para que las industrias crecieran. Algunos países tenían más materias primas que otros. Pero muchas materias primas se conseguían en tierras extranjeras. Un país podía comerciar materias primas con otro país. También podía explotar sus colonias en el extranjero. Por ejemplo, a principios del siglo XVIII, Gran Bretaña compraba madera, alquitrán y algodón a sus colonias en América del Norte.

Las colonias eran útiles de otras formas también. Podían servir de mercados para los productos elaborados de la madre patria. Otros mercados se podían encontrar en el propio país y en el extranjero.

Claro está, los mercados eran importantes para que una industria se desarrollara. También era importante tener un modo de transportar los bienes a estos mercados. En esto, la máquina de vapor desempeñó un rol importante.

El vapor contribuye al transporte

En 1807, un estadounidense, Robert Fulton, construyó el primer buque de vapor exitoso. En 1815, George Stephenson, un inglés, hizo mejoras en la locomotora de vapor. Durante los siguientes 50 años, se construyeron vías ferroviarias en Gran Bretaña, los Estados Unidos y muchas partes de Europa. Estos ferrocarriles transportaron las materias primas a las fábricas y los productos elaborados a los mercados.

Ejercicios

A. Busca las ideas principales:

Pon una marca al lado de las oraciones que expresan las ideas principales de lo que acabas de leer.

_______ **1.** El clima de Inglaterra ayudó a iniciar la primera revolución industrial.

_______ **2.** La revolución industrial comenzó en Gran Bretaña con la industria algodonera.

_______ **3.** El sistema doméstico cayó en desuso a principios de la primera revolución industrial.

_______ **4.** Varios inventos importantes ayudaron a iniciar la primera revolución industrial.

_______ **5.** Gran Bretaña tenía el dinero, los obreros, las materias primas y los mercados que necesitaba para la primera revolución industrial.

B. ¿Qué leíste?

Escoge la respuesta que mejor complete cada oración. Escribe la letra de tu respuesta en el espacio en blanco.

_______ **1.** La forma de fabricar la tela de algodón
a. era la misma en el siglo XIX que en las épocas anteriores.
b. fue más fácil con el sistema doméstico.
c. cambió en forma total en sólo 50 años.
d. se hizo costosa mediante la producción a máquina.

_______ **2.** La "jenny", la hiladora continua accionada por agua y la "mule" hiladora
a. mejoraron el proceso del tejido.
b. aumentaron la cantidad de hilos que se hilaban.
c. rebajaron el costo de las máquinas.
d. subieron el precio de la tela de algodón.

_______ **3.** Las Actas del Cercado contribuyeron a que las fábricas tuvieran más
a. dinero.
b. obreros.
c. algodón.
d. máquinas de vapor.

_______ **4.** Las tierras del extranjero sirvieron como una fuente de
a. dinero y materias primas.
b. máquinas y dinero.
c. materias primas y mercados.
d. máquinas y mercados.

C. Comprueba los detalles:

Lee cada oración. Escribe H en el espacio en blanco si la oración es un hecho. Escribe O en el espacio si es una opinión. Recuerda que los hechos se pueden comprobar, pero las opiniones no.

_______ **1.** Se paso del sistema doméstico al sistema de fábricas a principios del siglo XVIII.

_______ **2.** La fuerza hidráulica era una buena forma de energía.

_______ **3.** Las Actas del Cercado obligaron a muchos granjeros a abandonar el campo.

_______ **4.** A las familias agrícolas no les gustaba el sistema de fábricas.

_______ **5.** Era difícil manejar la "jenny".

_______ **6.** El telar mecánico mejoró el proceso del tejido.

_______ **7.** Las mejores máquinas de vapor se fabricaban en Inglaterra.

_______ **8.** Las mujeres y los niños eran una fuente de mano de obra para las fábricas durante la revolución industrial.

_______ **9.** Las materias primas eran demasiado costosas.

D. Correspondencias:

Encuentra para los nombres de los inventores de la columna A el invento correspondiente en la columna B. Escribe la letra de cada respuesta en el espacio en blanco.

	Columna A	Columna B
_______	**1.** John Kay	**a.** el buque de vapor
_______	**2.** James Watt	**b.** el telar mecánico
_______	**3.** Robert Fulton	**c.** la hiladora "jenny"
_______	**4.** Edmund Cartwright	**d.** la locomotora de vapor
_______	**5.** George Stephenson	**e.** la máquina de vapor
		f. la lanzadera "volante"

E. Para comprender la historia mundial:

En la página 246 leíste sobre tres factores de la historia mundial. ¿Cuál de estos factores corresponde a cada afirmación de abajo? Llena el espacio en blanco con el número de la afirmación correcta de la página 246.

_______ **1.** La fuerza hidráulica se utilizaba en las primeras fábricas para accionar las máquinas.

_______ **2.** Era necesario conseguir algunas materias primas en tierras extranjeras.

_______ **3.** Después de las Actas del Cercado, los granjeros pobres de Inglaterra no pudieron utilizar los terrenos comunales para satisfacer sus necesidades básicas. Muchos tuvieron que buscar empleo en las fábricas.

Capítulo 3

La segunda revolución industrial

Para comprender la historia mundial

Piensa en lo siguiente al leer sobre la segunda revolución industrial.

1. Los países adoptan y adaptan ideas e instituciones de otros países.
2. Los sucesos en una parte del mundo han influido en los desarrollos en otras partes del mundo.
3. Las necesidades básicas —alimentos, vestido y vivienda— se ven afectadas por nuestro medio ambiente y nuestra cultura.

Una fábrica de acero en Europa a fines del siglo XIX. Los obreros vierten el metal líquido en moldes.

Para aprender nuevos términos y palabras

En este capítulo se usan las siguientes palabras. Piensa en el significado de cada una.

principio de piezas intercambiables: la idea de fabricar objetos cuyas piezas son idénticas, de modo que las piezas de cualquier objeto se pueden reemplazar por las piezas de otro objeto

línea de montaje: en una fábrica, una cinta transportadora sobre la cual un objeto se traslada a medida que se arma

fabricación en serie: la fabricación de grandes cantidades de productos que son todos iguales

división del trabajo: la forma de fabricar productos en la que cada obrero sólo fabrica una parte del producto

huelga: la acción de un grupo de obreros que protestan, negándose a trabajar

sindicatos: organizaciones de obreros fundada para tener una voz colectiva al tratar con sus empleadores

negociaciones colectivas: el proceso en el que los obreros y los empleadores tratan de llegar a un acuerdo sobre asuntos tales como los sueldos y las condiciones del trabajo

Piénsalo mientras lees

1. ¿Cuál era la fuente de energía principal en la segunda revolución industrial?
2. ¿Cuáles eran los factores que posibilitaron la fabricación en serie de los bienes?
3. ¿Cuáles fueron los inventos de la segunda revolución industrial?
4. ¿Cómo cambió la revolución industrial la vida de los obreros? ¿Cómo reaccionaron los obreros a esos cambios?

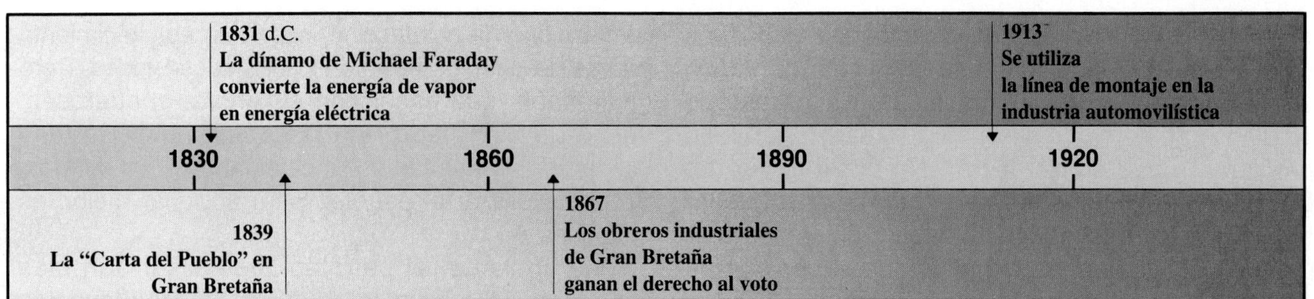

Se abre el camino a la segunda revolución industrial

El siglo XVIII y los principios del siglo XIX introdujeron grandes cambios en el modo de la gente. Muchos de estos cambios fueron producto de las revoluciones en la forma de fabricar los bienes. El siglo XVIII fue testigo del fin del sistema doméstico en la producción. El sistema de las fábricas lo reemplazó. Las nuevas fábricas se ubicaron en las ciudades. Muchas personas del campo se fueron a las ciudades en busca de trabajo.

La energía de vapor era la forma de energía que se utilizaba en la primera revolución industrial. Luego, en 1831, Michael Faraday inventó la dínamo. La dínamo convirtió la fuerza de vapor en energía eléctrica. Ésta abrió el camino a la segunda revolución industrial. Ahora, la electricidad sería la fuente principal de energía.

Además, el número de personas en Europa aumentó rápidamente después de 1750. Había más personas para comprar los bienes. Le tocaba a la industria suminstrar estos bienes.

El hierro, el carbón y el acero

Muchas máquinas que se desarrollaron durante la primera revolución industrial eran de hierro. Entonces, la necesidad de hierro aumentó rápidamente. Se fabrica hierro calentando una materia prima llamada mineral de hierro. Al principio, se obtenía el calor quemando leña o carbón de leña. En el siglo XIX se descubrió que el carbón daba mejores resultados que la leña o el carbón de leña. Los países con grandes cantidades de carbón tenían mejores oportunidades para desarrollar sus industrias. Entre estos países estaban Gran Bretaña, los Estados Unidos y Alemania.

El telégrafo era uno de los muchos inventos de la revolución industrial. Este dibujo muestra la llegada del cable telegráfico del Atlántico a Terranova, Canadá, en 1866. El cable del Atlántico hacía posible que se transmitieran mensajes entre Europa y América del Norte.

Se utilizó el hierro para muchas máquinas nuevas de la revolución industrial. Las máquinas de vapor, los rieles ferroviarios, las máquinas hiladoras: todo se fabricó primero con hierro. Sin embargo, había un problema grave con el hierro. No era muy fuerte. Los rieles ferroviarios de hierro no podían sostener el peso de los coches que andaban rápidamente. A menudo estallaban las máquinas de vapor porque no aguantaban la alta presión del vapor.

Los inventores conocían un metal más fuerte. Este metal era el acero, el cual se fabricaba del hierro. Pero, era muy costoso fabricar acero. Entonces, en la década de 1850, dos inventores, un estadounidense y un inglés, elaboraron un proceso más barato de fabricar el acero. Se llamaba el proceso de Bessemer.

El acero barato introdujo muchos cambios. Los coches ya corrían más rápido sobre los rieles fuertes de acero. Ahora, se tendían los puentes de acero sobre ríos anchos y desfiladeros profundos entre montañas. Los edificios con vigas de acero eran más altos. El proceso de Bessemer fue un descubrimiento muy importante de la segunda revolución industrial.

El petróleo se hace importante

En la década de 1850 sucedió otro desarrollo importante. Un grupo de estadounidenses descubrió que se podía utilizar el petróleo para las máquinas, la iluminación y la calefacción. Había un abastecimiento grande de petróleo bruto en los Estados Unidos. Pero nadie sabía qué hacer con él. Ahora, el querosén, hecho del petróleo bruto, se podía utilizar en las lámparas, las estufas y los calentadores de cuartos. Se podía utilizar el petróleo para accionar mejor las máquinas.

Más adelante, el petróleo llegó a ser aún más importante. A principios del siglo XX, dos inventos nuevos aumentaron mucho la demanda de petróleo. Estos fueron el motor de combustión interna, o a gasolina, y el motor diesel. Actualmente se utilizan estos tipos de motores en los carros, los camiones y los autobuses. Se podía convertir el petróleo en gasolina y gasoil para alimentar estos motores.

Otros inventos y mejoras

Otros inventos fueron importantes para la segunda revolución industrial. Entre ellos figuran el telégrafo, el teléfono y el foco eléctrico. El telégrafo y el teléfono apresuraron mucho las comunicaciones. El foco eléctrico permitió el uso de luz limpia y segura en casas y fábricas.

Las mejoras en las herramientas para máquinas también fueron importantes en la segunda revolución industrial. Los tornos y otras máquinas mejoraron la eficacia de la producción.

Las piezas intercambiables

A principios del siglo XIX, Eli Whitney sacó buen provecho de los tornos. Estas nuevas máquinas le daban forma al metal al girarlo a altas velocidades. Whitney utilizó los tornos para fabricar piezas de fusiles. Estas piezas de fusiles eran iguales e intercambiables. El tambor de un fusil, por ejemplo, encajaría exactamente en cualquier otro fusil del mismo tipo. Cuando se fabricaban las diferentes piezas de fusiles, se las podía encajar para armar los fusiles. El método de producción de Whitney emplea el **principio de las piezas intercambiables.**

La idea de las piezas intercambiables resultó ser muy importante. Antes, cada fusil se fabricaba a mano. Dos fusiles podían parecerse, pero siempre había diferencias sutiles. Cuando una pieza de un fusil se rompía, era necesario fabricar una pieza nueva especialmente para ese fusil. Al emplear las piezas intercambiables, se podían hacer reparaciones fácilmente con las piezas idénticas hechas en las fábricas.

Mejores máquinas

Claro está, el principio de las piezas intercambiables se podía emplear para fabricar muchas otras cosas, además de los fusiles. Sin embargo, la fabricación de piezas intercambiables dependía mucho de la precisión. Durante los últimos 50 años del siglo XIX, se inventaron máquinas precisas de alta velocidad. La industria de herramientas para máquina hacía posible que se fabricaran piezas en forma rápida y precisa. También se inventaron máquinas para piezas fundidas a presión. Estas máquinas podían estampar o forjar las piezas de metal en una sola operación.

La línea de montaje abre el paso a la fabricación en serie

La **línea de montaje** fue desarrollada en la industria automovilística en 1913. En la línea de montaje, un carro se desplazaba a lo largo de una cinta transportadora frente a varios obreros. Al llegar a cada obrero, ese obrero le agregaba una parte al carro, como una puerta o el motor. Al llegar al extremo final de la línea, el carro estaba armado y lo podían manejar hacia afuera.

La línea de montaje condujo a la **fabricación en serie.** La fabricación en serie es la producción de grandes cantidades de bienes que son idénticos. Pronto poco la fabricación en serie se aceptó en las industrias por todas partes del mundo.

Muchos de los obreros de las primeras fábricas textiles eran mujeres. Ellas consideraban al trabajo en las fábricas una oportunidad para ganar sus propios sueldos y hacerse independientes.

La vida de los obreros en las fábricas

Has leído sobre los inventos y los descubrimientos que cambiaron totalmente la producción en las fábricas. Pero, ¿qué pasó con las personas que trabajaban en esas fábricas? ¿Cómo cambió la revolución industrial las vidas de los obreros? Sus vidas ahora eran muy diferentes de lo que habían sido en la época del sistema doméstico de la producción. Aquí se describen los efectos directos de la revolución industrial. Leerás sobre los efectos positivos y duraderos de la revolución industrial en las páginas 267 y 268.

Antes, muchos obreros trabajaban para sí mismos. En el pasado, un obrero podía decidir cuándo ponerse a trabajar. Ahora, el reloj mandaba a los obreros. Ellos tenían que llegar a una hora precisa. Sólo podían almorzar a una hora determinada. Y trabajaban todo el día hasta una hora determinada.

Hubo otros cambios también. Bajo el sistema doméstico, un obrero fabricaba todo el producto desde el principio hasta el final. Ahora, cada obrero fabricaba solamente una parte del producto. Este método de fabricar sólo las partes de los productos se llama la **división del trabajo.** Con este método, los obreros podían fabricar los productos más rápidamente. Sin embargo, no sentían tanto orgullo por sus productos como antes.

Las condiciones del trabajo y de la vida

En las primeras fábricas, los obreros trabajaban 14 horas al día, 6 días por semana. Las condiciones eran abominables. A menudo, las fábricas estaban oscuras, sucias y mal ventiladas. No había dispositivos de seguridad en las máquinas, así que las personas se lastimaban frecuentemente. No había seguros contra los accidentes. Hombres, mujeres y hasta niños de cinco años trabajaban en estas fábricas.

Las condiciones de vida no eran mucho mejores para los obreros. Muchos vivían en edificios de apartamentos atestados en los barrios pobres, que se llamaban casas de vecindad. Tenían pocos muebles. Varios niños compartían una sola cama. Los alimentos eran malos. No tenían carne fresca, leche ni verduras. Sufrían muchas enfermedades.

Los obreros reaccionan

¿Qué pensaban los obreros de las condiciones de trabajo y de vivienda? Al principio, algunos artesanos británicos se oponían a las máquinas. Entraban en las fábricas de noche y rompían las máquinas.

Otros obreros trataban de protestar por sus largos turnos y malas condiciones del trabajo. Un método era negarse a trabajar. Cuando los obreros, en conjunto, se niegan a trabajar, su acción se llama **huelga.**

Los obreros trataron de fundar organizaciones llamadas **sindicatos.** Un sindicato representaba a todos los obreros de una fábrica. Intentaba hacer que el dueño de la fábrica aumentara los sueldos y mejorara las condiciones del trabajo. Las reuniones entre los líderes del sindicato y el dueño de la fábrica para hablar de los asuntos se llamaban **negociaciones colectivas.**

Los dueños de las fábricas se oponían a los sindicatos. Cuando los obreros se declaraban en huelga, se empleaban a los policías y los rompehuelgas en su contra. Hasta 1825, los sindicatos en Gran Bretaña no eran legales. Después de 1825, cada vez más personas se asociaban a los sindicatos.

Los obreros demandan el derecho al voto

Algunos obreros de Inglaterra creían que la mejor manera de mejorar las condiciones del trabajo era ganar el derecho al voto. Así los obreros podrían participar en las decisiones que influían en sus vidas.

Londres en el siglo XIX. ¿Qué nos dice este dibujo sobre la vida de los obreros en las ciudades?

Niños mineros. Los niños constituían una parte importante de la mano de obra en las minas y las fábricas durante el siglo XIX y principios del siglo XX.

Por eso, empezaron a presentar sus demandas al Parlamento. Pidieron reformas tales como el derecho de todos los hombres al voto y la votación secreta. En 1839, los obreros listaron sus reformas en una “Carta del Pueblo”. Los adherentes de la Carta del Pueblo llegaron a conocerse como cartistas.

Los cartistas no lograron sus objetivos. En la década de 1840, el movimiento cartista disminuyó. Pero los obreros todavía querían el derecho al voto.

El derecho a votar en Gran Bretaña ya se había difundido un poco. El Acta de Reforma de 1832 había disminuido los requisitos de propiedad para el voto. Le dio mayor representación a la gente en las crecientes ciudades industriales. Luego, en 1867, una segunda ley de reforma le dio derecho a votar a la mayoría de los obreros industriales.

Los obreros se asocian con los sindicatos y forman partidos políticos

Mientras tanto, aumentaba el número de miembros en los sindicatos. A fines del siglo XIX, los sindicatos estaban fuertes. Millones de obreros se hacían miembros de los sindicatos en Gran Bretaña, Francia, Alemania, Italia y otros países.

Los obreros también fundaban nuevos partidos políticos. Estos partidos laboristas elegían a miembros del parlamento en la mayoría de los países europeos. Sin embargo, no había ningún partido laborista en los Estados Unidos. Los sindicatos en los Estados Unidos seguían siendo pequeños a fines del siglo XIX.

Los obreros logran reformas

La presión de los obreros y otros reformistas en Gran Bretaña resultó en varias leyes que trataban las condiciones del trabajo. Estas leyes reducían el día de trabajo a diez horas. También imponían más restricciones sobre el trabajo de menores. Otras leyes intentaban mejorar las condiciones sanitarias y de seguridad en las fábricas. Sin embargo, no siempre se hacían cumplir estas mejoras de las condiciones del trabajo. Además, los sueldos de las mujeres seguían más bajos que los sueldos de los hombres.

Se difunde la revolución industrial

La revolución industrial produjo cambios en muchas facetas de la vida. Influyó en dónde vivía la gente. Había influido en su forma de trabajo. Hasta cambió los modos de viajar y de comunicarse.

Estos cambios primero se iniciaron en Inglaterra. Entre 1850 y el comienzo del siglo XX, los Estados Unidos y los países de Europa occidental habían iniciado sus propias industrias a gran escala. Los europeos llevaron la revolución industrial a Asia. A fines del siglo XIX y a principios del XX, se construyeron industrias en la India, China y Japón. Los japoneses desarrollaron una economía industrial en poco tiempo: entre fines del siglo XIX y 1914. El gobierno de Japón respaldó el movimiento de industrialización. Contrató a muchos expertos de otros países para que enseñaran los nuevos conocimientos a los japoneses.

Ejercicios

A. Busca las ideas principales:

Pon una marca al lado de las oraciones que expresan las ideas principales de lo que acabas de leer.

_______ **1.** Los obreros trataron de cambiar algunas de las condiciones ocasionadas por la revolución industrial.

_______ **2.** Eli Whitney desarrolló la idea de las piezas intercambiables.

_______ **3.** La energía eléctrica era la fuente principal de energía en la segunda revolución industrial.

_______ **4.** El carbón, el acero, el petróleo y las herramientas para máquinas eran importantes en la segunda revolución industrial.

_______ **5.** El siglo XVIII marcó el fin del sistema doméstico de producción.

_______ **6.** La desmotadora de algodón fue importante en la revolución industrial.

B. ¿Qué leíste?

Escoge la respuesta que mejor complete cada oración. Escribe la letra de tu respuesta en el espacio en blanco.

_______ **1.** Eli Whitney hizo una contribución importante a la industrialización cuando desarrolló
a. el acero para los fusiles.
b. la línea de montaje.
c. las herramientas para máquinas.
d. las piezas intercambiables para los fusiles.

_______ **2.** La segunda revolución industrial se vincula con
a. la industria del acero.
b. la fabricación en serie de bienes.
c. la industria de herramientas para máquinas.
d. todo lo anterior.

_______ **3.** El motor de combustión interna produjo grandes cambios
a. en las herramientas para máquinas.
b. en el transporte.
c. en la fabricación de acero.
d. en todo lo anterior.

_______ **4.** Los cartistas querían
a. el derecho a votar para todos los hombres y las mujeres.
b. nuevas cartas comerciales.
c. el derecho a votar para todos los hombres.
d. ninguno de los anteriores.

C. Comprueba los detalles:

Lee cada afirmación. Escribe C en el espacio en blanco si la afirmación es cierta. Escribe F en el espacio si es falsa. Escribe N si no puedes averiguar en la lectura si es cierta o falsa.

_______ **1.** El sistema de fábricas reemplazó al sistema doméstico.

_______ **2.** Las máquinas de vapor no aumentaron la producción.

_______ **3.** La dínamo de Michael Faraday generaba energía de vapor.

_______ **4.** Henry Bessemer mejoró el proceso de tejer telas.

_______ **5.** En las primeras fábricas, los obreros generalmente trabajaban 14 horas al día, 6 días por semana.

_______ **6.** Eli Whitney inventó la desmotadora de algodón.

_______ **7.** Se empleaba la línea de montaje en el sistema doméstico.

_______ **8.** Las herramientas para máquinas posibilitaron la fabricación precisa de las piezas.

_______ **9.** El Acta de Reforma de 1832 les dio el derecho al voto a más hombres británicos.

_______ **10.** Los ingleses descubrieron una forma de fabricar acero en 1740.

D. Los significados de palabras:

Busca las siguientes palabras en el glosario. Escribe el significado al lado de cada palabra.

1. fabricación en serie ____

____

2. división del trabajo ____

____

3. línea de montaje ____

____

E. Para comprender la historia mundial:

En la página 252 leíste sobre tres factores de la historia mundial. ¿Cuáles de estos factores corresponden a cada afirmación de abajo? Llena el espacio en blanco con el número de la afirmación correcta de la página 252. Si no corresponde ningún factor, escribe la palabra NINGUNO.

_______ **1.** Eli Whitney, un estadounidense, desarrolló el principio de piezas intercambiables. Este principio llegó a ser la base para la fabricación en serie en todas partes del mundo.

_______ **2.** La industria de herramientas para máquinas hacía posible la fabricación en serie de los productos.

_______ **3.** Las naciones que tenían grandes reservas de carbón tenían una ventaja en el desarrollo de sus industrias.

Capítulo 4

La revolución agrícola

Para comprender la historia mundial

Piensa en lo siguiente al leer sobre la revolución en la agricultura.

1 Los países adoptan y adaptan ideas e instituciones de otros países.

2 Las necesidades básicas —alimentos, vestido y vivienda— se ven afectadas por nuestro medio ambiente y nuestra cultura.

Cyrus McCormick camina detrás de su nuevo invento, el segador mecánico.

Para aprender nuevos términos y palabras

En este capítulo se usan las siguientes palabras. Piensa en el significado de cada una.

agricultura científica: el uso de experimentos y datos científicos para mejorar la producción en las granjas

cosechas comerciales: cosechas que se venden en vez de comerse o usarse en la granja

Piénsalo mientras lees

1. ¿Cómo ayudó la revolución agrícola a la revolución industrial?
2. ¿Cómo ayudaron las ciencias y los inventos a los granjeros?
3. ¿Cómo ha influido la revolución agrícola en la población agrícola y en la producción de alimentos?

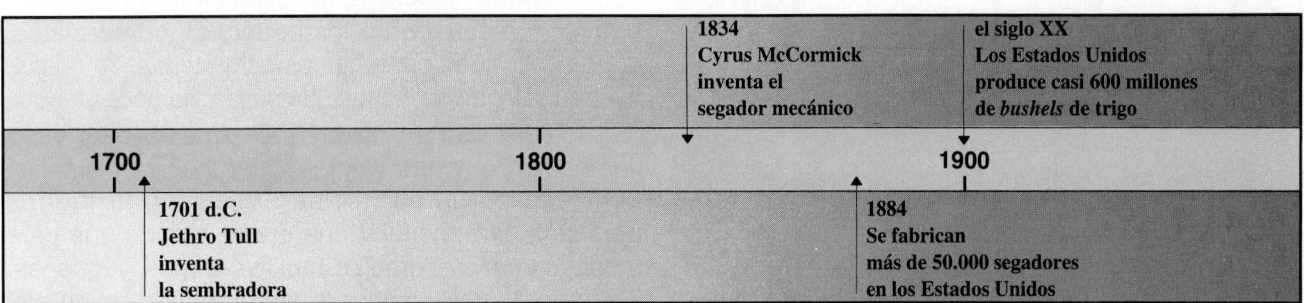

La revolución agrícola comienza con las Actas del Cercado

Como has leído, la revolución industrial ocasionó muchos cambios grandes en la sociedad. Sin embargo, ésta no habría sucedido si no fuera por una revolución en la agricultura o el cultivo. La revolución agrícola también se inició en Gran Bretaña.

La revolución agrícola comenzó con las Actas del Cercado del siglo XVIII. Bajo este movimiento, se unían las granjas para obtener granjas más grandes. Muchos propietarios pequeños ya no podían defenderse de los más grandes. Algunos se hacían arrendatarios. Cultivaban las tierras que pertenecían a otros. Algunos se mudaban a las ciudades.

Los propietarios prueban nuevos métodos

Los propietarios que permanecían en el campo empezaban a probar nuevos métodos para la agricultura. Sus intentos son ejemplos de **agricultura científica.** A principios del siglo XVIII, el señor Townshend, un granjero inglés, introdujo la rotación de cosechas. Anteriormente, cada año los granjeros dejaban una parte de la tierra sin sembrar. Esto impedía que el suelo perdiera su fecundidad. Con la rotación de cosechas, el granjero alternaba distintas cosechas en cada parte del campo. Así se conservaba el suelo. También daba una mayor producción de cosechas.

Robert Bakewell, otro inglés, desarrolló un sistema para criar ganado vacuno. Sus métodos aumentaron la cantidad de leche, carne de res y lana que producían las vacas y las ovejas.

Otro ejemplo de la agricultura científica fue introducida por un granjero inglés, Jethro Tull. Él descubrió que las cosechas crecían mejor cuando había menos malezas. Además descubrió que el mullir el suelo entre las filas incrementaba las cosechas. Tull inventó una máquina tirada por caballos que mullía el suelo.

Más tarde, la revolución agrícola se difundió en los Estados Unidos y Europa. Un alemán, el barón von Liebig desarrolló la idea de abonos químicos. Estos ayudaban a que se cultivaran más cosechas en la misma tierra.

Nuevas máquinas agrícolas

El invento de nuevas máquinas agrícolas también ayudó a la revolución agrícola. En 1701, Jethro Tull inventó una sembradora. Con ésta se podía sembrar más semillas y espaciarlas correctamente. En 1819 Jethro Wood inventó un arado de hierro fundido. Éste era mucho mejor que los de madera que se habían utilizado desde tiempos antiguos. En 1833, John Lane inventó un arado que era aún mejor. Éste era de acero. Los nuevos arados de acero hacían más fácil el arado de la tierra.

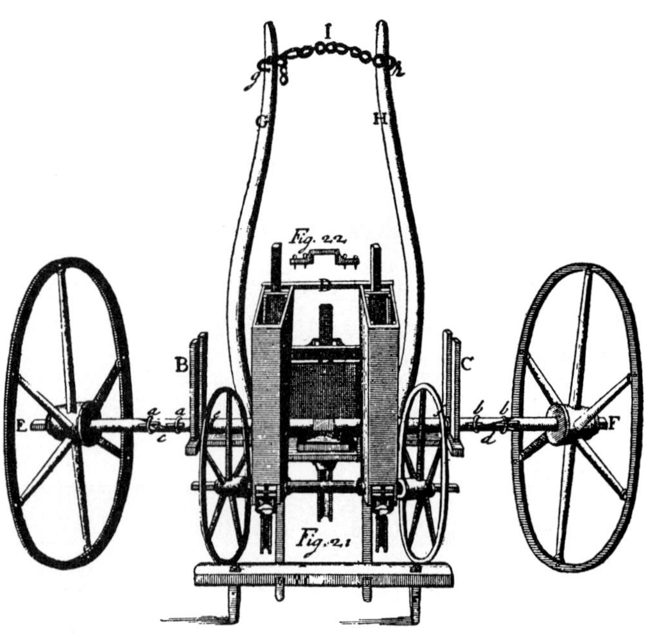

La sembradora de Jethro Tull.

Todos estos inventos, además de la agricultura científica, aumentaron la producción de cosechas. Las nuevas máquinas también hicieron que disminuyera el número de personas necesarias para cultivar las cosechas. Muchos de los que habían sido granjeros se mudaron a las ciudades. Trataron de buscar empleo en las fábricas de la revolución industrial.

La revolución industrial promueve aún más cambios en la agricultura

Cyrus McCormick, un estadounidense, inventó el segador mecánico, en 1834, cuando tenía tan sólo 25 años. Esta máquina se utilizaba para cosechar granos. Para 1840, McCormick estableció una fábrica para fabricar en serie su máquina agrícola. Para 1884, su compañía vendía más de 50.000 máquinas al año.

El segador mecánico se vendía a los granjeros en los Estados Unidos y en muchos otros lugares del mundo. Por consiguiente, los métodos desarrollados por la revolución industrial contribuyeron a los adelantos realizados durante la revolución agrícola.

Durante el siglo XIX, también se inventaron la trilladora, la segadora y la cosechadora. Con estos inventos aumentó mucho la producción agrícola. En 1890, un granjero podía realizar con una sola máquina lo que 20 granjeros hacían a mano en 1770.

Cambios en la población

La segunda revolución industrial apresuró el traslado de las personas del campo a las ciudades. Las fábricas surgían en muchas partes del mundo, sobre todo en los Estados Unidos y Europa y producían máquinas que los granjeros necesitaban. Con ellas, se producían las materias primas y los alimentos que las fábricas y las personas que vivían en las ciudades necesitaban.

Entre fines del siglo XIX y principios del siglo XX, la población agrícola siguió creciendo. Pero crecía a un paso más lento que la población general.

El cultivo de cosechas comerciales

Durante la época de la revolución agrícola, los granjeros recurrieron a las **cosechas comerciales,** donde cultivaban cosechas para venderlas. Ya no cultivaban sólo las cosechas que su familia necesitaba.

Las granjas también se agrandaban. Las compañías grandes dirigían cada vez más granjas. Con equipo moderno, se necesitaban menos personas para manejar una granja grande que para manejar muchas granjas familiares más pequeñas. El aumento del tamaño de las granjas disminuía el número de agricultores.

El aumento en la producción de alimentos

A medida que disminuía el número de personas en la agricultura, la gente temía que no hubiera suficientes alimentos. Creía que esta escasez de alimentos empeoraría con el aumento de la población mundial.

Mientras que muchos países en Asia y África no pueden cultivar suficientes alimentos para sus pueblos, la producción de alimentos en los Estados Unidos ha aumentado constantemente. Por ejemplo, los Estados Unidos produjo cerca de 600 millones de *bushels* (21.120 millones de litros) de trigo en 1900. Produjo 2,3 mil millones de *bushels* (casi 50.000 millones de litros) de trigo en 1980. Los Estados Unidos produjo casi 2.600 millones de *bushels* (91.500 millones de litros) de maíz de grano en 1900. Produjo 6.600 millones de *bushels* (casi 170 mil millones de litros) de maíz de grano en 1980. Actualmente los Estados Unidos, Canadá y algunos otros países cultivan tanto trigo y maíz que han llegado a ser los abastecedores principales de estos cultivos a otros países.

La revolución agrícola comenzó en Gran Bretaña. Desde allí pasó a los Estados Unidos y a Europa. Con el tiempo, los países de todo el mundo se beneficiaron de las ciencias, los inventos y las cosechas más grandes de la revolución agrícola.

Ejercicios

A. Busca las ideas principales:

Pon una marca al lado de las oraciones que expresan las ideas principales de lo que acabas de leer.

_______ **1.** Durante la revolución agrícola, la población agrícola disminuía pero la producción agrícola aumentaba.

_______ **2.** Los Estados Unidos produjo cerca de 600 millones de *bushels* (21.120 millones de litros) de trigo en 1900.

_______ **3.** La revolución agrícola ayudó a promover la revolución industrial.

_______ **4.** Las ciencias y los inventos contribuyeron al comienzo de la revolución agrícola.

_______ **5.** La máquinas agrícolas se fabricaban en serie hacia fines del siglo XIX.

B. ¿Qué leíste?

Escoge la respuesta que mejor complete cada oración. Escribe la letra de tu respuesta en el espacio en blanco.

_______ **1.** Las consecuencias del invento de las máquinas agrícolas fueron
a. más granjeros que producían menos cosechas.
b. menos granjeros que producían la misma cantidad de cosechas.
c. más granjeros que se trasladaban a las granjas.
d. menos granjeros que producían mayores cantidades de cosechas.

_______ **2.** El traslado de muchas personas a las ciudades condujo al temor a
a. la guerra.
b. la escasez de alimentos.
c. la democracia.
d. la dictadura.

_______ **3.** La agricultura científica *no* tuvo un rol importante en
a. la cría de animales.
b. el uso de abonos.
c. el uso de la rotación de cosechas.
d. el control del clima.

_______ **4.** La revolución industrial
a. no influyó en la agricultura.
b. influyó un poco en la agricultura.
c. influyó mucho en la agricultura.
d. resultó en el aumento de las granjas familiares.

C. Habilidad con las gráficas:

Traza una gráfica lineal que indique los cambios en la población europea entre 1850 y 1990. Las cantidades se han redondeado.

1850: 270 millones de personas
1900: 420 millones de personas
1970: 460 millones de personas
1990: 499 millones de personas

Millones de personas

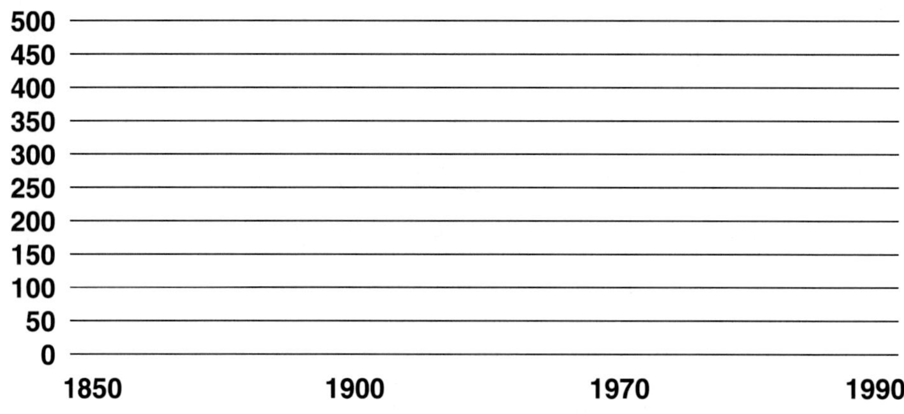

Traza una gráfica de barras que indique los cambios en la población de los Estados Unidos entre 1850 y 1990. Las cantidades se han redondeado.

1850: 25 millones de personas
1900: 75 millones de personas
1970: 200 millones de personas
1990: 249 millones de personas

Millones de personas	30	60	90	120	150	180	210	240	270
1850									
1900									
1970									
1990									

D. Por ti mismo:

Escribe un ensayo de dos o tres oraciones sobre la siguiente pregunta. Usa una hoja de papel en blanco. ¿Qué indican las gráficas circulares sobre los cambios en la vida estadounidense a partir de 1800?

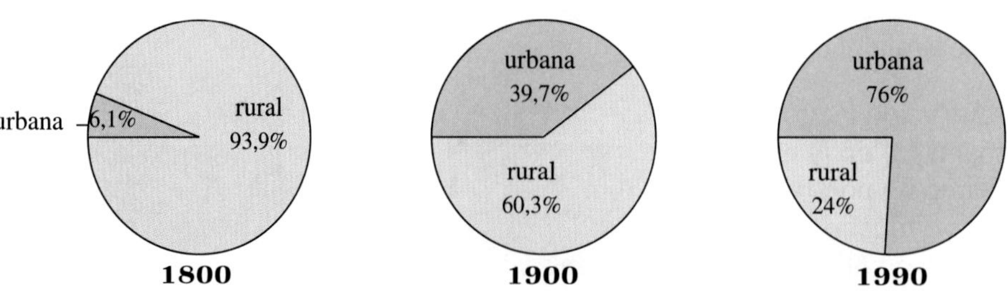

E. Comprueba los detalles:

Lee cada afirmación. Escribe C en el espacio en blanco si la afirmación es cierta. Escribe F en el espacio si es falsa. Escribe N si no puedes averiguar en la lectura si es cierta o falsa.

_______ **1.** Las cosechas comerciales disminuían el interés de los estadounidenses por la agricultura.

_______ **2.** La revolución agrícola comenzó primero, pero siguió durante la revolución industrial.

_______ **3.** Los arados de hierro fundido cuestan más que los arados de madera.

_______ **4.** McCormick fabricaba las máquinas agrícolas en serie.

_______ **5.** Con los arados de acero era más fácil para los granjeros arar sus campos.

_______ **6.** La revolución agrícola no se difundió por el mundo.

_______ **7.** Las revoluciones industriales desaceleraban el traslado de las personas a las ciudades.

_______ **8.** El tamaño de las granjas aumentó durante la revolución agrícola.

_______ **9.** Las Actas del Cercado en Inglaterra ayudaron a iniciar la primera revolución industrial.

_______ **10.** Para los granjeros el trigo era más caro que el maíz.

F. Para comprender la historia mundial:

En la página 260 leíste sobre dos factores de la historia mundial. ¿Cuál de estos factores corresponde a cada afirmación de abajo? Llena el espacio en blanco con el número de la afirmación correcta de la página 260. Si no corresponde ningún factor, escribe la palabra NINGUNO.

_______ **1.** La disminución en el número de agricultores no produjo la escasez de alimentos. Por el contrario, las nuevas máquinas agrícolas contribuyeron a que los granjeros produjeran aún más alimentos.

_______ **2.** La revolución agrícola comenzó en Gran Bretaña, pero pronto se difundió en otras partes del mundo.

_______ **3.** A medida que los granjeros producían más alimentos, muchas personas del campo se mudaban a las ciudades para trabajar en las fábricas.

Capítulo 5

La revolución industrial influye en el mundo entero

Para comprender la historia mundial

Piensa en lo siguiente al leer sobre los efectos mundiales de la revolución industrial.

1 Las necesidades básicas —alimentos, vestido y vivienda— se ven afectadas por nuestro medio ambiente y nuestra cultura.

2 Los sucesos en una parte del mundo han influido en los desarrollos en otras partes del mundo.

3 Las naciones se ligan por una red de interdependencia económica.

4 La interacción entre pueblos y naciones conduce a cambios culturales.

El puerto de Hong Kong. Los productos hechos en las fábricas de Hong Kong se envían a todas partes del mundo.

Para aprender nuevos términos y palabras

En este capítulo se usan las siguientes palabras. Piensa en el significado de cada una.

multinacional: lo que tiene que ver con muchas naciones

consumidores: las personas que compran y utilizan los productos

Piénsalo mientras lees

1. ¿Cómo influyó la revolución industrial en las relaciones comerciales entre las naciones?
2. ¿Cuáles han sido algunos de los efectos buenos y malos de la revolución industrial?
3. ¿Cuáles eran las ideas de Adam Smith sobre los negocios?
4. ¿Cómo influyó la industrialización en las ideas de Adam Smith y Karl Marx?

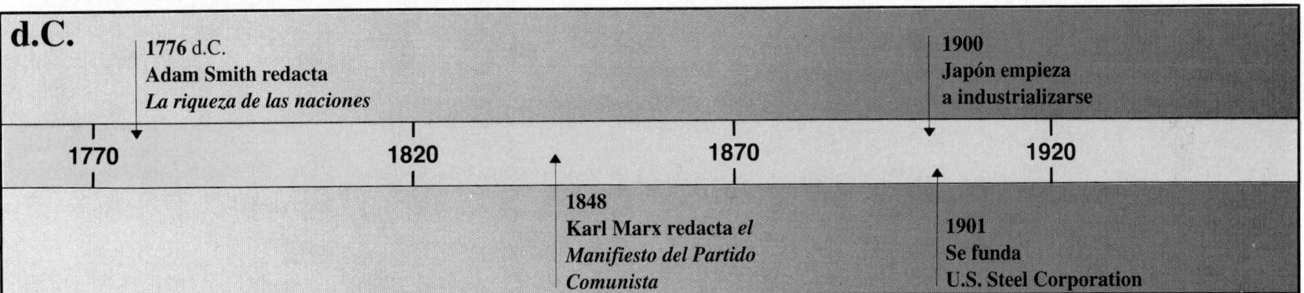

La industrialización en nuestras vidas

La revolución industrial comenzó a principios del siglo XVIII. Duró hasta el siglo XIX. La revolución industrial todavía influye en nuestras vidas. El mundo entero ha sentido los efectos de la industrialización.

Uno de los resultados buenos de la industrialización ha sido la fabricación de productos en serie. La fabricación en serie ha hecho que las cosas sean accesibles a mayor número de personas.

En general, la industrialización ha mejorado la vida de la gente. Por ejemplo, las personas no tardan tanto tiempo en conseguir alimentos, ropa y alojamiento. Estas cosas están a disposición de la gente en la mayoría de los países industrializados. Entonces, las personas tienen más tiempo para sí mismas, para descansar o aprender algo nuevo. La pobreza y el hambre todavía afectan a muchos millones de personas. Sin embargo, tal vez menos personas hayan sido afectadas en los últimos 200 años.

Las corporaciones aumentan

Otro resultado de la industrialización ha sido el aumento de las corporaciones grandes. Mientras los países establecían sus industrias, se requería mucho dinero para fundar una nueva empresa. Una fábrica necesitaba muchas máquinas costosas. Necesitaba cantidades grandes de obreros. Estos obreros tenían que recibir sueldos. Para recaudar todo este dinero, los comerciantes a menudo constituían corporaciones. Como has leído, las corporaciones recaudan fondos al vender acciones del capital comercial a los inversionistas. Estos inversionistas entonces comparten las ganancias de la corporación.

En 1901, se fundó la U.S. Steel Corporation (una compañía siderúrgica). Fue la primera corporación privada de mil millones de dólares. Desde entonces se han fundado muchísimas corporaciones de mil millones de dólares. Actualmente hay corporaciones gigantes en los Estados Unidos, Gran Bretaña, Japón, Francia, Hong Kong e Italia.

Las corporaciones multinacionales

No hace mucho tiempo, se inició un nuevo tipo de corporación llamada corporación **multinacional.** Los inversionistas son de distintos países. Las fábricas de la corporación están por todo el mundo. Las corporaciones multinacionales comercian en varios países al mismo tiempo.

Los efectos de la industrialización influyen en el mundo entero

La industrialización ha llegado a los países de todo el mundo. Se difundió desde Gran Bretaña y los Estados Unidos hasta Europa. Luego, llegó a países tales como Japón y la Unión Soviética.

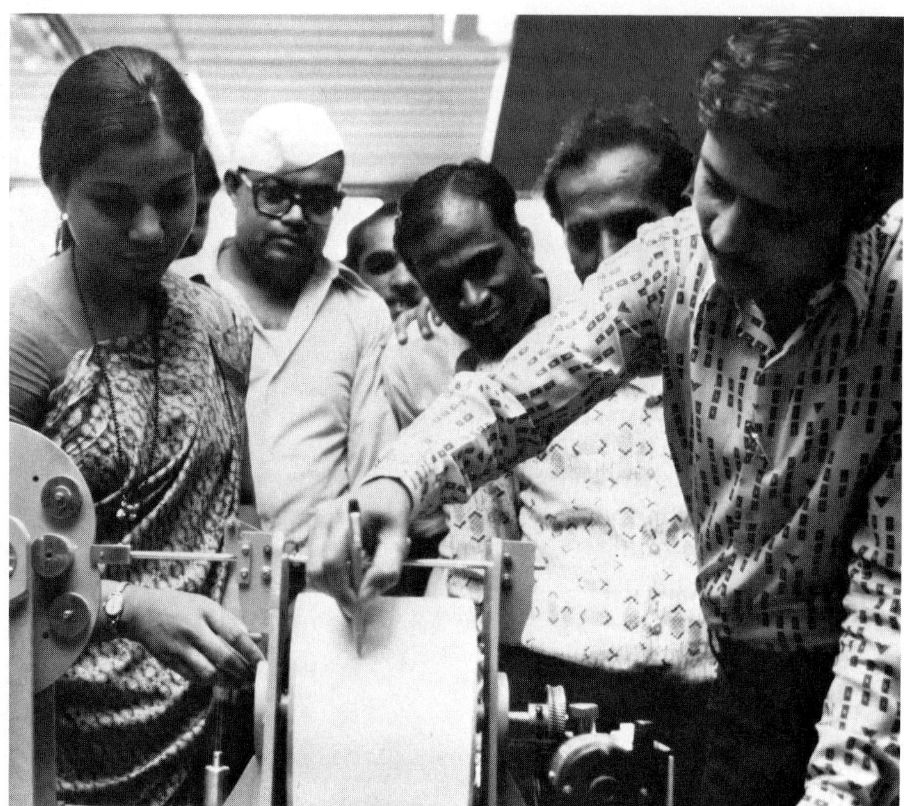

Los países en desarrollo tratan de construir sus industrias. Estos obreros de la India utilizan instrumentos avanzados para averiguar más sobre la fuerza hidráulica.

En 1900, Japón apenas comenzó a industrializarse. Hoy en día es un líder mundial en la fabricación de buques, acero, carros y computadoras.

La Unión Soviética es otro país que se industrializó hace poco. El desarrollo de sus industrias también ha sido rápido. En 1917, por ejemplo, Rusia produjo menos de 5 millones de toneladas (4,5 millones de toneladas métricas) de acero. Hoy en día, produce más de 149 millones de toneladas (135 millones de toneladas métricas) de acero.

Las naciones son interdependientes

La industrialización ha contribuido a la interdependencia entre las naciones. Europa, Japón y los Estados Unidos dependen de las naciones de América del Sur, Asia y África para muchas materias primas. También dependen de estos países para mercados para sus productos elaborados.

Europa, Japón y los Estados Unidos dependen de países como Arabia Saudita, Indonesia, México y Nigeria para el petróleo bruto. Le compran estaño a Malasia, Bolivia e Indonesia. Necesitan el cobre de Chile, Perú, Zaire y África del Sur. Necesitan el uranio de Sudáfrica, Níger y Zaire. Estos países compran productos a los países más industrializados.

La industrialización: lo bueno y lo malo

La industrialización ha producido tantos efectos buenos como malos. El nivel de vida ha subido en muchos países menos industrializados. Se han construido más hospitales y escuelas. Estos países han construido más caminos. También han mejorado los servicios de teléfono, radio y televisión.

La industrialización también ha producido efectos malos. Los países menos industrializados han sacrificado muchos de sus recursos naturales para las naciones industrializadas. Generalmente se les ha pagado poco por estos recursos. Además, por regla general, estos países no han podido constituir sus propias industrias. Por eso, no pueden competir con los países más industrializados.

Algunos países se han enfrentado con otro problema debido a la industrialización. Sus costumbres, creencias y modos de vida no se acomodaban a la vida industrial de ciudades, fábricas y productos fabricados en serie. A veces se ha desintegrado la cultura tradicional al exponerse al modo de vida industrial.

En muchas culturas tradicionales, por ejemplo, la familia era el centro de la vida de las personas. Los padres, los hijos, los abuelos y los primos, todos vivían juntos o muy cerca, unos de otros. Los jóvenes aprendían las destrezas y costumbres de sus mayores.

Con la llegada de la revolución industrial, esto cambió. Los niños asistían a las escuelas. Algunos adultos iban a trabajar a las fábricas. La familia ya no era el centro de las vidas de las personas. Los niños ahora aprendían cosas nuevas en las escuelas o de la radio o la televisión. Empezaban a dudar de las antiguas formas de sus padres y abuelos. A menudo surgían conflictos dentro de las familias. Algunas personas culpaban a la industrialización por la desintegración de las viejas costumbres.

Las ideas de Adam Smith

La revolución industrial hacía que las personas pensaran en muchos asuntos importantes. ¿Eran buenos o malos los cambios ocasionados por la industrialización? ¿Debían los obreros luchar para sobrevivir mientras algunos dueños se hacían muy ricos? ¿En qué medida debía involucrarse el Gobierno en los asuntos económicos? Muchos escritores dieron sus respuestas a estas preguntas importantes. Dos eran muy conocidos. Eran Adam Smith y Karl Marx.

Como leíste en la página 204, Adam Smith redactó el libro *La riqueza de las naciones* en 1776. Se lo consideró el fundador de la economía moderna. Adam Smith creía que se debía dejar en paz a los comerciantes que dirigían sus empresas. Decía que las personas comprarían los productos que hacían valer más su dinero. Las compañías cuyos productos no eran los mejores o eran demasiados caros no podrían vender sus productos. Esas empresas quebrarían. Esta competencia entre las empresas era buena, según Smith.

Smith favorece el *laissez-faire*

Smith pensaba que nadie debía interferir en las empresas. Favorecía la idea del *laissez-faire.* Es decir, el gobierno debe dejar que los negocios dirijan sus propios asuntos. De esta forma, todos sacarían provecho, según Smith. Los **consumidores,** o las personas que compran, conseguirían lo mejor al precio más bajo. Los negocios que sobrevivieran a esta competencia crecerían. Los países sacarían provecho de una economía solvente.

Muchas personas estaban de acuerdo con la idea de Smith. Algunos dueños de negocios recurrían a sus ideas para debatir en contra de los sindicatos. Decían que los sindicatos interferían en los negocios. Por eso pensaban que los sindicatos debían ser ilegales.

Karl Marx escribió sus ideas en un libro titulado el *Manifiesto del Partido Comunista* en 1848. Su libro llegó a ser el fundamento de las revoluciones comunistas en Rusia y China.

Las ideas de Karl Marx

Otro escritor cuyas ideas son muy bien conocidas era Karl Marx. Nació en Alemania en 1818 y fue filósofo, científico social y revolucionario. Karl Marx desarrolló la idea del comunismo.

Marx creía que se podía considerar a toda la historia como la historia de la lucha de clases. Es decir, las personas con dinero y poder luchan con las personas que no tienen ni dinero ni poder. Al principio, los amos luchaban contra los esclavos. Luego, los señores luchaban contra los siervos. Ahora, decía Marx, era la lucha entre los obreros de las fábricas y los empleadores. Los obreros realizan todo el trabajo. Los empleadores reciben todo el dinero.

Marx creía que esta lucha pronto conduciría a una revolución. Los obreros se sublevarían. Se apoderarían del control del Gobierno. Después de la revolución, el Gobierno sería el dueño de todas las propiedades. Dejaría de existir la lucha de clases entre los obreros y los empleadores. Habría una sociedad sin clases en la cual todos serían iguales.

El efecto de la industrialización

La revolución industrial tuvo grandes efectos por todo el mundo. Cambió la forma de trabajabar de las personas. Se fabricaban nuevos productos en serie para el uso de las personas. Las relaciones comerciales entre las naciones también experimentaron cambios.

La industrialización todavía está en marcha en muchos países del mundo actual. Les ha dado beneficios y problemas a esos países. Casi todos los países han decidido continuar con el desarrollo de sus industrias. Creen que los resultados positivos superan a los negativos.

Ejercicios

A. Busca las ideas principales:

Pon una marca al lado de las oraciones que expresan las ideas principales de lo que acabas de leer.

_______ **1.** La revolución industrial tuvo altos costos.

_______ **2.** Hace poco que Japón llegó a ser un país industrial.

_______ **3.** La revolución industrial ha producido efectos duraderos en los países del mundo.

_______ **4.** Las materias primas son muy importantes para la industrialización.

B. ¿Qué leíste?

Escoge la respuesta que mejor complete cada oración. Escribe la letra de tu respuesta en el espacio en blanco.

_______ **1.** La mayoría de los países menos desarrollados están en
a. Asia, África y América del Sur.
b. América del Norte.
c. Europa.
d. ninguno de los anteriores.

_______ **2.** Se pueden encontrar las corporaciones gigantes del mundo en
a. los Estados Unidos y Gran Bretaña.
b. Japón y Hong Kong.
c. Francia e Italia.
d. todos los lugares anteriores.

_______ **3.** Un resultado de la revolución industrial fue
a. el aumento de las corporaciones grandes.
b. el fin de las corporaciones grandes.
c. el fin de las cosas fabricadas en serie.
d. la fácil conversión de los modos de vida tradicionales a los modos de vida industriales.

_______ **4.** Adam Smith creía que
a. la historia es la historia de la lucha de las clases.
b. el gobierno no debía interferir en los negocios.
c. las corporaciones multinacionales son buenas para la economía del mundo.
d. la revolución industrial era mala para las personas del mundo.

C. Comprueba los detalles:

Lee cada oración. Escribe H en el espacio en blanco si la oración es un hecho. Escribe O en el espacio si es una opinión. Recuerda que los hechos se pueden comprobar, pero las opiniones no.

______ **1.** La Unión Soviética es una nación industrial recién desarrollada.

______ **2.** Las corporaciones multinacionales son buenas para la economía del mundo.

______ **3.** Japón fabrica los mejores automóviles del mundo.

______ **4.** La revolución industrial ha influido en el comercio entre las naciones.

______ **5.** La revolución industrial ha ocasionado más daños que beneficios.

______ **6.** Karl Marx creía que algún día los obreros dirigirían los gobiernos del mundo.

______ **7.** Hay demasiadas corporaciones grandes.

______ **8.** La U.S. Steel Corporation (la Corporación Siderúrgica Estadounidense) fue la primera corporación de mil millones de dólares.

______ **9.** Japón es un líder mundial en la fabricación de computadoras.

______ **10.** Los Estados Unidos depende demasiado de otras naciones para las materias primas.

D. Detrás de los titulares:

Explica con dos o tres oraciones lo que cada titular podría contar sobre las características buenas o malas de la revolución industrial. Usa una hoja de papel en blanco.

1. LAS COMPAÑÍAS DE FRANCIA Y EE.UU. ABREN CINCO MINAS DE COBRE NUEVAS EN AMÉRICA DEL SUR

2. LAS FAMILIAS ABANDONAN SUS GRANJAS EN LAS ALDEAS DE ASIA DEL SUR; BUSCAN TRABAJO EN LAS FÁBRICAS DE LAS CIUDADES

E. Para comprender la historia mundial:

En la página 266 leíste sobre cuatro factores de la historia mundial. ¿Cuál de estos factores corresponde a cada afirmación de abajo? Llena el espacio en blanco con el número de la afirmación correcta de la página 266. Si no corresponde ningún factor, escribe la palabra NINGUNO.

______ **1.** La revolución industrial introdujo mejoras en la salud y la educación en las naciones menos desarrolladas. Sin embargo, condujo también a la desintegración de los modos de vida del pasado.

______ **2.** Como resultado de la revolución industrial, los Estados Unidos, Japón y Europa dependen de los países de Asia, África y América del Sur para las materias primas.

______ **3.** En general, la revolución industrial ha mejorado la vida para la mayoría de las personas.

______ **4.** La revolución industrial comenzó en Gran Bretaña y pronto se difundió en los Estados Unidos y Europa.

Glosario

accidentes geográficos rasgos de la superficie de la Tierra, tales como las montañas, las colinas y las llanuras **(10)**
acuñar fabricar monedas y papel moneda **(176)**
adaptar cambiar algo para satisfacer tus propias necesidades **(32)**
agricultura científica el uso de experimentos y datos científicos para mejorar la producción en las granjas **(261)**
agricultura en terrazas el cultivo de parcelas de tierra planas sobre elevaciones **(128)**
aliarse unirse con un país, una persona o un grupo para un propósito común **(233)**
anexar añadir al territorio de un estado **(218)**
anglosajón una persona blanca de nacionalidad o ascendencia inglesa **(21)**
animal domesticado un animal domado por los seres humanos **(42)**
aprendiz una persona que aprende una artesanía o un negocio con la ayuda de un maestro **(176)**
arancel un impuesto sobre bienes importados **(176)**
arco una estructura curva construida para sostener peso **(49)**
artefactos objetos hechos por la labor humana, tales como herramientas y armas **(15)**
artesano una persona que ejercita un arte **(56)**
auto judicial una orden escrita, extendida por un tribunal que permite un registro u otra acción **(196)**
autoridad central el gobierno o el grupo gobernante **(84)**
autosuficiente capaz de satisfacer todas sus necesidades por sí mismo **(155)**

bazares mercados que se encuentran en el Oriente Medio y Asia **(240)**
brújula un instrumento utilizado por marineros para ubicarse en el mar **(182)**

capital el dinero usado para constituir un negocio **(177)**
caravanas grupos de viajeros que se trasladan por tierra con sus bienes **(240)**
caribúes renos de América del Norte **(102)**
Carta Magna el tratado firmado por el rey Juan de Inglaterra en 1215; restringía los poderes del monarca inglés **(191)**
casta un grupo social en el cual nace una persona **(70)**
ciudades comerciales ciudades cuyos negocios principales son el comercio y la banca **(176)**
clanes grupos de familias emparentadas **(84)**
clave guía a la solución de un problema o un misterio **(95)**
clima el tipo de tiempo en un lugar durante un período largo **(63)**
colonias lugares gobernados por otro país; las colonias generalmente se encuentran lejos de la madre patria **(183)**
confederación una liga u otra organización de estados independientes que se unen para un propósito **(225)**
conservador en contra de grandes cambios en la sociedad o en el gobierno **(226)**
consumidores las personas que compran y utilizan los productos **(269)**
contabilidad el registro ordenado de lo que gana y de lo que gasta un negocio **(241)**
Corán el libro sagrado del islamismo **(162)**
cosechas comerciales cosechas que se venden en vez de comerse o usarse en la granja **(262)**
Cruzadas las guerras ocasionadas por el deseo de liberar a la Tierra Santa del control musulmán **(168)**
cuneiforme la escritura en forma de cuña utilizada por los antiguos sumerios **(48)**

delta el depósito de tierra y arena en la desembocadura de un río **(55)**
democracia una forma de gobierno en que las personas se gobiernan a sí mismas, directamente o mediante funcionarios elegidos **(137)**
dependiente que necesita de algo o alguien **(3)**
derecho divino la creencia de un monarca de que Dios le ha dado el derecho de gobernar **(196)**
descendientes personas que nacen de cierto grupo o familia; sucesores **(96)**
descifrado transformado en algo comprensible **(16)**
desierto tierra muy árida **(63)**
despiadado sin piedad; cruel **(120)**
destronar echar a alguien del trono a la fuerza **(196)**
difusión cultural la diseminación de las ideas y las costumbres de una cultura en otras culturas **(31)**
dinastías las familias soberanas en China **(77)**

disciplinas áreas de conocimiento o instrucción **(15)**
división del trabajo la forma de fabricar productos en la que cada obrero sólo fabrica una parte del producto **(255)**

economía el sistema de una nación para producir, distribuir y utilizar los productos o bienes **(4)**
erosión el lento desgaste del suelo **(108)**
escribas las personas que se encargan de llevar registros y escribir otras cosas **(56)**
estados el nombre puesto a los tres grupos de la asamblea representativa francesa **(204)**
estructura social la base de las relaciones personales y familiares en la sociedad **(114)**
étnico generalmente, lo que tiene que ver con las diferentes razas dentro de un país **(21)**
extinguido que ya no existe **(107)**

fabricación en serie la fabricación de grandes cantidades de productos que son todos iguales **(255)**
fábricas los lugares donde se fabrican productos **(177; 247)**
feminista lo que tiene que ver con los derechos de las mujeres **(213)**
fértil capaz de producir muchas plantas **(48)**
feudalismo un sistema de gobierno que resultó del arreglo entre los señores y los vasallos **(154)**
feudo las tierras, incluso una aldea y sus alrededores, que un noble poseía **(155)**
fianza el dinero dado al tribunal para que la persona acusada pueda salir de la cárcel hasta la hora de su juicio **(197)**
filosofía el estudio de las ideas **(138)**
florecer crecer y prosperar **(64)**
fraternidad el sentido de unidad entre las personas **(205)**
fronteras áreas que constituyen el límite de un territorio poblado; confines **(78)**
fuente primaria documentos originales, artículos y relatos de testigos de un acontecimiento escritos por personas que participaron en el acontecimiento **(15)**
fuente secundaria algo escrito por personas que no participaron en el acontecimiento del cual escriben **(15)**

ganancias el dinero que sacan los dueños de negocios del funcionamiento de sus empresas **(177)**
glaciares capas de hielo que se desplazan lentamente **(41)**
gremios grupos formados por mercaderes y artesanos **(176)**
guerras civiles las guerras entre grupos de personas de la misma nación **(56)**

hambruna una época en que las personas no tienen lo suficiente para comer **(3)**
hégira la huida de Mahoma de Meca a Medina **(161)**
hispano una persona de origen de habla española **(21)**
huelga la acción de un grupo de obreros que protestan, negándose a trabajar **(256)**
humanistas el nombre dado a los eruditos del Renacimiento; se interesaban por todos los aspectos de la vida humana **(169)**

iglúes hogares inuit hechos de hielo y nieve **(102)**
la Ilustración el nombre puesto a la revolución del pensamiento que sucedió en el siglo XVIII; ilustración significa la capacidad de percibir y comprender muchas cosas **(204)**
industrialización la conversión del trabajo manual en trabajo realizado por máquinas **(247)**
inmigrantes las personas que llegan a una nación para quedarse como residentes permanentes **(83)**
instituciones organismos con un propósito específico, tales como las escuelas **(15)**
interdependiente en cuanto al mundo, la idea de que las naciones se vinculan unas con otras **(3)**
inversionistas las personas que compran acciones del capital comercial de una compañía **(241)**
islamismo una palabra árabe que significa "someterse a la voluntad de Dios"; la religión fundada por Mahoma **(161)**
istmo una lengua estrecha de tierra que tiene agua a cada lado; un istmo une a dos extensiones más grandes de tierra **(55)**

kayak una canoa inuit construida con un armazón cubierto de pieles de animales **(102)**

laissezfaire	"dejar hacer"; la idea de que el gobierno no debe regular ni interferir en los negocios **(204)**
leyenda	una historia transmitida a través de los años **(120)**
liberal	progresista; que está a favor de los cambios que suceden poco a poco **(212)**
limosna	el dinero o los bienes que se regalan a los pobres **(161)**
línea de montaje	en una fábrica, una cinta transportadora sobre la cual un objeto se traslada a medida que se arma **(255)**
manufactura	la fabricación de productos a mano o a máquina **(168)**
matrimonio mixto	el matrimonio entre personas de diferentes grupos **(70)**
mayoría	más de la mitad de cualquier número **(32)**
mecenas	las personas que patrocinan las artes **(171)**
medialuna	en la forma de una luna creciente **(48)**
medieval	del período de la Edad Media **(153)**
medio ambiente físico	nuestros alrededores, tales como los ríos, los lagos, los árboles, el aire y los suelos **(4)**
mezquita	el lugar de devoción islámico **(163)**
migraciones	los traslados de las personas de un lugar a otro **(89)**
mineral de hierro	la materia prima que se usa para producir el hierro **(64)**
monarca	una palabra que significa rey o reina; el soberano de una nación **(189)**
multinacional	lo que tiene que ver con muchas naciones **(267)**
nacionalismo	el sentido de orgullo y dedicación por el país de uno **(217)**
negociaciones colectivas	el proceso en que los obreros y los empleadores tratan de llegar a un acuerdo sobre asuntos tales como los sueldos y las condiciones del trabajo **(256)**
nómada	que se traslada de un lugar a otro en busca de alimentos y agua **(9)**
noruegos	las personas de Noruega **(101)**
orígenes	los lugares donde se inician las cosas **(89)**
paganos	personas que no creen en Dios **(121)**
Papa	el líder de la Iglesia Católica Romana **(155)**
parlamento	un organismo político que promulga las leyes para una nación **(32)**
parroquia	el pueblo o la aldea a cargo de un sacerdote **(155)**
patriarcas	los líderes de las iglesias en la Iglesia Ortodoxa Oriental **(156)**
patricios	los terratenientes ricos que dirigían el gobierno de Roma **(144)**
península	una extensión de tierra prácticamente rodeada por agua **(113)**
plebeyos	el pueblo común de Roma **(144)**
poblado	lleno de personas **(89)**
primer ministro	el funcionario principal del gobierno en un sistema parlamentario **(32; 218)**
principio de piezas intercambiables	la idea de fabricar objetos cuyas piezas son idénticas, de modo que las piezas de cualquier objeto se pueden reemplazar con las piezas de otro objeto **(255)**
profeta	alguien que presenta creencias religiosas tales como las recibió de Dios **(161)**
rajá	un jefe o soberano tribal indio **(70)**
reaccionario	que está a favor del regreso a las ideas y los modos del pasado **(226)**
recursos naturales	materiales útiles que nos proporciona la naturaleza **(9)**
reformar	ocasionar cambios para mejorar algo **(170)**
Renacimiento	el período que va desde el siglo XIV al siglo XVII aproximadamente; un término que significa que una civilización "ha vuelto a nacer" **(169)**
república	un sistema de gobierno en que los ciudadanos que tienen el derecho al voto eligen a sus líderes **(144)**
revolución	un cambio total o radical **(247)**
riego	sistema para proporcionar agua a la tierra por medio de acequias o conductos **(48)**

secular	del mundo común, en vez de ser de naturaleza religiosa **(233)**
Senado	el grupo de patricios romanos que promulgaban las leyes en la República Romana **(144)**
siervos	campesinos vinculados con el señorío **(155)**
sindicatos	organizaciones de obreros fundadas para tener una voz colectiva para tratar con sus empleadores **(256)**
sistema doméstico	un sistema de fabricación de bienes en el que la mayoría del trabajo se realiza en las casas de la gente **(247)**
sistema económico	economía; el sistema de una nación para producir, distribuir y utilizar los productos o bienes **(4)**
sultán	el soberano del Imperio Otomano **(232)**
supremo	lo más alto en importancia o rango **(119)**
topografía	la palabra que usan los geógrafos para hablar de los rasgos de la superficie de la Tierra **(23)**
totalitarismo	un sistema en que el gobierno tiene poder total sobre la vida del pueblo **(128)**
tradiciones	creencias y costumbres transmitidas de generación en generación **(9)**
tributo	el pago obligatorio de una nación a la otra **(119)**
trueque	el intercambio de bienes y servicios **(154)**
unificación	la unión de varias partes de una región geográfica en una sola nación **(217)**
unión aduanera	una organización de varios estados que se encargan de asuntos comerciales y de impuestos **(226)**
vasallo	alguien que recibe tierras de un señor y que le da a cambio su lealtad y servicio **(154)**

Guía de los nombres geográficos chinos

La siguiente es una lista de los nombres geográficos chinos mencionados en este libro. El primer deletreo es en *pinyin.* Ésta es una forma de deletrear los nombres chinos en nuestro alfabeto. Los chinos introdujeron el *pinyin* en la década de 1950. El segundo deletreo es de WadeGiles, una forma más vieja de deletrear los nombres. La tercera forma es el nombre en español, que a menudo combina el *pinyin* y la forma vieja.

Página donde se encuentra	***Pinyin***	**Wade-Giles**	**Español**
23	Xizang	Tibet	Tíbet
30, 45, 77, 78	Huango Ho	Hwang Ho	Hoangho
30, 77, 78	Chang Jiang	río Yangtze	Yangtsekiang
30	Si	río Hsi	río Xi Jiang
77	Xia	Hsia	Hia
77, 78, 84	Zhou	Chou	Chu
78	Qin	Ch'in	Tsin

Índice

Reconocimientos:

For permission to reprint an excerpt from "Japanese Bosses Confused about U.S. Workers," *The New York Times,* November 7, 1982.

Fotografías:

Unidad 1

vi: The Bettmann Archive. **2:** The Image Bank. **4:** Santa Fe Railway. **14,16:** John D. Cunningham. **20:** Air **India.** 22: David A. Cantor. **23:** Eugene Gordon. **32:** Maryknoll Missioners/Bro. Joseph Vail, M. M. **33:** Embassy of Japan. **37:** Jack Abramowitz.

Unidad 2

38: SEF/Art Resource, Inc. **41:** © 1983 Smithsonian Institution. **43:** American Museum of Natural History. **46:** Scala/Art Resource, Inc. **48:** Historical Pictures Service, Chicago. **49:** Alinari/Art Resource, Inc. **53:** The Granger Collection. **54:** Egyptian Tourist Authority. **55:** John D. Cunningham. **57:** Egyptian Tourist Authority. **61:** John D. Cunningham. **63:** New York Public Library. **64:** Frederic Lewis, Inc. **68:** Art Resource. **69:** American Museum of Natural History. **71:** Historical Pictures Service, Chicago. **76:** Freer Gallery of Art. **78:** Brown Brothers. **82:** Historical Pictures Service, Chicago. **84:** New York Public Library. **88, 89:** Frederic Lewis, Inc. **95:** Smithsonian Institution. **96:** SEF/Art Resource, Inc. **100:** H. Armstrong Roberts. **101, 102:** Frederic Lewis, Inc. **105:** H. Armstrong Roberts. **107:** New Mexico State Tourism Dept. **108:** Salt River Project. **109:** Historical Pictures Service, Chicago. **112:** Maryknoll Missioners/Joseph Hahn, M.M. **113:** Maryknoll Missioners/Fr. Joe Canly, M.M. **117:** Maryknoll Missioners. **118:** British Museum. **120:** John D. Cunningham. **121:** Historical Pictures Service, Chicago. **125:** Frederic Lewis, Inc. **126:** United Nations. **127, 128:** Historical Pictures Service, Chicago. **129, 133:** Frederic Lewis, Inc.

Unidad 3

134: Bildarchiv Preussischer Kulturbenitz. **138:** American Museum of Photography. **139:** United Nations. **142:** Art Resource/Naples: Museo Nazionale. **144:** American Museum of Photography. **145:** The Bettmann Archive. **146:** Scala/Art Resource, Inc. **152:** The Bettmann Archive. **154:** The Pierpont Morgan Library. **155:** British Museum. **156:** The Bettmann Archive. **160:** Photo Researchers. **163T:** New York Public Library. **163B:** TWA. **166:** Scala/Art Resource, Inc. **169:** Royal Netherlands Embassy. **170:** New York Public Library. **171:** Italian Cultural Institute of New York. **174:** Scala/Art Resource, Inc. **176:** New York Public Library. **180:** Library of Congress. **181:** The Bettmann Archive. **183:** Brown Brothers.

Unidad 4

186: The Bettmann Archive. **188:** Scala/Art Resource, Inc. **191:** United Press International. **194, 197, 201:** Historical Pictures Service, Chicago. **202:** The Bettmann Archive. **203, 205, 206:** Historical Pictures Service, Chicago. **210:** Giraudon/Art Resource, Inc. **211:** Historical Pictures Service, Chicago. **213L:** Le Seuer/Art Resource, Inc. **213R:** Library of Congress. **216:** Historical Pictures Service, Chicago. **218:** Library of Congress. **219:** New York Public Library. **224, 226:** Historical Pictures Service, Chicago. **230:** The Granger Collection. **231, 233:** Turkish Tourism and Information Office.

Unidad 5

236: The Granger Collection. **238, 239, 240, 241, 244, 245, 248, 249:** Historical Pictures Service, Chicago. **252:** The Granger Collection. **254:** Courtesy of the New York Historical Society. **255:** Library of Congress. **256:** Historical Pictures Service, Chicago. **257:** Snark International/Art Resource, Inc. **260:** International Harvester. **262:** Historical Pictures Service, Chicago. **266:** Photo Researchers. **268:** United Nations/Ray Witlin. **269:** Historical Pictures Service, Chicago.